发动机结构可靠性设计
理论及应用

王荣桥　胡殿印　著

科学出版社

北京

内 容 简 介

　　本书系统阐述了航空发动机结构可靠性设计的基础理论、分析方法和工程应用实例。全书共 10 章：第 1、2 章为基础理论与方法介绍，包括航空发动机结构设计发展历程、结构可靠性设计基础理论与方法；第 3～7 章为发动机结构可靠性主要研究内容，包括发动机结构可靠性设计的随机因素、涡轮盘低循环疲劳寿命可靠性分析、涡轮盘疲劳-蠕变可靠性分析、涡轮盘概率损伤容限分析以及基于可靠性的涡轮叶/盘多学科优化设计；第 8 章为发动机典型结构可靠性试验；第 9 章为发动机典型结构概率设计系统；第 10 章为发动机结构可靠性分析的不确定性量化方法。

　　本书着重解决发动机结构可靠性设计理论与工程应用问题，旨在为高等院校的教师、研究生以及相关领域的工程技术人员提供一套可借鉴的发动机结构可靠性理论体系和工程设计方法。

图书在版编目（CIP）数据

　　发动机结构可靠性设计理论及应用/王荣桥，胡殿印著. —北京：科学出版社，2017.11

　　ISBN 978-7-03-053052-3

　　Ⅰ.①发…　Ⅱ.①王… ②胡…　Ⅲ.①航空发动机-结构可靠性-结构设计　Ⅳ.①V23

　　中国版本图书馆 CIP 数据核字（2017）第 124745 号

责任编辑：裴　育　纪四稳 / 责任校对：桂伟利
责任印制：吴兆东 / 封面设计：蓝　正

科 学 出 版 社 出版
北京东黄城根北街 16 号
邮政编码：100717
http://www.sciencep.com

北京中石油彩色印刷有限责任公司 印刷
科学出版社发行　各地新华书店经销
*

2017 年 11 月第 一 版　开本：720×1000 B5
2024 年 1 月第五次印刷　印张：18 1/4
字数：354 000

定价：150.00 元

（如有印装质量问题，我社负责调换）

前　　言

先进航空发动机是关系国家军事安全、国民经济发展的战略性高科技产品。美国国防部战略报告《2020 年联合构想》列出了构成美国军事战略基础的九大优势技术，将喷气发动机排在第二位。目前，我国现役和在研军用航空发动机不能完全自主保障，民用航空发动机全面依赖进口，形成了巨大的国家安全风险。在此背景下，中共中央和国务院做出重大战略决策，"下决心把航空发动机搞上去"，并启动了"航空发动机与燃气轮机"国家科技重大专项，对于我国装备制造水平提升、经济结构转型和国民经济发展具有重大战略意义。

航空发动机是典型的多学科交叉、多部件强耦合的复杂系统，既要在高温、高压、高转速、多场载荷/环境下工作，又要满足推力大、质量轻、寿命长、高可靠性等极高的使用要求。结构完整性和可靠性是先进航空发动机研制的最薄弱环节和制约瓶颈，其研究内容包括结构的强度、刚度（变形）、振动、疲劳、蠕变、损伤容限和寿命等，这不仅与航空发动机的气动热力学问题交叉耦合、相互作用，还与结构材料和制造工艺密切相关，并受其制约。因此，深入、系统、创新性地开展航空发动机结构可靠性的基础理论和应用技术研究变得尤为迫切，对提高我国航空发动机可靠性与自主研制水平具有十分重要的意义和作用。

本书基于国内外航空发动机结构可靠性设计技术的发展现状与趋势，结合作者课题组在该领域的研究成果，针对当前航空发动机结构可靠性设计的关键科学问题，如发动机结构可靠性分析的随机因素概率模型，涡轮叶/盘结构低循环疲劳，疲劳-蠕变寿命可靠性设计，概率损伤容限设计理论、方法与系统，发动机结构可靠性不确定性量化等，通过大量试验，认识机理，发现规律，获取理论、模型与方法，并结合工程实例介绍相关的设计要求和分析流程。

全书共 10 章。第 1 章概述航空发动机从静强度设计、安全寿命设计、损伤容限设计到结构可靠性设计的结构设计历程，指出发动机结构可靠性设计亟须解决的关键科学问题。第 2 章介绍求解结构可靠性指标的一次二阶矩、代理模型、抽样技术等基础理论和方法。第 3 章讨论影响发动机结构可靠性设计的载荷、几何尺寸和材料等三类随机因素，并建立结合试验、外场统计数据的随机因素概率模型，为发动机结构可靠性分析、设计提供基础。第 4 章讨论涡轮盘非局部寿命分析方法、基于线性异方差的低循环疲劳寿命概率模型，以及涡轮盘低循环疲劳分析实例。第 5 章讨论涡轮盘高温合金的疲劳-蠕变交互作用机理、寿命模型，以及涡轮盘疲劳-蠕变可靠性分析与实例。第 6 章讨论面向涡轮盘概率损伤容限设计的裂纹扩展概率模型、缺陷等效理论及检出概率模型，并介绍 CCAR-33.70 条款的符合性验证方法建议。第 7 章讨论基于可靠性的涡轮叶/盘结构多学科优化设计方法与实例。第 8 章重点讨论发动机涡轮叶/盘结构的高低周复合疲劳、疲劳-蠕变和热机械疲劳试验技术，以及寿命预测方法。第 9 章从工程使用的角度出发，总结发动机典型结构概率设计流程，阐述发动机典型结构概率设计系统 AETS-PDS 的开发框架和主要功能模块，该系统是可靠性设计方法的实现和应用。第 10 章介绍发动机结构可靠性分析中的不确定性量化理论和方法。

本书的基础研究工作得到了国防 973 计划、国家自然科学基金（50575009、51375031、51305012、51675024）、教育部新世纪优秀人才支持计划（NCET-07-0042）、教育部博士点基金（20111102120011）、国家国防科技工业局技术基础科研项目（Z132014B001）的资助；工程预研和型号研制工作得到了中央军委装备发展部，工业和信息化部，国家国防科技工业局，中国航空发动机集团有限公司 608 所、624 所、606 所、商发公司、430 厂等单位的资助和支持。在此表示衷心的感谢。

本书的撰写及其相关研究工作得到了中国航空发动机集团有限公司尹泽勇院士、刘大响院士，北京航空航天大学陈懋章院士，中国航空发动机集团有限公司 608 所单晓明研究员、李维研究员、陈竞炜研究员，624 所古远兴研究员，606 所王鸣研究员，430 厂张成贵研究员多年来的大力支持与指导；课题组的陈高翔老师，以及多届博士、硕士研究生参加了本书文字、图片、资料的收集工作，其中博士研究生有刘茜、李达、毛建兴、高晔、刘辉、张斌、张龙、廖祐明、荆甫雷、贾志刚、杨俊杰，硕士研究生有马琦航、刘飞、王西源、齐泽文、刘琳琳、王吉儿、苏潇、魏佳明。在此一并表示感谢。

发动机结构可靠性设计涉及多个学科和领域的知识交叉，受研究工作和作者认识的局限，书中难免存在不妥之处，恳请读者批评、指正，并提出宝贵的意见与建议。

作　者
2017 年春

目　录

第1章 绪 论

1.1 可靠性发展概况

可靠性是产品在规定的使用条件下，在规定时间（寿命期）内完成规定功能的能力，是武器装备的重要战术技术指标。

可靠性研究始于第二次世界大战中，在此期间，美国空军轰炸机装备的电子设备寿命短、故障率高，海军用电子设备故障率高达 70%。在电子设备故障中，一半是由电子管故障引起的。因此，为了解决电子设备可靠性问题，美、德等国相继开展了电子管可靠性研究，电子管的故障成为可靠性研究的起点[1]。此后十余年间，美国率先成立各类委员会与专业小组进行电气性能故障事后对策的研究，包括 1946 年成立的电子管专业小组（PET）和航空无线电组（ARINC）、1947 年成立的空军器材指挥部（AMC）以及 1950 年成立的空军研究与发展指挥部（ARDC），并于 1957 年发表了《军用电子设备可靠性》（Reliability of Military Electronic Equipment）[2]的研究报告，全面阐述了可靠性设计、试验和管理的程序及方法，明确了可靠性研究的发展方向，成为可靠性工程发展的一大里程碑。与此同时，其他工业发达国家也逐步开展可靠性技术的研究：20 世纪 40 年代，德国通过对 V-1 导弹的研制，提出了最早的系统可靠性理论——串联系统的乘积定理；50 年代，苏联开始可靠性研究初探，用于保障人造地球卫星发射与飞行的可靠性；1956 年，日本引进可靠性技术与经济管理技术，用于支持本国可靠性研究。

20 世纪 60 年代，各国开始将可靠性技术研究应用于工业领域。1969 年，美国"阿波罗"号飞船在月球上着陆成功，在其研制时采用了故障模式及影响分析（FMEA）、故障树分析（FTA）等可靠性设计技术。这一成功是可靠性技术的显著成效，由此可靠性技术被美国国家航空航天局（NASA）归为登月成功的三大技术成就之一[3]。此后，可靠性技术迅速发展到其他领域，被作为重要工具应用于电子设备、机床、汽车、飞机等产品的研究、开发和设计，用于提高产品质量。

20 世纪 70 年代，可靠性技术得到深入发展。各国开始建立专门的可靠性管理机构，例如，美国于 1978 年成立可靠性、可用性和维修性联合技术协调组，负责组织、协调国防部范围内的可靠性政策、标准、手册和重大研究课题；成立全国性数据交换网，加强政府机构与工业组织之间的技术信息交流，例如，美国于 1970 年推行政府-工业界数据交换计划（Government-Industry Data Exchange

Program，GIDEP），用于交换可靠性数据，发展到 1980 年已有 220 个政府机构和 404 个工业组织加入；制定和改善可靠性设计、试验及管理方法与程序，例如，美国于 1977 年和 1978 年先后成立机械设备可靠性设计及可靠性试验研究组织；进行软件可靠性研究工作，例如，美国于 1978 年针对国防部范围内的如软件可靠性研究工作等成立三军软件可靠性技术协调组。

自 20 世纪 80 年代起，可靠性工程呈现全新的发展趋势。各国开始将可靠性及维修性管理制度化，例如，1980 年，美国国防部颁发了可靠性及维修性指令 5000.40《可靠性及维修性》（Reliability and Maintainability）[4]，用于加强可靠性统一管理；深入开展软件、机械以及光电等器件的可靠性研究，用于提高现代武器系统的可靠性，例如，1985 年，美国空军推行了"可靠性及维修性 2000 年行动计划"（R&M 2000），以促进空军部门可靠性工作的开展。

纵观国外半个多世纪可靠性的发展，从最初重视武器装备性能，到树立可靠性与性能、费用及进度同等重要的理念；从单一电子设备的可靠性研究，到重视机械设备、光电设备及其他非电子设备的可靠性研究以全面提高武器装备的可靠性；从硬件可靠性研究，到软件可靠性研究来保证大型先进复杂系统的可靠性。由此可以看出，未来可靠性研究将得到更多关注。

我国的可靠性研究工作始于 20 世纪 50 年代末，当时成立了专门的可靠性研究机构调查电子产品的失效情况，同时开展了电子产品可靠性和环境适应性试验，对电子设备及系统的可靠性设计进行初步研究。1959 年，广州市建立了可供电子产品环境试验和热带防护措施研究的亚热带环境适应性试验基地，但持续时间较短，仅维持了三四年时间。20 世纪 60 年代，可靠性工程发展缓慢，雷达、通信机、电子计算机方面均出现了可靠性问题，但并未得到适当解决。到了 70 年代，在国家重点工程的推动下，我国正式开始可靠性工作。为解决中日海底电缆对高可靠性元器件的需要，我国开展了元器件可靠性验证试验，并于 1972 年正式组建了电子产品可靠性与环境试验研究所。同时，我国也通过引进国外可靠性标准资料来规范可靠性研究工作，例如，1976 年、1979 年分别颁布了 SJ 1044—76《可靠性名词　术语》和 GB 1772—79《电子元器件失效率试验方法》可靠性国家标准。

20 世纪 70 年代末 80 年代初，随着改革开放和国民经济发展的需要，各部委质量管理部门认识到可靠性问题的重要性，将可靠性研究工作提上议事日程，至此可靠性工程发展进入第一个高潮，各工业部门纷纷建立各自可靠性研究和管理队伍，明确提出可靠性概念并深入进行可靠性研究。1982 年，全国可靠性与维修性标准化技术委员会成立，组织编写了可靠性名词术语、可靠性试验方法、可靠性管理、失效分析等方面的部标、国军标和国标。原机械工业部陆续发表了加强机电产品可靠性管理的多个文件，并制定了机械产品可靠性指标的考核评定管理方法，以及部分产品的考核评定标准及规范[5-7]。80 年代末 90 年代初，可靠性工作进入第二个高潮，通过贯彻执行《军工产品质量管理条例》[8]，军用元器件可靠性提高了 2~3 个数量级，整机系统实现严格可靠性设计，保证了航空电子、运载火箭、通信卫星等产品的正常运行。同时，机械、电子等领域的企业均明确提出产品可靠性指标，以提高可靠性为目标，全面实行可靠性质量管理。随着我国综合国力的不断提高，国家对航空航天事业投入的不断加大，可靠性研究将进一步受到重视并得到广泛应用。

航空发动机可靠性是一项复杂的系统工程，通常分为总体、系统和结构（含机构）可靠性。发动机总体可靠性设计将可靠性指标分解到各分系统，再由分系统分解到部件或设备，最后分解到基本单元（结构），形成结构可靠性设计指标[9]。因此，航空发动机结构可靠性设计是发动机可靠性的基础。

1.2　航空发动机结构设计发展历程

作为飞机的"心脏"，航空发动机被誉为"现代工业之花"，是一个国家科技、工业、经济和国防实力的重要标志，具有技术密集度高、军民融合性强、产业带动面广的特点。据日本通产省统计，按照产品单位质量创造的价值计算，假定船舶为 1，则小汽车为 9、电视机为 50、计算机为 300、大型飞机为 800、航空发动机为 1400。航空发动机的发展将带动机械、制造、能源、材料、计算机等众多相关学科和产业的发展，大幅提升国家整体工业水平，对国家和区域经济发展以及国防安全建设具有巨大的带动及促进作用。

航空发动机是典型的多学科交叉、多部件强耦合的复杂系统，既要在高温、高压、高转速、多场载荷/环境下工作，又要满足推力大、质量轻、寿命长、高可靠性等极高的使用要求。作为一种极限产品，发动机研制难度巨大，其结构设计经历了从静强度设计、安全寿命设计、损伤容限设计到结构可靠性设计的发展历程[9,10]。

1.2.1　静强度设计

20 世纪 60~70 年代，美、英等国建立了以静强度为主的设计体系。静强度设计的主要出发点是结构在给定设计载荷作用下不发生破坏；经使用载荷作用，卸载后没有可见的永久变形[11]。在过去相当长时间内，发动机载荷较小，结构的应力水平很低，对结构寿命的要求也不高，因此静强度设计尚能够满足设计要求。

1954 年英国"彗星"号喷气旅客机连续发生爆炸坠海事故，其事故原因主要是飞机机身金属结构出现疲劳现象而产生的断裂破坏。这说明，按照静强度设计结构件，并不能保证其使用安全，因而在结构设计中必须考虑安全使用寿命问题。在事故发生以后，航空发动机结构设计开始考虑可靠性因素的影响，发展了安全寿命设计方法。

1.2.2　安全寿命设计

　　20 世纪 70～80 年代，美、英等国发展了以安全寿命为基础的疲劳寿命设计体系。安全寿命设计假设结构是无缺陷的连续均匀体且考虑寿命的分散度，寿命设计时选取较大的分散系数确定发动机结构的安全寿命，如图 1.1 所示。例如，英国国防部标准（DEF STAN 00-971）[12]中明确指出，采用可靠度为 99.87%（即−3σ）的寿命曲线（S-N 曲线）确定发动机结构的安全寿命。美国航空涡轮喷气和涡轮风扇发动机通用规范（MIL-E-5007D）[13]中规定发动机结构采用安全寿命设计，材料容许的强度与寿命特性选取 95%置信度水平下的 −3σ 数据。民用飞机方面，美国联邦航空管理局（Federal Aviation Administration，FAA）2001 年颁布的《联邦航空条例》（Federal Aviation Regulation）FAR-33.14 条款[14]，要求压气机、涡轮盘等转子件的寿命制定采用安全寿命设计方法；欧洲联合航空局（Joint Aviation Authorities，JAA）的联合适航性要求（JAR-E，1970 年颁布，现由机构改革后的欧洲航空安全局（European Aviation Safety Agency）颁布的审定规范 CS-E 代替）在 1991 年修订版中也规定发动机转子件要通过安全寿命方法来确定结构寿命[15]。

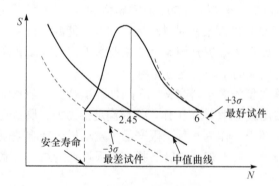

图 1.1　安全寿命设计示意图

　　发动机安全寿命设计考虑了材料力学性能的分散性，并采用较大的分散系数来保证结构服役过程的可靠性和安全性。然而，实际结构中不可避免地存在夹杂、孔洞（裂纹）、空穴等初始缺陷，安全寿命设计法并不能保证结构安全可靠；同时，取用较大的分散系数会导致结构具有较大的寿命裕度。在采用 95%置信度、99.9%可靠度的情况下，1000 个结构中只要有 1 个出现规定的裂纹，其他 999 个也会被认为达到了疲劳寿命从而退出服役，这样造成了极大的浪费。据美国空军统计，在到寿退役的轮盘中，80%轮盘至少还有 2 倍以上的寿命。

1.2.3 损伤容限设计

20 世纪 80～90 年代，美国建立了发动机轮盘的损伤容限设计体系，在符合损伤容限规定范围的条件下，较大幅度延长了轮盘的使用寿命，取得了很大的经济效益。损伤容限设计与安全寿命设计方法不同，假设材料存在缺陷或微小裂纹，并且在疲劳载荷作用下会逐渐扩展，最终导致失效。它依据结构的使用条件、材料性能和维修要求确定结构的检修周期和最大的裂纹容许尺寸，把结构材料缺陷和损伤扩展控制在合理的范围之内[16]，有效地提高了发动机结构使用维护的经济性。1983 年，美国空军颁布的第一版《发动机结构完整性大纲》（MIL-STD-1783）[17]中提出发动机研制初期就要全面地考虑功能性、适用性、可靠性、耐久性和经济性的权衡发展，并明确指出对发动机断裂关键件应进行损伤容限设计、试验和控制，以确定结构的检修周期。

上述发动机结构设计过程中所建立的准则、方法及系统均是确定性的，即材料性能、制造公差、任务用法以及其他参数均使用确定值，不能准确地设计和预估结构的寿命储备，也无法给出定量的可靠性指标，因而难以实现结构质量、寿命、工作能力及安全性的优化和平衡。

1.2.4 结构可靠性设计

发动机结构可靠性是指在其外部和内部环境、条件下，在规定的寿命期内，发动机结构无断裂、失效，无有害变形，保持正常工作的能力。该方法认为，作用于结构的真实外载荷及结构的真实承载能力，都是概率意义上的量，设计时不可能予以精确化，故称为随机变量或随机过程[18]，它服从一定的分布。以此为出发点进行发动机结构设计，能够更接近客观实际，是保证结构安全的重要手段[19]。

1988 年，美国国防部、空军、海军、陆军、NASA 和工业部门实施的综合高性能涡轮发动机技术（Integrated High Performance Turbine Engine Technology，IHPTET）计划中，明确提出了推重比翻一番、不降低使用寿命和可靠性的目标，建立概率设计系统（PDS）的新概念。PDS 是在确定性设计方法的基础上，考虑材料、几何尺寸、载荷等诸多变量的统计分布，使构件的质量、性能、使用寿命得到优化，将设计储备降到可接受的可靠度水平，并保证安全性和工作能力的相对平衡。在 IHPTET 计划中，应用 PDS 进行涡轮盘设计时，为了满足超转破裂要求，在给定的允许破坏概率下，轮盘质量为 150lb（1lb≈0.454kg），比按传统的设计减轻了 18lb，并成功地完成了试验验证（图 1.2）。

美国国防部 2002 年颁布的第三版《发动机结构完整性大纲》（MIL-HDBK-1783B）[20]中明确指出，用概率设计裕度代替传统的安全系数或确定性裕度能更准确地表示构件响应的变化。通过精确的响应模拟及材料能力模拟，建立合理的概

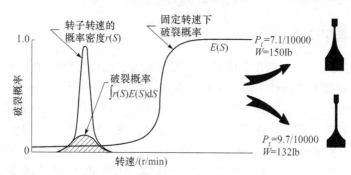

图 1.2　IHPTET 计划提出的 PDS 概念

率模型，进行发动机典型结构的概率设计，并在发动机型号研制中加以应用，取得了良好的效果。

　　民航方面的几起重大空难事件进一步促进了发动机结构可靠性设计方法的发展。1989 年的美国苏城空难，含有钛合金低密度夹杂的材料缺陷导致发动机风扇盘失效。1996 年的美国潘城空难，螺栓孔加工缺陷导致盘失效，造成了第一级风扇盘解体，从而击中机舱。在苏城和潘城两次空难后，美国国家运输安全委员会报告要求系统考虑材料、加工缺陷对零件服役性能的影响，合理安排检修时间增加限寿件的安全性，从而需要引入基于概率断裂力学的概率损伤容限设计方法进行轮盘等限寿件的结构设计。与确定性损伤容限设计方法不同，概率损伤容限设计是建立在概率断裂力学基础上的，它考虑了材料制造缺陷、尺寸公差、温度、外载荷、缺陷检出概率等随机因素，对结构的寿命及失效概率进行分析评估，从而保证在零件批准寿命期内，不出现材料、制造和使用引起缺陷而导致零件的潜在失效。相应地，FAA 于 2009 年在第 22 号修正案中以 FAR-33.70 条款[21]替代 FAR-33.14 条款[14]，即针对发动机寿命限制件进行概率损伤容限设计，通过与设计目标风险比较，确定其失效风险等级。

　　在发动机结构可靠性分析软件方面，美国各大公司和研究机构均开发了相应的结构概率设计系统和结构可靠性分析软件。例如，美国普拉特·惠特尼（Pratt & Whitney，P&W）集团公司的概率设计系统、美国通用电气（General Electric，GE）公司的转子概率设计系统（PRDS）（图 1.3）、美国西南研究院的 NESSUS 可靠性分析软件，以及西南研究院与 GE、霍尼韦尔（Honeywell）、P&W、罗尔斯·罗伊斯（Rolls-Royce）四大公司联合，考虑材料和制造缺陷开发的限寿件概率损伤容限评估软件 DARWIN（design assessment of reliability with inspection）（图 1.4）。作者课题组在国防 973 计划支持下，在涡轮盘确定性设计流程的基础上，发展了涡轮盘概率设计流程，建立了国内第一个涡轮盘结构概率设计系统[22]。该系统包含载荷谱处理、随机变量处理、几何建模、失效模式分析和设计决策等主要功能，并集成了如 UG、ANSYS、MATLAB 等商业软件（图 1.5）。

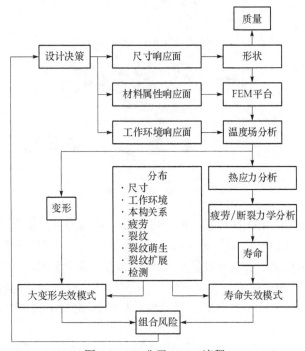

图 1.3 GE 公司 PRDS 流程

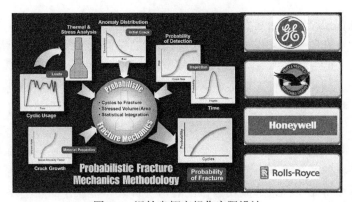

图 1.4 涡轮盘概率损伤容限设计

随着先进航空发动机发展，越来越多的新材料如粉末高温合金、金属间化合物、复合材料等不断出现。这些材料在某些性能如强度、应力、密度等方面较传统金属合金有明显的改善，但是其材料属性存在许多不确定性因素和新的失效模式，采用确定性设计方法将产生较大的偏差。因而，新材料、新结构、新工艺体系下的发动机结构更需要采用可靠性设计方法。

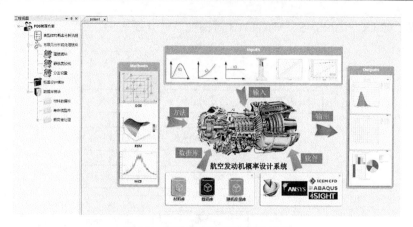

图 1.5　涡轮盘结构概率设计系统

可靠性设计可有效提高机械产品的可靠性。常用的可靠性设计方法包括概率设计法、TTCP（the technological cooperation plan）法、平均故障率法、稳健性法等[23]。本书采用概率设计法开展航空发动机结构可靠性设计，即将影响发动机结构强度和应力的各种随机因素，如载荷、几何尺寸、材料等视为服从某种概率分布的统计量，建立应力-强度分布干涉模型，从而计算结构可靠度或失效概率。

1.3　航空发动机结构可靠性设计的关键科学问题

经过几代航空人艰苦卓绝的奋斗，我国在军用发动机研制方面具备了一定的水平和能力。在航空发动机型号研制中，按《航空涡轮喷气和涡轮风扇发动机通用规范》和《航空涡桨涡轴发动机通用规范》中飞行前规定试验和定寿试验要求，开展了几十项结构可靠性、耐久性考核试验，为深入开展航空发动机结构可靠性研究提供了技术支持，对我国在役发动机的排故、定寿、延寿和在研发动机的排故、攻关、定型起到了推动作用。但是由于研制观念、管理决策、经费投入等多方面原因，我国航空发动机结构可靠性水平与世界先进水平还有相当大的差距。从发动机整机的耐久性和可靠性看，现役战斗机主要使用的发动机还没有实现按飞行循环考核寿命，尚未形成我国自己的切实合理、可操作的航空发动机可靠性参数体系与指标的确定方法；由于可靠性数据积累和试验验证不足，结构可靠性概率模型求解精度、效率难以保证；缺乏发动机结构可靠性设计准则、流程和系统平台等原因，发动机结构可靠性还没有完全地落到实处。因此，非常有必要借鉴国外的经验，系统地开展发动机结构可靠性设计理论与方法研究，为我国航空发动机的自主保障和未来先进航空发动机的自主发展提供有效支撑。

涡轮热端结构（如涡轮叶/盘结构）作为航空发动机的核心部件，其结构完整性和可靠性是航空发动机设计的最薄弱环节，是制约发动机研发的瓶颈。涡轮热端结构长期处于高温（最高可超过 1950K）、高载（静应力超过屈服极限）、热冲击、氧化等交互作用的工作环境，存在多种破坏模式、多模式复合失效，同时还要具备重量轻、寿命长和高可靠性等相互矛盾的要求，使其结构可靠性设计变得极端复杂。发动机结构可靠性设计应针对以下关键科学问题开展深入、系统的研究，并形成发动机结构可靠性设计体系。

1. 随机因素的概率表征及灵敏度分析

载荷、几何尺寸和材料等随机因素直接影响发动机的结构可靠性。具体表现在：发动机结构的工作载荷如机械载荷、气动载荷、温度载荷等为非稳态载荷，且随发动机功率状态的变化而变化，从而导致结构载荷的分散性极为显著；加工工艺不稳定导致的几何尺寸随机性会影响发动机结构应力分布；材料力学性能参数的分散性造成发动机典型结构不同部位材料性能存在显著差别。因此，从设计源头出发，表征载荷、几何尺寸和材料等随机因素，并建立相应的分析模型是发动机典型结构可靠性设计的关键技术；通过随机因素的灵敏度分析确定影响寿命分散性的主要因素，为发动机典型结构可靠性设计提供依据。

2. 结构概率响应分析方法

发动机典型结构概率设计涉及学科多、结构复杂，直接采用数值方法进行结构失效概率/可靠度求解将导致计算时间过长。因此，建立结构概率响应分析方法是发动机典型结构概率设计的一个关键技术。目前，多采用响应面与蒙特卡罗法相结合，发展发动机结构可靠性设计的高效率高精度概率响应方法（图 1.6），以解决结构概率分析中海量计算等问题。

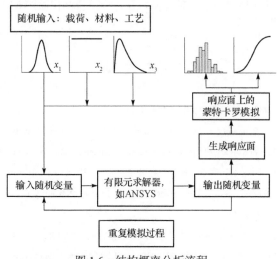

图 1.6　结构概率分析流程

3. 发动机结构失效模式的概率模型

发动机典型结构（如涡轮叶/盘结构）处于复杂交变的载荷/环境中，具有多种失效模式，如低循环疲劳、疲劳-蠕变等。因此，建立在试验基础上的复杂载荷/环境下发动机典型结构失效模式的概率模型是发动机结构可靠性设计的关键技术。理论和试验结合，揭示复杂载荷/环境下发动机典型结构失效机理并发展相应的寿命预测方法，进而建立经试验验证的发动机结构失效模式的概率模型。

4. 发动机典型结构可靠性设计方法

发动机典型结构大多存在多种失效模式，且失效模式之间是相关的。失效相关性主要有两种：一是共因失效相关性，如温度是高温疲劳、高低周复合疲劳等典型失效模式的共同因素；二是耦合失效相关性，如疲劳-蠕变、高低周疲劳、热机械疲劳等耦合失效模式。因此，需要在随机因素概率表征和失效模式概率模型基础上，建立考虑失效相关性的发动机典型结构可靠性设计方法。

5. 发动机典型结构概率设计系统

针对我国航空发动机材料工艺体系，建立具有自主知识产权的航空发动机典型结构概率设计系统也是发动机结构概率设计的关键技术之一。发动机结构概率设计系统的实现需要进行大量的迭代计算，每一次计算过程中几何模型的变化都会引起网格、边界条件等分析数据随之变化。因此，几何模型和分析模型之间的连接技术、网格自动重构技术和自动加载技术等是需要解决的技术难点。例如，作者课题组利用虚拟块代替复杂几何结构建立灵活的多块网格，引入随动点的约束实现优化迭代中几何结构的网格重构，解决了涡轮叶/盘结构多学科优化设计的高精度网格问题[24]。

参 考 文 献

[1] 洪其麟. 机械结构可靠性. 北京: 航空工业出版社, 1993.

[2] U.S. Advisory Group on Reliability of Electronic Equipment, Office of Assistant Secretary of Defense (Research and Engineering). Reliability of Military Electronic Equipment. Washington: U.S. Government Publishing Office, 1957.

[3] 孙青, 庄奕琪, 等. 电子元器件可靠性工程. 北京: 电子工业出版社, 2002.

[4] U.S. Department of Defense. Department of Defense Directive 5000.40. Reliability and Maintainability. Washington: U.S. Department of Defense, 1980.

[5] 刘玉彬. 工程结构可靠度理论研究综述. 吉林建筑工程学院学报, 2002, 19(2): 41-43.

[6] 朱殿芳, 陈建康, 郭志学. 结构可靠度分析方法综述. 中国农村水利水电, 2002, (8): 47-49.

［7］ 杨平. 结构可靠性综述. 连云港化工高等专科学校学报, 2001, 14(4): 30-32.

［8］ 国防科学技术工业委员会. 军工产品质量管理条例. 北京: 国防科学技术工业委员会, 1987.

［9］ 孔瑞莲. 航空发动机可靠性工程. 北京: 航空工业出版社, 1996.

［10］ 王荣桥, 胡殿印, 申秀丽, 等. 航空发动机典型结构概率设计技术. 航空制造技术, 2014, (7): 26-30.

［11］ 张聚恩. 新航空概论. 北京: 航空工业出版社, 2010.

［12］ U.K. Ministry of Defense. General Specification for Aircraft Gas Turbine Engines. DEF STAN 00-971. London: U.K. Ministry of Defense, 1987.

［13］ U.S. Air Force. Engines, Aircraft, Turbojet and Turbo-fan, General Specification for. MIL-E-5007D. U.S. Air Force, 1973.

［14］ U.S. Department of Transportation, Federal Aviation Administration. Advisory Circular 33.14. Washington: Federal Aviation Administration, 2001.

［15］ Joint Aviation Authorities. Joint Airworthiness Requirements for Engines. JAR-E. Brussels: Joint Aviation Authorities, 1991.

［16］ 陈建平. 对飞机结构耐久性与损伤容限的设计研究. 中国高新技术企业, 2013, (19): 15-16.

［17］ U.S. Air Force. Engine Structural Integrity Program (ENSIP). MIL-STD-1783. U.S. Air Force, 1984.

［18］ 裴月. 涡轮盘结构概率设计体系研究. 北京: 北京航空航天大学硕士学位论文, 2007.

［19］ 胡殿印, 裴月, 王荣桥, 等. 涡轮盘结构概率设计体系的研究. 航空学报, 2008, 29(5): 1144-1149.

［20］ U.S. Department of Defense. Engine Structural Integrity Program. MIL-HDBK-1783B. Washington: U.S. Department of Defense, 2002.

［21］ U.S. Department of Transportation, Federal Aviation Administration. Advisory Circular 33.70. Washington: Federal Aviation Administration, 2009.

［22］ 胡殿印. 涡轮盘疲劳-蠕变可靠性设计方法研究. 北京: 北京航空航天大学博士学位论文, 2009.

［23］ 汪胜陆. 机械产品可靠性设计方法及其发展趋势的探讨. 机械设计, 2007, 24(5): 1-3.

［24］ 王荣桥, 贾志刚, 樊江, 等. 复杂构件 MDO 六面体网格重构方法. 航空动力学报, 2011, 26(9): 2032-2038.

第2章　结构可靠性设计基础理论与方法

结构可靠性是指结构件在规定的使用环境与载荷下，在规定的寿命期内完成工作的能力。这种能力通常用结构可靠度来表征。对于简单问题的可靠度求解，可采用一次二阶矩等解析方法。但对于工程实际问题，其结构功能函数往往是隐式的或者根本没有解析表达式，这时常采用代理模型法求解其结构可靠度。代理模型法是一种由传统拟合方法发展而来的近似方法，其基本思想为基于原始模型的部分抽样计算结果建立近似模型，然后用于可靠度求解，以达到降低计算成本的目的。代理模型法的计算精度不仅取决于模型本身，也依赖于用以建立模型的初始抽样数据。

本章首先介绍结构可靠性设计的基本概念；然后介绍一次二阶矩方法和工程上常用的几类代理模型，并介绍构造代理模型时常用的抽样方法；最后通过一个实例分析，讨论几种代理模型在应用于某一具体问题时的精度。

2.1　基　本　概　念

2.1.1　极限状态与可靠度

结构的可靠性分析与设计首先需要判断结构是否达到极限状态。我国《工程结构可靠性设计统一标准》（GB 50153—2008）[1]指出，整个结构或结构的一部分超过某一特定状态，就不能满足设计规定的某一功能要求，此特定状态称为该功能的极限状态。不同结构依据其不同的使用部位和功能，具有不同的极限状态，在结构设计时，应考虑所有极限状态，使结构在规定的设计寿命期内能满足设计的各种功能要求，即安全性、适用性和耐久性。通常的处理方法是按结构所有载荷情况下最危险的极限状态进行设计，然后校核以保证其他条件均未达到极限状态。

结构可靠度是结构可靠性的概率度量，定义为在规定时间内、规定条件下结构完成预定功能的概率，又称可靠概率，表示为 $R(t)$。这里，规定时间一般是指结构的设计基准期；规定条件一般是指结构设计预先确定的施工条件和使用条件；预定功能一般是指结构设计所应满足的各项功能要求。相反地，结构不能完成预定功能的概率称为不可靠度、累积故障概率或累积失效概率（本书简称为失效概率），表示为 P_f。由于结构的失效概率比可靠度具有更明确的物理意义，在计算和表达上更为方便，所以习惯上常用结构的失效概率来度量结构的可靠性。失效概率 P_f 越小，表明结构的可靠性越高；反之，失效概率 P_f 越大，结构的可靠性越低。

按照结构可靠度的定义和概率论的基本原理，设 $x = (x_1, x_2, \cdots, x_n)$ 为结构基本随机向量，其中 x_i $(i=1, 2, \cdots, n)$ 为第 i 个基本随机变量，x 的联合概率密度函数为 $f(x)$。以 $Z = g(x)$ 表示结构的功能函数，相应地有

$$Z = g(x) \begin{cases} < 0, & \text{对应于结构失效状态} \\ = 0, & \text{对应于结构极限状态} \\ > 0, & \text{对应于结构可靠状态} \end{cases} \tag{2.1}$$

据此可得到基本随机变量 x 的失效区域 $F = \{x : g(x) < 0\}$ 和可靠区域 $S = \{x : g(x) > 0\}$，两区域的边界 $Z = g(x) = 0$ 为结构的极限状态方程，它是结构可靠性分析的重要依据。以极限状态函数作为参考，称事件 $Z < 0$ 的发生概率为结构的失效概率 P_f，此时基本随机变量 $x \in F$。P_f 的计算公式为

$$P_f = P\{Z < 0\} = \int_F f(x)\mathrm{d}x = \underset{(x_1, x_2, \cdots, x_n) \in F}{\iint \cdots \int} f(x_1, x_2, \cdots, x_n)\mathrm{d}x_1\mathrm{d}x_2\cdots\mathrm{d}x_n \tag{2.2}$$

为了进一步阐明失效概率的含义，先以两个随机变量情况为例。假设 S 表示作用在结构上的应力，R 表示对应的承载能力，即强度，并且假定 R、S 相互独立。注意，本节讨论的是广义的应力和强度：应力除通常的机械应力外，还包括载荷、变形、温度、磨损、油膜、电流、电压等；同样，强度除通常的机械强度外，还包括承受上述各种形式应力的能力。

应力 S 和强度 R 相应的概率分布函数和概率密度函数分别为 $F_S(S)$、$f_S(S)$ 和 $F_R(R)$、$f_R(R)$，结构的功能函数可表示为

$$Z = g(R, S) = R - S \tag{2.3}$$

相应地，结构的失效概率 P_f 为

$$P_f = P\{Z < 0\} = P\{R - S < 0\} = \iint_{R < S} f(R, S)\mathrm{d}R\mathrm{d}S$$

$$= \iint_{R < S} f_R(R) \cdot f_S(S)\mathrm{d}R\mathrm{d}S = \int_0^{+\infty} \left(\int_0^S f_R(R)\mathrm{d}R \right) f_S(S)\mathrm{d}S$$

$$= \int_0^{+\infty} F_R(S) f_S(S)\mathrm{d}S \tag{2.4}$$

或者

$$P_f = P\{Z < 0\} = P\{R - S < 0\} = \iint_{R < S} f(R, S)\mathrm{d}R\mathrm{d}S$$

$$= \iint_{R < S} f_R(R) \cdot f_S(S)\mathrm{d}R\mathrm{d}S = \int_0^{+\infty} \left(\int_R^{+\infty} f_S(S)\mathrm{d}S \right) f_R(R)\mathrm{d}R$$

$$= \int_0^{+\infty} (1 - F_S(R)) f_S(R)\mathrm{d}R \tag{2.5}$$

式中，$f(R,S)$ 为 (R,S) 的联合概率密度函数。

式（2.4）和式（2.5）的几何意义如图 2.1 所示，图中阴影部分的面积即失效概率。以图 2.1(a)为例解释阴影部分的几何意义：在 $S=S_0$ 处，$F_R(S)$ 和 $f_S(S)$ 的取值分别为 $F_R(S_0)$ 和 $f_S(S_0)$，两者的乘积为联合概率密度，对其进行积分（即阴影部分面积）可得失效概率。

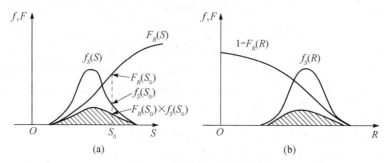

图 2.1　积分的几何意义

2.1.2　应力-强度干涉模型

2.2.1 节中的应力 S 和强度 R 的相互关系可以用应力-强度干涉模型表示，其认为产品所受的应力大于其允许的强度，即应力、强度发生干涉时，结构可能发生失效，并根据干涉情况计算结构可靠度。应力和强度干涉情况如图 2.2 所示，图中应力 S 和强度 R 均为随机变量，横坐标表示应力或强度大小（应力与强度量纲一致，绘在同一坐标轴上），纵坐标表示应力或强度的概率密度，$f_S(S)$ 和 $f_R(R)$ 分别表示应力和强度的概率密度曲线。图中阴影部分表示应力和强度干涉的区域，在此区域内强度小于应力，结构可能发生失效，且失效概率的大小与干涉情况（即阴影部分的面积）有关。相反，可靠度是产品不发生失效的概率，即强度大于应力的概率。因此，在应力和强度的分布类型和分布参数已知的情况下，可根据应力-强度干涉模型求得可靠度 $R(t)$ 为

$$R(t) = P(R>S) = P(R-S>0) = P\left(\frac{R}{S}>1\right) \tag{2.6}$$

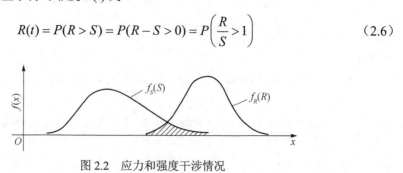

图 2.2　应力和强度干涉情况

2.1.3　可靠性指标

利用式（2.2）的积分方法计算结构的失效概率是最理想、最精确的，但是在实际应用中却存在困难：一方面，在现有条件下，对影响结构可靠性的众多因素研究尚不够深入，无法获取足够的数据来确定 n 个基本随机变量的联合概率密度，并保证边缘分布函数和协方差的可信性；另一方面，即使联合概率密度函数已知，在变量较多或功能函数非线性的情况下，式（2.2）的积分也会变得过于复杂而无法直接计算。此外，在大多数实际问题中，失效概率的解析解通常不存在，只能借助数值方法求解。因此，研究者通常通过近似方法求解结构的可靠性指标，来衡量结构可靠度或失效概率。

为了说明结构可靠性指标的概念，仍以两个随机变量的情况为例进行介绍。

（1）假定 R 和 S 均服从正态分布且相互独立，其均值和标准差分别为 μ_R、μ_S 和 σ_R、σ_S，则结构的功能函数 $Z = R - S$ 也服从正态分布，功能函数 Z 的均值和标准差分别为 $\mu_Z = \mu_R - \mu_S$ 和 $\sigma_Z = \sqrt{\sigma_R^2 + \sigma_S^2}$，其概率密度函数如图 2.3 所示，图中的阴影部分面积为 $P_f = P(Z < 0)$。由图可知，从 0 到 μ_Z 这段距离可以用标准差度量表示，即 $\mu_Z = \beta\sigma_Z$，且 β 与 P_f 之间存在一一对应关系。β 小时，P_f 大；β 大时，P_f 小。因此，β 和 P_f 类似，可以作为度量结构可靠性的一个指标。一般地 β 称为可靠性指标。β 与 P_f 关系的推导过程如下。

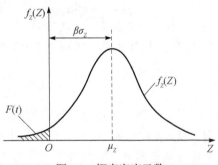

图 2.3　概率密度函数

$$P_f = P\{Z < 0\} = F_Z(0) = \int_{-\infty}^{0} \frac{1}{\sqrt{2\pi}\sigma_Z} e^{\frac{(Z-\mu_Z)^2}{2\sigma_Z^2}} \, \mathrm{d}Z \tag{2.7}$$

令 $t = \dfrac{Z - \mu_Z}{\sigma_Z}$，则有 $\mathrm{d}Z = \sigma_Z \mathrm{d}t$ 以及 $Z = -\infty$、$t = -\infty$，$Z = 0$、$t = -\dfrac{\mu_Z}{\sigma_Z}$，代入式（2.7）后得

$$P_f = \int_{-\infty}^{-\frac{\mu_Z}{\sigma_Z}} \frac{1}{\sqrt{2\pi}} e^{-\frac{t^2}{2}} \, \mathrm{d}t = \varPhi(-\beta) \tag{2.8}$$

式中，$\varPhi(\cdot)$ 为标准正态分布的分布函数，可靠性指标 β 则为

$$\beta = \frac{\mu_Z}{\sigma_Z} = \frac{\mu_R - \mu_S}{\sqrt{\sigma_R^2 + \sigma_S^2}} \tag{2.9}$$

式（2.8）表示失效概率与可靠性指标的关系，等价于 $P_f = 1 - \Phi(\beta)$ 或 $R(t) = \Phi(\beta)$。

（2）若 R、S 均服从对数正态分布且相互独立，则结构功能函数可表示为 $Z = \ln(R/S) = \ln R - \ln S$，$Z$ 也服从正态分布，其均值和方差分别为

$$\mu_Z = \mu_{\ln R} - \mu_{\ln S} = \ln\left(\frac{\mu_R}{\sqrt{1+\delta_R^2}}\right) - \ln\left(\frac{\mu_S}{\sqrt{1+\delta_S^2}}\right) = \ln\left(\frac{\mu_R}{\mu_S}\sqrt{\frac{1+\delta_S^2}{1+\delta_R^2}}\right) \tag{2.10}$$

$$\sigma_Z^2 = \sigma_{\ln R}^2 + \sigma_{\ln S}^2 = \ln(1+\delta_R^2) + \ln(1+\delta_S^2) = \ln\left[(1+\delta_R^2)(1+\delta_S^2)\right] \tag{2.11}$$

式中，δ_S 和 δ_R 分别为应力 S 和强度 R 的变异系数。这时，结构可靠性指标

$$\beta = \frac{\mu_Z}{\sigma_Z} = \ln\left(\frac{\mu_R}{\mu_S}\sqrt{\frac{1+\delta_S^2}{1+\delta_R^2}}\right) \Big/ \sqrt{\ln\left[(1+\delta_R^2)(1+\delta_S^2)\right]} \tag{2.12}$$

当 δ_R 和 δ_S 均较小时，如均小于 0.3 时，式（2.12）可进一步简化为

$$\beta \approx \ln\left(\frac{\mu_R}{\mu_S}\right) \Big/ \sqrt{\delta_R^2 + \delta_S^2} \tag{2.13}$$

目前，国内外可靠性设计规范中普遍采用结构可靠性指标 β 作为结构设计依据。但需要注意的是，结构可靠性指标计算公式（2.9）和（2.12）分别是在假定 R、S 均服从正态分布或对数正态分布的情况下得到的。在实际工程中，若 R 或 S 不服从正态分布或对数正态分布，则结构的功能函数 Z 一般也不服从正态分布，这时失效概率 P_f 与可靠性指标 β 则不再具有式（2.8）所示的关系。但研究表明，当 $P_f \geq 10^{-3}$（或 $\beta \leq 3.09$）时，P_f 的计算结果对 Z 的分布类型不敏感。因此，工程分析中有时不考虑 R、S 的分布类型，而是根据 Z 的分布类型确定结构失效概率 P_f，从而对实际问题进行简化。

2.2　一次二阶矩方法

一次二阶矩方法是可靠性分析中最简单的一种方法，相应地，还有三阶矩方法、四阶矩方法等，都属于基于功能函数概率矩的失效概率近似方法。在通常情况下，结构功能函数的一阶矩（均值）和二阶矩（方差）较容易得到，因此二阶矩方法最为常用。本节仅介绍一次二阶矩方法，此处一次是指泰勒级数展开时只保留到一次项。根据展开点的不同，一次二阶矩方法又可分为均值一次二阶矩方法（又称中心点法）和改进一次二阶矩方法（又称验算点法）。

2.2.1　均值一次二阶矩方法

均值一次二阶矩方法是将非线性功能函数在随机变量的平均值（中心点）处进行泰勒级数展开，并保留至一次项。在此基础上计算功能函数的均值和标准差，从而求解结构的可靠度，该方法也称为中心点法。

一般地，设影响结构可靠度的 n 个随机变量为 $x_i(i=1,2,\cdots,n)$，结构的功能函数为 $Z=g(x_1,x_2,\cdots,x_n)$。

将功能函数 Z 在平均值 $P^*(\mu_{x_1},\mu_{x_2},\cdots,\mu_{x_n})$ 处展开并保留至一次项，即

$$Z \approx g(\mu_{x_1},\mu_{x_2},\cdots,\mu_{x_n}) + \sum_{i=1}^{n}\left(\frac{\partial g}{\partial x_i}\right)_{\mu_{x_i}}\left(x_i-\mu_{x_i}\right) \tag{2.14}$$

式中，$\left(\dfrac{\partial g}{\partial x_i}\right)_{\mu_{x_i}}$ 表示该导数在点 $\mu_{x_i}(i=1,2,\cdots,n)$ 处取值。式（2.14）为可靠性分析中功能函数线性化的常用表达式。

根据式（2.14）可求得功能函数的均值和方差分别为

$$\mu = E(Z) = g(\mu_{x_1},\mu_{x_2},\cdots,\mu_{x_n}) + \sum_{i=1}^{n}\left(\frac{\partial g}{\partial x_i}\right)_{\mu_{x_i}}\cdot\sum_{i=1}^{n}\left[E(x_i)-\mu_{x_i}\right]$$

$$= g(\mu_{x_1},\mu_{x_2},\cdots,\mu_{x_n}) \tag{2.15}$$

$$\sigma^2 = E[Z-E(Z)]^2 = \sum_{i=1}^{n}\left(\frac{\partial g}{\partial x_i}\right)_{\mu_{x_i}}^2\sigma_{x_i}^2 \tag{2.16}$$

相应地，结构可靠性指标为

$$\beta = \frac{\mu}{\sigma} = \frac{g\left(\mu_{x_1},\mu_{x_2},\cdots,\mu_{x_n}\right)}{\sqrt{\sum_{i=1}^{n}\left(\dfrac{\partial g}{\partial x_i}\right)_{\mu_{x_i}}^2\sigma_{x_i}^2}} \tag{2.17}$$

均值一次二阶矩方法未考虑随机变量的真实分布情况，而是将各个随机变量假定为正态分布或者对数正态分布变量进行计算，因此只需用到它们的均值和方差。这种求解方法精度较低，适用于可靠度要求不高的情况。理论与实践表明[2]，对于非线性极限状态方程，均值一次二阶矩方法的计算误差较大。同时，当选择力学意义相同但形式不同的非线性极限状态函数时，应用均值一次二阶矩方法求解会得到不同的可靠性指标 β，这与实际情况不符，为此发展了改进的一次二阶矩方法。

2.2.2　改进一次二阶矩方法

均值一次二阶矩方法是根据均值点的信息计算结构可靠性指标，但均值点一般在可靠区，且距失效边界较远，因此求得的可靠性指标误差很大（图 2.4）。为此，Hasofer-Lind 和 Rachwitz-Fiessler 等将线性化点选为设计验算点，提出了改进一次二阶矩方法（也称为验算点法）[3]。这一方法得到的可靠性指标 β 具有较高的精度，克服了均值一次二阶矩方法存在的问题，因此得到了广泛应用。

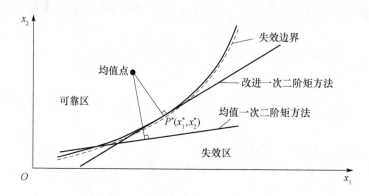

图 2.4　两个变量情况的失效边界

对于任意一组随机变量 $x_i(i=1,2,\cdots,n)$，其设计验算点为 $x_i^*(i=1,2,\cdots,n)$，在验算点处的线性化极限状态方程为

$$Z = g(x_1^*, x_2^*, \cdots, x_n^*) + \sum_{i=1}^{n}(x_i - x_i^*)\left(\frac{\partial g}{\partial x_i}\right)_{x^*} = 0 \qquad (2.18)$$

Z 的均值为

$$\mu_Z = g(x_1^*, x_2^*, \cdots, x_n^*) + \sum_{i=1}^{n}(\mu_{x_i} - x_i^*)\left(\frac{\partial g}{\partial x_i}\right)_{x^*} = 0 \qquad (2.19)$$

由于设计验算点就在失效边界上，所以有

$$g(x_1^*, x_2^*, \cdots, x_n^*) = 0 \qquad (2.20)$$

这样，式（2.19）可变为

$$\mu_Z = \sum_{i=1}^{n}(\mu_{x_i} - x_i^*)\left(\frac{\partial g}{\partial x_i}\right)_{x^*} = 0 \qquad (2.21)$$

由于设计验算点 x^* 未知，所以直接计算可靠性指标 β 是不现实的。目前一般采用迭代法得到可靠性指标和设计验算点的值。为此，将上述公式线性化得

$$\sigma_Z = \sum_{i=1}^{n} \alpha_i \sigma_{x_i} \left(\frac{\partial g}{\partial x_i} \right)_{x^*} \tag{2.22}$$

式中，α_i 满足

$$\alpha_i = \frac{\sigma_{x_i} \left(\dfrac{\partial g}{\partial x_i} \right)_{x^*}}{\sqrt{\sum_{i=1}^{n} \left(\sigma_{x_i} \dfrac{\partial g}{\partial x_i} \right)_{x^*}^2}} \tag{2.23}$$

事实上，α_i 可以反映变量 x_i 对综合变量 Z 的标准差的影响，因此被称为灵敏系数。显然，α_i 的值在 ±1 之间，且满足

$$\sum_{i=1}^{n} \alpha_i^2 = 1 \tag{2.24}$$

根据可靠性指标的定义

$$\beta = \frac{\mu_Z}{\sigma_Z} = \frac{\sum_{i=1}^{n} (\mu_{x_i} - x_i^*) \left(\dfrac{\partial g}{\partial x_i} \right)_{x^*}}{\sum_{i=1}^{n} \left[\alpha_i \sigma_{x_i} \left(\dfrac{\partial g}{\partial x_i} \right)_{x^*} \right]} \tag{2.25}$$

整理得

$$\sum_{i=1}^{n} \left(\frac{\partial g}{\partial x_i} \right)_{x^*} (\mu_{x_i} - x_i^* - \beta \alpha_i \sigma_{x_i}) = 0 \tag{2.26}$$

由式（2.26）可得

$$(\mu_{x_i} - x_i^* - \beta \alpha_i \sigma_{x_i}) = 0, \quad i = 1, 2, \cdots, n \tag{2.27}$$

于是得到设计验算点的计算公式为

$$x_i^* = \mu_{x_i} - \beta \alpha_i \sigma_{x_i}, \quad i = 1, 2, \cdots, n \tag{2.28}$$

在已知 μ_{x_i} 和 $\sigma_{x_i} (i = 1, 2, \cdots, n)$ 的条件下，求解可靠性指标 β 和设计验算点 $x_i^* (i = 1, 2, \cdots, n)$ 的值需要 $n+1$ 个方程。式（2.28）表示的 n 个方程中，由于设计验算点位于极限状态面上，所以补充方程（2.20）采用迭代法即可求解。

求解可靠性指标和设计验算点的迭代方法有很多，改进的一次二阶矩方法迭代步骤如下：

（1）假定一个 β 值。

（2）选取设计验算点的初值，一般取 $x_i^* = \mu_{x_i}\,(i=1,2,\cdots,n)$。

（3）计算 $\left(\dfrac{\partial g}{\partial x_i}\right)_{x_i^*}$ 的值。

（4）由式（2.23）计算 α_i 值。

（5）由式（2.28）计算新的验算点 $x_i^*(i=1,2,\cdots,n)$ 值。

（6）重复步骤（3）～（5），直到前后两次算得 $x_i^*(i=1,2,\cdots,n)$ 的差值在容许范围内。

（7）将所得 $x_i^*(i=1,2,\cdots,n)$ 的值代入原极限状态方程 $Z=g(x_1,x_2,\cdots,x_n)=0$，计算结构功能函数 g 的值。

（8）检验极限状态方程 $Z=g(x_1,x_2,\cdots,x_n)=0$ 的条件是否满足，如果不满足，则计算前后两次 β 和 g 各自差值的比值 $\Delta\beta/\Delta g$，并由 $\beta_{m+1}=\beta_m-g_m\times(\Delta\beta/\Delta g)$ 估算一个新的 β 值，然后重复步骤（3）～（7）的计算，直到满足 $g(x_1^*,x_2^*,\cdots,x_n^*)\approx 0$。

（9）由 $P_f=\Phi(-\beta)$ 计算失效概率。

上述步骤中也可取消步骤（6）进行迭代。在实际计算中，β 的误差一般在 ± 0.01 之间。

2.3　代理模型法

在实际工程问题中，功能函数往往表现出高度非线性，而且常常是隐式的。一次二阶矩方法很难对这样的功能函数进行概率分析，因为功能函数的高度非线性以及隐式关系会影响分析效率和分析精度。在保证结构概率设计计算精度的前提下，为改善结构可靠性设计的计算效率，寻求合理的代理模型来近似原始模型是可靠性设计的必然选择。本节介绍工程中常用的几类代理模型。

2.3.1　响应面法

响应面法[4]（response surface method，RSM）是常用的代理模型之一，它用简单的显式多项式函数逐步逼近实际的隐式（或显式）极限状态函数，使可靠度计算得到简化。本节以基于一次多项式、二次多项式的响应面法为代表，介绍响应面法。

1. 一次响应面法

设含有两个基本变量 x_1、x_2 的极限状态函数为 $Y=g(x_1,x_2)$，它一般是非线性

的，取响应面函数的一次多项式，即

$$Y' = g'(x_1, x_2) = a_0 + a_1 x_1 + a_2 x_2 \qquad (2.29)$$

为了确定系数 a_0、a_1 和 a_2，首先以均值 m_x 为中心，在区间 $(m_x - \sigma f_x, m_x + \sigma f_x)$ 内选取 2+1 个样本点，f_x 是确定取值界限的选择参数，一般取 $f_x = 1$。由样本点可计算得到 $Y = g(x_1, x_2)$ 的值，再由式（2.29）建立三个方程求解系数 a_0、a_1 和 a_2。响应面函数确定后，即可计算结构的可靠性指标和设计验算点 x_D 的值。然后，以 x_D 为中心选取一组新的样本点，重复上述过程，即可得到与极限状态方程 $Y = g(x_1, x_2) = 0$ 相对应的可靠性指标和设计验算点的近似值。这一方法的几何表示如图 2.5 所示。

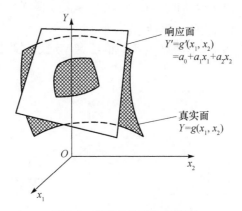

图 2.5　两变量的线性响应面

2. 二次响应面法

为了提高响应面法计算结构可靠度的精度，响应面函数可取为随机变量的完全二次式：

$$Y' = g'(x_1, x_2) = A + x^T B + x^T C x \qquad (2.30)$$

确定常量矩阵 A、B、C 需要足够多的样本点。在结构可靠度分析中，涉及的随机变量往往较多。为了确定式（2.30）中的待定系数，需要取大量样本点进行分析计算，从而降低了响应面法的计算效率。在保证计算精度的前提下，为了提高计算效率，Bucher 等建议取如下形式的响应面函数[4]：

$$g'(x) = a + \sum_{i=1}^{n} b_i x_i + \sum_{i=1}^{n} c_i x_i^2 \qquad (2.31)$$

式中，系数 a、b_i、c_i 需由 $2n+1$ 个样本点得到足够的方程来确定。由于响应面函数中不含交叉项，所以确定响应面函数所取的样本点减少。具体计算方法如下：

（1）以均值为中心点，在区间 $(m_x - \sigma f_x, m_x + \sigma f_x)$ 内选取样本点，f_x 的取值范围为[1,3]。由样本点可计算得到 $2n+1$ 个函数 $g(x)$ 的值，从而确定响应面函数中的待定数。得到响应面函数之后，即可求出极限状态面上设计验算点的近似值 x_D。

（2）选取新的中心点，新中心点 x_M 可选在均值点 m_x 与 x_D 的连线 L 上，并保证满足极限方程 $g(x)=0$，即

$$x_M = m_x + (x_D - m_x)\frac{g(m_x)}{g(m_x) - g(x_D)} \qquad (2.32)$$

这样选取新中心点的目的在于使所选样本点包含原极限状态面更多的信息。

（3）以 x_M 为中心点选取新的一组样本点，重复步骤（1），即可得到极限状态面上设计验算点的值和相应的可靠性指标。

整个过程需求解 $4n+3$ 个函数 $g(x)$ 的值，这一逼近过程的图形表示如图 2.6 所示。

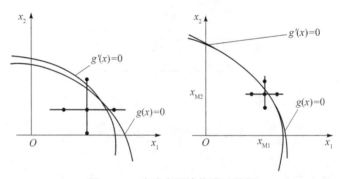

图 2.6　二次响应面法的逼近过程

2.3.2　Kriging 模型法

Kriging 模型[5]是一种估计方差最小的无偏估计模型，在相关函数的作用下，具有局部估计的特点，这使其在解决非线性程度较高的问题时比较容易取得理想的拟合效果。另外，由于输入矢量各方向的核函数的参数可以取不同值，所以 Kriging 模型既可以用来解决各向同性问题也可以用来解决各向异性问题。Kriging 模型中各方向的参数存在最优值，但是对其寻优会耗费大量的计算时间，这在各向异性的高维问题中显得尤为突出，这一点导致构造 Kriging 模型所用的时间要比其他几种模型多。Kriging 模型假设仿真程序表达的隐式函数关系可用如下方程进行重构：

$$y(x) = f^{\mathrm{T}}(x)\beta + z(x) \tag{2.33}$$

式中，$f(x) = [f_1(x), f_2(x), \cdots, f_p(x)]^{\mathrm{T}}$ 为回归基函数；$\beta = [\beta_1, \beta_2, \cdots, \beta_p]^{\mathrm{T}}$ 为回归系数；$z(x)$ 为高斯随机过程，具有下列统计特性：

$$\begin{cases} E[z(x)] = 0 \\ \mathrm{Var}[z(x)] = \sigma^2 \\ E[z(x_i)z(x_j)] = \sigma^2 R(x_i, x_j) \end{cases} \tag{2.34}$$

式中，x_i、x_j 为两个任意输入向量；σ^2 为过程方差；$R(\cdot,\cdot)$ 为相关模型，定义为各个维度上相关函数的乘积，即

$$R(x_i, x_j) = \prod_{k=1}^{n} \exp\left(-\theta_k \left| x_i^{(k)} - x_j^{(k)} \right|^2\right) = \exp\left(-\sum_{k=1}^{n} \theta_k \left| x_i^{(k)} - x_j^{(k)} \right|^2\right) \tag{2.35}$$

式中，$x_i^{(k)}$ 为输入向量 x_i 的第 k 个分量；n 为输入向量维数。相关参数 θ_k 描述了函数输出对第 k 维输入变化的敏感程度，也就是 $x^{(k)}$ 的相对重要程度。θ_k 越大，$y(x)$ 对 $x^{(k)}$ 的变化就越敏感，相关参数直接控制着 Kriging 模型的输入输出特性，可对其进行优化以确保最佳的预测精度。

设生成的样本点为 $s = \{s_1, s_2, \cdots, s_m\}$，对应的仿真程序输出为 $y = [y(s_1), y(s_2), \cdots, y(s_m)]^{\mathrm{T}}$，对任意给定的 $\theta = \{\theta_1, \theta_2, \cdots, \theta_m\}$，$\beta$ 与 σ^2 的估值分别为

$$\overline{\beta} = (F^{\mathrm{T}} R^{-1} F)^{-1} F^{\mathrm{T}} R^{-1} Y \tag{2.36}$$

$$\overline{\sigma}^2 = (Y - F\overline{\beta})^{\mathrm{T}} R^{-1} (Y - F\overline{\beta}) / m \tag{2.37}$$

式中，$F \in \mathbf{R}^{m \times p}$ 为基函数矩阵，其第 i 行第 j 列的元素为 $f_j(s_i)$；$R \in \mathbf{R}^{m \times m}$ 为相关矩阵，其第 i 行第 j 列的元素为 $R(s_i, s_j)$。

当似然函数 $\Psi(\theta)$ 取得最大值时，得到极大似然意义下的最优相关参数 θ^*，即

$$\theta^* = \arg\max\{\Psi(\theta)\} = \arg\max\{-(\ln|R| + m\ln\hat{\sigma}^2)/2\} \tag{2.38}$$

完成对 θ^* 的求解后即可得出建立在 m 次数值仿真结果基础上的 Kriging 近似模型：

$$\hat{y}(x) = f^{\mathrm{T}}(x)\overline{\beta} + r^{\mathrm{T}}(x)R^{-1}(Y - F\overline{\beta}) \tag{2.39}$$

$$r(x) = [R(x, s_1), R(x, s_2), \cdots, R(x, s_m)]^{\mathrm{T}} \tag{2.40}$$

将式（2.39）和式（2.40）作为响应面模型进行系统函数的概率分析，称为概率分析的 Kriging 响应面方法。

$$\phi_k(\|x - C_k\|^2) = \exp\left(-\frac{(x - C_k)^{\mathrm{T}}(x - C_k)}{2\sigma_i}\right) \tag{2.41}$$

$$\phi^{\mathrm{T}} = [\phi_1, \phi_2, \cdots, \phi_p] \tag{2.42}$$

$$\bar{y}_{q-1} = \phi_{q-1}\omega_{q-1} \tag{2.43}$$

设期望输出 y_{q-1} 为

$$y_{q-1} = \bar{y}_{q-1} + e \tag{2.44}$$

式中，e 为误差矩阵。

按照最小二乘原则定义误差目标函数 E 为

$$E = \frac{1}{2n}\sum_{j=1}^{n} e_j^2 \tag{2.45}$$

$$e_j = d_j - \sum_{j=1}^{m} \omega_i G(\|x_j - C_i\|) \tag{2.46}$$

式中，n 为随机变量的数量，e_j 为第 j 组样本的误差，d_j 为高斯函数各个中心间的距离。

根据所有输入样本确定隐含层各节点的高斯函数中心 C_k 和高斯函数宽度 σ_k，按照下列方式分别调整输出单元的权值 ω_i、隐含层各节点的高斯函数的中心 C_k 和隐含层高斯函数宽度 σ_k。

调整输出单元的权值 ω_i

$$\omega_i(n+1) = \omega_i(n) - \eta_1 \frac{\partial E(n)}{\partial \omega_i(n)} \tag{2.47}$$

调整隐含层各节点的高斯函数中心 C_k

$$C_k(n+1) = C_k(n) - \eta_2 \frac{\partial E(n)}{\partial C_k(n)} \tag{2.48}$$

调整隐含层各节点的高斯函数宽度 σ_k

$$\sigma_k(n+1) = \sigma_k(n) - \eta_3 \frac{\partial E(n)}{\partial \sigma_k(n)} \tag{2.49}$$

式中，η_1、η_2、η_3 为各参数的学习步长。

在确定隐含层的各参数 (σ_k, C_k) 后，根据样本数据，采用误差纠正算法，如梯度下降法和最小二乘法，调整输出层的权值矩阵 ω，直到满足规定的误差精度。

2.3.3　支持向量机法

支持向量机[6]（support vector machine，SVM）法是在统计学习理论基础上发展出来的一种智能学习方法，它解决了小样本、非线性和高维模式识别等实际问题，具有理论完备、适应性强、全局优化、训练时间短、泛化和容错性能好等优点。它把寻找两类之间的最优平面问题转化为求解最大分类间隔问题，而最大间隔问题实际上是不等式约束的二次规划问题。SVM 能很好地克服维数灾难和过学习等传统算法难以解决的问题，已在很多领域得到广泛应用。

假设给定一种分布 $P(x,y)$ ，其中 $x \in \mathbf{R}^n$ 和 $y \in \mathbf{R}$ ，第 i 个样本集为 $\{(x_i, y_i)\}_{i=1,2,\cdots,l}$ 。如果有一组函数 F 将高维空间 $\mathbf{R}^n$ 中的数据点 x 映射到低维空间 $\mathbf{R}$ 中，则有

$$F = \{f(x,w), w \in \Lambda \big| f : \mathbf{R}^n \to \mathbf{R}\} \tag{2.50}$$

式中， Λ 是参数集， w 是未确定参数向量。

SVM 回归的目的是寻找一个函数（回归函数） $f \in F$ 使式（2.34）具有最小期望风险

$$R(f) = \int l(y - f(x,w)) \mathrm{d}P(x,y) \tag{2.51}$$

式中， $l(y - f(x,w))$ 是误差函数，在支持向量机回归理论中被定义为

$$l(y - f(x,w)) = \max\{0, |y - f(x,w)| - \varepsilon\} \tag{2.52}$$

式中， $\varepsilon > 0$ ，为松弛变量。回归函数 f 由下面方法确定。

假设样本之间是线性关系，回归函数 $f(x,w)$ 可重新写为

$$f(x,w) = w \cdot x + b \tag{2.53}$$

然而，在大多数情况下，在分析的系统函数中输入输出样本点往往是非线性关系。因此，需要引入一个非线性函数 φ 将数据样本映射到一个高维特征空间，再在高维特征空间进行线性回归，最后得到原始空间非线性回归。所以，函数 f 可写为

$$f(x,w) = w \cdot \varphi(x) + b \tag{2.54}$$

显然，解决二次回归函数的问题就转换为求解下式的最优解问题：

$$\min \frac{1}{2} \|w\|^2 \tag{2.55}$$

相应的约束条件为

$$|w \cdot \varphi(x_i) + b - y_i| < \varepsilon, \qquad i = 1, 2, \cdots, l \tag{2.56}$$

考虑尽可能小的误差，引入两个松弛变量

$$\xi_i, \xi_i^* \geqslant 0, \qquad i = 1, 2, \cdots, l \tag{2.57}$$

此时，最优化函数为

$$\min \frac{1}{2} \|w\|^2 + \gamma \sum_{i=1}^{l} (\xi_i + \xi_i^*) \tag{2.58}$$

$$\text{s.t.} \quad w \cdot \varphi(x_i) + b - y_i \leqslant \xi_i^* + \varepsilon$$
$$y_i - w \cdot \varphi(x_i) - b \leqslant \xi_i^* + \varepsilon \tag{2.59}$$
$$\xi_i^*, \xi_i^* \geqslant 0, \quad i = 1, 2, \cdots, l$$

为了求解二次规划问题，引入 Lagrange 函数

$$L(w, b, a, a^*) = \min \frac{1}{2} \|w\|^2 + \gamma \sum_{i=1}^{l} (\xi_i + \xi_i^*) - \sum_{i=1}^{l} a_i (\xi_i + \varepsilon - y_i + w \cdot \varphi(x_i) + b)$$

$$+ \sum_{i=1}^{l} a_i^* (\xi_i^* + \varepsilon + y_i - w \cdot \varphi(x_i) - b) - \sum_{i=1}^{l} \eta_i (\xi_i + \xi_i^*) \tag{2.60}$$

式中，$a_i, a_i^* \geqslant 0, \ i = 1, 2, \cdots, l$。

在优化过程中，核函数 $\psi(x_i, x_j)$ 用来代替高维特征空间的内积表达式，其中 Lagrange 二元问题可表达为

$$\min_{a, a^*} \left[\frac{1}{2} \sum_{i,j=1}^{l} (a_i^* - a_i)(a_j^* - a_j)\psi(x_i, x_j) + \varepsilon \sum_{i=1}^{l} (a_i^* - a_i) - \sum_{i=1}^{l} y_i (a_i^* - a_i) \right] \tag{2.61}$$

$$\text{s.t.} \sum_{i=1}^{l} (a_i^* - a_i) = 0, \quad 0 \leqslant a_i, a_i^* \leqslant \gamma; i = 1, 2, \cdots, l$$

核函数 $K(x_i, x_j)$ 通常采用径向基函数，其表达式为

$$K(x_i, x_j) = \exp(-\|x_i - x_j\|^2 / \sigma^2) \tag{2.62}$$

式中，σ 为径向基函数的核参数。

得到 $\overline{a}_i$、$\overline{a}_i^*$ 和 $\overline{b}$ 的最优解之后，可得到回归估计函数为

$$f(x) = \sum_{x_i \in \text{SV}} (\overline{a}_i - \overline{a}_i^*)\psi(x, x_i) + \overline{b} \tag{2.63}$$

式中，SV 是给定样本集的支持向量数据集。

将式（2.31）作为响应面模型代替真实函数进行概率分析，该方法称为概率分析的支持向量机响应面法（SVM-RSM）。

给定的训练集、惩罚系数 γ、不敏感系数 ε 及核参数 σ 的取值会影响 SVM 模型的逼近效果，如果取值合理，SVM 模型只用不多的训练样本就能准确逼近非线性函数。与 SVM-RSM 相比，人工神经网络法在建立响应面模型时需要的样本数较多，并且处理非线性问题的能力较差；而 Kriging 响应面方法虽然能够解决非线性问题，但由于在概率分析时需要建立大量的响应面模型来保证计算精度，所以其计算效率相对较低。

除了以上几类基本的代理模型，还有基于局部径向基点插值方法[7]、移动最小二乘法[8]等代理模型。总之，对于不同的工程问题，适用的代理模型是不一样的，需要根据实际情况选择合适的代理模型以提高计算精度。

2.4　抽 样 方 法

对于代理模型方法，其构造的模型精度和效率不但受模型类型的影响，而且受抽样方法的影响。抽样的好坏直接关系到模型对真实物理极限状态曲面的描述程度，另外，不同的抽样方法选取出的符合要求的样本量是不同的。对于有限元计算，抽样方法直接影响代理模型的效率。本节介绍几种常配合代理模型使用的抽样方法。

2.4.1　蒙特卡罗抽样

蒙特卡罗（Monte Carlo，MC）抽样实际上就是在指定的参数空间按照指定的分布函数产生大量的随机数。由于各种分布的随机数都可以由[0,1]上服从均匀分布的随机数变换得到，所以只需研究均匀分布的随机数的生成方法。用数学方法产生随机数是通过数学递推式运算实现的，由此产生的序列到一定长度之后或退化为零，或周而复始地出现周期现象，因此它们并不是真正的随机数。但只要通过有关的检验，就可以作为随机数使用，通常将其称为"伪随机数"。目前已有多种方法可以生成伪随机数，包括迭代取中法、移位法和同余法等。对于抽取样本不是很大的情况，蒙特卡罗抽样生成样本可能存在非常接近或者重合的情况，不能很好地满足响应面方法试验设计的要求。

2.4.2　重要度抽样

重要度抽样方法的基本原理是在保持原有样本期望值不变的情况下，改变随机变量的抽样重心，从而改变现有样本空间的概率分布，使其方差减小。这样，对最后结果贡献大的抽样出现的概率增加，抽取的样本点有更多的机会落在感兴趣的区域，抽样点更有效，从而达到减小运算时间的目的。

假设一个关于随机变量的概率密度函数为 $h(x)$。可以得到

$$E(g(x)) = \sum_{x \in X} g(x) f(x) = \sum_{x \in X} (g(x) f(x) / h(x)) h(x) \qquad (2.64)$$

从式（2.64）中可以假设出一个新的函数 $g^*(x)$，且令 $g^*(x) = g(x) f(x) / h(x)$，这个新函数的期望值和 $g(x)$ 的期望值完全相同，而它们的方差却是不同的，即

$$\mathrm{Var}(g^*(x)) = \sum_{x \in X} (g(x) f(x) / h(x) - E(g(x)))^2 h(x) \qquad (2.65)$$

显然，方差越小，计算的工作量就会越小，$h(x)$ 称为重要度抽样分布函数。当 $h(x)$ 取最优值时，会出现 $\mathrm{Var}(g^*(x)) = 0$ 的情况，而这种情况是一种最理想的情况，在这样的情况下，只需要进行一次抽样就可以完成估计。但是，这种情况只是一种理想状态，因为 $\mathrm{Var}(g(x))$ 的真实值是无法知道的，所以在实际计算中只能采用近似的最优分布来逼近 $\mathrm{Var}(g(x))$，达到减小方差的目的。而重要度抽样分布函数算法的选择就成为制约计算时间的关键问题。

以上为常规的重要度抽样方法，为了提高抽样效率，许多学者还提出了一些改进的重要度抽样方法，如中心正态重要度抽样、β-球面外的结尾正态重要度抽样、基于 Kriging 模型的重要度抽样等。

2.4.3　拉丁超立方抽样

拉丁超立方抽样（Latin hypercube sampling，LHS）是一种多维分层抽样方法。使用拉丁超立方抽样时，在 n 维空间中，将每一维坐标区间 $[x_k^{\min}, x_k^{\max}]$（$k \in [1, n]$）均匀地分为 m 个区间，每个小区间记为 $[x_k^{i-1}, x_k^i]$，$i \in [1, m]$。先随机选择 m 个点，对每一变量的每一水平值，只抽取一次构成 n 维空间。样本数为 m 的拉丁超立方设计，记为 $m \times n$ LHD，它通过相对较少的样本点，填满整个考核空间。而对于非线性拟合，也有很好的效果，且具有不可重复的特点，即最大化地减少了多余抽样。但是，这种方法也存在缺点，由于它是基于一个初始设计点通过逐步旋转来选择其余的设计点，所以均匀性不够好，尤其是当设计变量很多时，可能存在丢失局部区域信息的问题。

最优拉丁超立方抽样改进了拉丁超立方抽样的缺点，在样本点设计之初就考虑了整个取样空间的均匀性，对每一个设计变量的取值区间，按照均匀抽取的原则设计初始设计点。这样既保留了拉丁超立方抽样的空间填充的优点，也避免了局部信息丢失的问题，如图 2.7 所示。

2.4.4　CVT 抽样

CVT 抽样[9]（centroidal Voronoi tessellations sampling）的基本思想为：设 $\{z_i\}$ 是在 M 维超立方空间 Ω 中的 n 个点，与 z_i 相对应的 Voronoi 单元 V_i 定义为

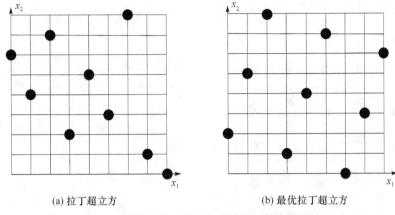

(a) 拉丁超立方　　　　　　　　　　　(b) 最优拉丁超立方

图 2.7　拉丁超立方设计与最优拉丁超立方设计

$$V_i = \{x \in \Omega \,|\, |x - z_i| < |x - z_j|, \quad i = 1, \cdots, n, j = 1, \cdots, n, j \neq i\} \quad (2.66)$$

式中，$|x - z_i|$ 表示 x 与 z_i 间的欧氏距离，$\{z_i\}$ $(i = 1, \cdots, n)$ 称为母点，$\{V_i\}$ 称为 Voronoi 图。对于每个 Voronoi 单元 V_i，其重心 z_i^* 定义为

$$z_i^* = \frac{\int_{V_i} x\mathrm{d}x}{\int_{V_i} \mathrm{d}x} \quad (2.67)$$

当且仅当一个 Voronoi 图满足下列条件时，被称为重心 Voronoi 图

$$z_i = z_i^*, \quad i = 1, \cdots, n \quad (2.68)$$

即在重心 Voronoi 图中每个 Voronoi 单元 V_i 的母点 z_i 恰好就是它的重心，此时 $\{z_i\}_{i=1}^{n}$ 即构成一组 CVT 点集。显然，一般的 Voronoi 图并不满足上述特征，在给定空间维数和样本点数的情况下，重心 Voronoi 图可以通过迭代抽样的方法获得。图 2.8 中给出了二维空间中，样本点数为 25 时的一组 CVT 点集。可以看出，样本点具有很好的空间分布，但是在坐标轴上的投影的均匀性则较差。

2.4.5　LCVT 抽样

LCVT 抽样[10]（Latinized centroidal Voronoi tessellations sampling）是一种兼有 LHS 和 CVT 优点的抽样方法，既拥有很好的边沿分布特性，又具有良好的空间分布特性。它的基本思想是：首先按照指定的空间维数 m 和样本点数 n 在超立方空间中生成一组 CVT 点集，然后按照 LHS 的规则对其中每一个样本点的坐标进行重新赋值，即根据对每一维各点坐标排序的结果，分别将原来的坐标值替换为 $(2i-1)/(2n)$，使每一个样本点的每一维坐标都投影到坐标轴上对应区间的中心。图 2.9 给出了二维空间中，样本点数 25 时的一组 LCVT 点集。可以看出，其空间分布特性较 LHS 有了很大的改善。

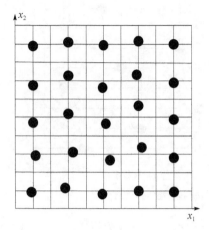 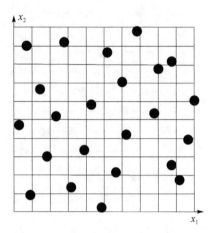

图 2.8　二维空间 25 个 CVT 样本点　　　图 2.9　二维空间 25 个 LCVT 样本点

2.5　可靠度求解实例

本节以某型涡轮盘二维简化模型为例,如图 2.10 所示,选择轮盘内径 R_1、外径 R_2 两个关键几何参数进行分析,简述其低循环疲劳寿命可靠度求解方法。

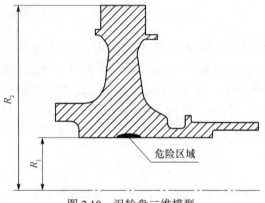

图 2.10　涡轮盘二维模型

涡轮盘可靠性的分析流程如图 2.11 所示。利用拉丁超立方抽样,抽取多组不同大小的 R_1、R_2 值建立几何模型,进行有限元计算提取应力,并使用 Manson-Coffin 公式计算低循环疲劳寿命。然后,构造几何尺寸 R_1、R_2 和寿命之间的近似函数模型,用于可靠性评估。

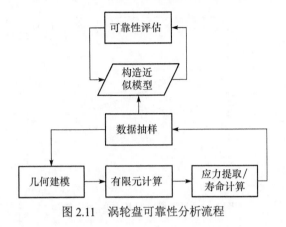

图 2.11　涡轮盘可靠性分析流程

为了对比不同代理模型的精度并研究抽样点数对计算精度的影响，本算例在抽样点数为 25、49 和 81 时，分别构造了二次响应面法（2nd-RSM）、四次响应面法（4th-RSM）、Kriging 模型法和 RBF（径向基函数）神经网络法几种代理模型。针对两个变量 R_1、R_2 抽取均匀分布的 64 个验算点（即每个变量 8 个），校核各代理模型的误差。选取相关系数 R^2 和残差的均方根 S 评估各代理模型的近似精度，结果如图 2.12 和图 2.13 所示。

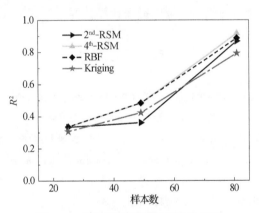

图 2.12　R^2 随样本量增加的变化趋势

对比 R^2 和 S 的计算结果可知，对于这几种模型，增加样本数量均能提高计算精度；综合比较，RBF 模型精度是最高的，RSM 模型次之，Kriging 模型精度较低。在少样本的情况下，RSM 与 RBF 模型的精度相当，但 RSM 的计算成本更低。

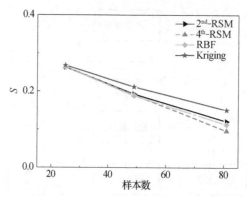

图 2.13　S 随样本量增加的变化趋势

2.6　小　　结

　　本章首先介绍了结构可靠性设计理论与方法，然后重点介绍了工程上常用的几类代理模型和抽样方法，最后以某型涡轮盘为例，对比分析了响应面法、RBF神经网络法、Kriging 模型法这几种代理模型的计算精度，以及样本量对计算精度的影响。需要指出的是，对于不同的工程问题，适用的代理模型是不同的，需要根据实际情况选择合适的代理模型以提高计算精度。

参 考 文 献

[1]　住房和城乡建设部. 工程结构可靠性设计统一标准. GB 50153—2008. 北京: 中国计划出版社, 2009.

[2]　赵国藩, 曹居易, 张宽权. 工程结构可靠度. 北京: 水利电力出版社, 1994.

[3]　刘喜宁. 基于可靠性的桁架结构优化设计方法研究. 西安: 长安大学硕士学位论文, 2009.

[4]　Bucher C G, Bourgund U. A fast and efficient response surface approach for structure stability problems. Structural Safety, 1990, 7(1): 57-66.

[5]　李清富. 工程结构可靠性原理. 郑州: 黄河水利出版社, 1999.

[6]　丁世飞, 齐丙娟, 谭红艳. 支持向量机理论与算法研究综述. 电子科技大学学报, 2011, 40(1): 2-10.

[7]　胡朝斌, 乐云辉, 黄鹏. 基于局部径向基函数插值算法研究. 机电技术, 2014, (2): 43-45.

[8]　于成龙, 刘莉, 龙腾, 等. 基于优化的改进移动最小二乘代理模型方法. 航空计算技术, 2013, 43(1): 85-88.

[9]　Du Q, Faber V, Gunzburger M. Centroidal Voronoi tessellations: Applications and algorithms. SIAM Review, 1999, 41(4): 637-676.

[10]　Romero V J, Burkardt J V, Gunzburger M D, et al. Comparison of pure and "Latinized" centroidal Voronoi tessellation against other statistical sampling methods. Reliability Engineering and System Safety, 2006, 91(10-11): 1266-1280.

第3章　发动机结构可靠性设计的随机因素

影响发动机结构可靠性设计的主要随机因素包括但不限于：载荷、结构几何尺寸、材料性能及其结构状态的抗力。发动机结构件所承受的载荷包括机械载荷、气动载荷、热载荷等，且这些载荷存在显著的分散性，通常用统计分析方法进行载荷的概率表征；发动机结构加工工艺的不稳定性导致几何尺寸具有一定的分散性，尤其是典型几何特征（如圆角等）应进行概率表征；发动机结构件材料的力学行为存在分散性，同时发动机不同位置的材料力学性能也存在一定的分散性。因此，对上述随机因素的分散性进行概率表征，是发动机结构可靠性设计的前提和基础。

本章主要介绍载荷、几何尺寸、材料等三类随机因素的处理方法。首先介绍发动机载荷谱分析与统计方法；然后通过参数化建模、灵敏度分析和统计分析，阐述发动机典型结构关键几何尺寸概率分布特征的分析过程；最后通过实际发动机结构件取样的抗力试验，建立发动机结构不同部位材料分散性的概率模型。

3.1　发动机载荷谱分析与统计

发动机载荷谱是指为进行发动机及其零部件的寿命、可靠性和强度分析与试验考核而制定的有关载荷要素的组合，是发动机在规定的飞行任务、用法和使用条件下载荷参数的统计结果[1]。按其适用范围，发动机载荷谱可分为整机载荷谱和零部件载荷谱。整机载荷谱适用于整台发动机，由飞机和发动机的总体性能参数（如飞行过载、角速度、角加速度、舱压等，发动机功率、转速、燃气温度等）构成，一般以惯性过载谱、工作循环谱与功率谱来表示。零部件载荷谱适用于特定零部件，由与该零部件寿命、可靠性和强度分析与试验考核相关的载荷参数构成，如涡轮盘的载荷谱主要由轮盘转速、盘体温度场构成。按其适用对象，发动机载荷谱可分为使用载荷谱和设计载荷谱。使用载荷谱是供现役机使用的载荷谱，又称实测谱，是由飞行载荷实测及飞行任务调查得到的，可直接应用于发动机的定寿和延寿。设计载荷谱则是供新机设计使用的载荷谱，它是一种预测谱，可由任务相同、结构相近的现役机使用载荷谱推断得到，也可通过预计飞行任务剖面和预计任务混频得到[2,3]。

另外，发动机结构件所承受的载荷并非稳态载荷，其随发动机功率状态的变化而变化；同型号的发动机，由于配装飞行器的不同或飞行环境条件不同，其结构载荷状态也会有明显的不同。这些不同或变化最终会导致发动机结构载荷的分散性极为显著[4]。

1969 年，美国军方提出的结构完整性大纲（ENSIP）中包含了载荷谱的相关内容。1977 年，美国 Vought 公司的 R. R. Lauridia 等首次提出了根据飞机实测数据编制多参数载荷谱的方法，将载荷数据间的相关性作为一个重要内容加以考虑，由此开始了多参数编谱的研究[5]。发动机载荷谱研究经过了如下三个发展阶段：

（1）起步阶段。主要是将飞机载荷谱研究的思想、方法和一些成熟的规程在发动机上进行移植，研究的重点是如何结合飞行任务确定发动机的设计工作循环，并将该指标落实在新机设计、投标中。其标志性的成果是在新修订的美军标 MIL-E-5007D 中对设计任务循环给予了明确的要求。

（2）应用阶段。通过调查获取了各类飞机发动机（战斗机、攻击机、教练机、直升机及运输机等）的任务剖面和飞行使用数据，并对发动机飞行使用载荷进行了大量实测。据统计，该阶段美国共对服役的 20 多种飞机发动机进行过使用调查和飞行载荷实测。研究得到的发动机载荷数据，满足了新机研制和老机排故对载荷的需求。在此基础上，美海军对 MIL-E-5007D 提出了新的试验程序和模拟任务持久试车（SMET）、加速等效试车（AMT）的新方案，发动机结构完整性大纲经过充实修改后正式公布。

（3）发展阶段。主要进行发动机载荷获取和寿命管理控制方面的研究，包括发动机寿命监控和载荷数据记录处理系统的研制、外场发动机使用控制指标的确定、飞行任务变化对发动机整机和关键部件寿命指标的影响、发动机载荷数据库的建立以及发动机载荷数据的计算机模拟等[5,6]。

我国发动机载荷谱的研究工作基本是追随国外而进行的，目前无论在发动机载荷数据的积累和载荷谱的应用（新型号研制与现役发动机寿命管理）上均与国外有一定的差距。我国发动机载荷谱的研究起步于 20 世纪 70 年代对 WP6 发动机使用载荷的调查。80 年代又结合 WP6 发动机定寿的需要，在载荷调查基础上确定了发动机使用中的典型课目，对典型课目进行了载荷空测，并在台架上对关键部件的载荷数据进行了补充测试。利用测试和使用调查结果，参照国外编谱技术，编制了 WP6 发动机的使用载荷谱，并在此基础上形成了一套载荷剖面的处理程序和编制发动机总谱的方法[7]。在随后的二十多年中，对现役和在研发动机载荷谱的研究工作基本是沿着该思路进行的。

3.1.1　飞行任务剖面典型化与任务混频

1. 飞行剖面的获取和典型化

飞行剖面是指飞行过程中各种载荷参数在不同时间上的数据和数据分布、变化信息，即各载荷参数的时间历程。在有条件的情况下，现役飞机发动机应尽量采用实测载荷剖面[3]。

　　常见的飞行剖面参数包括发动机的控制参数、内流参数、外部作用力、转子转速和飞行环境等多方面的信息。针对研究的对象不同，研究时所选择的剖面也不尽相同。对于整机谱，最为重要的剖面包括飞行高度、发动机高压转速、马赫数和法向过载等载荷要素。对于高压涡轮盘的载荷谱，由于其主要受离心应力和热应力的影响，所以考察的飞行剖面主要包括发动机高压转速和排气温度等。

　　飞行剖面主要由飞行参数记录仪获取[7-9]。只要能真实反映发动机载荷的完整时间历程（从发动机起动到停车），满足精度和采集频率的要求，并且能够提供发动机地面维护开车的完整记录，即可用于载荷谱研究。用飞行参数数据获取的发动机飞行剖面获取流程如图 3.1 所示。

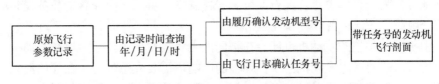

图 3.1　用飞行参数数据获取的发动机飞行剖面流程示意图[3]

　　通过飞行参数记录仪获取的飞行剖面的真实性必须通过合理性检验，即采集有效性检验、采样频率复验和相容性检验等。

　　1）采集有效性检验

　　采集有效性检验是检验采集得到的数据是否是待采集参数的真实反映。

　　2）采样频率复验

　　采样频率复验是比较每个参数的实测变化率 dF/dt 和采样频率是否满足误差 δF 的要求，需满足如下公式[3]：

$$f_s \geq \frac{dF/dt}{2\delta F} \tag{3.1}$$

　　3）相容性检验

　　相容性检验是检查相关参数（测试参数和计算参数）之间的关系是否满足物理约束，如高低压转速之间的关系、转速与温度之间的关系等。

　　在获得飞行剖面并验证其真实性后，需对冗杂的飞行剖面进行聚类分析。主要工作是根据各飞行任务（包括地面试车）的飞行剖面近似程度，对各飞行任务的飞行剖面进行分类，并找出能够代替各组飞行剖面的典型剖面。一般地，选择高度和马赫数这两个飞行参数作为分组的标准。

　　发动机载荷谱的聚类分析可以由同名飞行课目预合并、机动飞行强度分组和飞行剖面详细分组三个步骤完成。

　　完成飞行剖面的聚类分析，得到典型飞行剖面组合后，即需要选择每个组合的典型飞行剖面。飞行大纲是飞行任务设计与实施的基础和纲领，因此典型飞行剖面的选取必须严格遵照飞行大纲的要求，在飞行大纲的框架内进行。

2. 任务混频和环境混频

任务混频是指发动机各种飞行任务（含任务、训练和发动机维护开车）的比例，通常以 1000h 各种飞行任务频次的列表给出，它体现了发动机的用法，是影响载荷谱的最主要因素[3]。

要进行发动机任务混频，最为重要的工作便是在飞行剖面典型化的基础上，通过对发动机飞行任务和地面维护等运作的情况进行调查，得到发动机外场使用的数据，进而得出规律。在分组统计时，只需以飞行剖面典型化后得到的每一组飞行课目作为一个单位进行调查即可。严格意义上讲，一个完整的任务混频应由两部分组成——课目替代表和混频结果。

由于同种类型的发动机可能会在不同的大气条件下工作，所以在发动机载荷谱分析时，需要考虑发动机的工作环境的影响。需要注意的是，在环境混频中考虑的大气条件，仅限于对发动机热力循环有影响的大气温度和大气压力。大气中的其他因素，如湿度、盐度等对发动机特定构件的影响，是在损伤分析中另行考虑的。

需要说明的是，飞行剖面提取、处理的相关工作与混频应同步开展、相辅相成。混频用于指导飞行剖面的提取，减小飞行剖面的提取工作量；飞行剖面数据的对比是混频的主要依据。二者在此无先后顺序关系。

3.1.2　载荷谱的循环矩阵法与相关矩阵法

发动机结构在飞行中所承受的载荷是一种连续变化的随机过程。在获取了飞行剖面表示的发动机相关载荷参数随时间变化的历程、任务混频和使用环境后，必须将上述数据综合简化成与发动机结构某种损伤相关的载荷形式，以便于使用。这就是对飞行剖面数据处理的工程意义。

1. 交变载荷处理方法

以发动机涡轮盘为例，疲劳是其重要的失效因素。因此，有必要在涡轮盘全寿命历程中，对疲劳的诱因——交变载荷进行总结和分析。不同飞行环境下发动机涡轮盘的飞行剖面迥异，无法在试验或设计计算时施加复杂的交变载荷。因此，需要对发动机的载荷情况进行数学处理，使其成为一种既能反映发动机交变载荷的变化规律，又易于计算和试验的等价加载形式。

疲劳破坏是一个累积损伤的过程，必须关心实际结构在使用过程中对疲劳强度有影响的各级载荷及其出现次数；另外，载荷次序对疲劳强度是有影响的，故还需知道不同大小的各级载荷出现的先后顺序[10]。因此，在疲劳强度分析中，需要处理确定结构所承受的载荷谱，特别是载荷的变化情况。

疲劳载荷谱的主要内容包括载荷大小、循环次数和排列顺序。对同类构件进行的多次实测表明，载荷大小和循环次数一般可以比较稳定地再现，但每个载荷作用的先后顺序则是在一定范围内随机出现的。而在预计寿命时，又只能从这无限的可能顺序中挑选出一种确定的载荷谱情况作为依据，这就需要对载荷谱进行编排，编排的合理性取决于载荷谱能否较好地反映该类构件的疲劳损伤情况[10]。

对于交变载荷的处理，一般采用两类方法，一类为雨流计数法，另一类为功率谱密度法，或简称功率谱法[10,11]。功率谱密度法的一个重要优点是能计算结构的动态响应特性[11]，但其计算烦琐，且对数据要求也相对较高。雨流计数法不能描述结构的动态响应特性，但是其计算简单，对数据要求较低，在试验中也体现出了较高的精度，故仍被普遍采用。

雨流计数法是 20 世纪 50 年代由英国的 M. Matsuishi 和 T. Endo 提出来的，其主要功能是把实测载荷谱历程简化为若干个载荷循环，供疲劳寿命估算和编制疲劳寿命载荷谱使用，雨流计数法原理如图 3.2 所示。该方法考察了动强度（幅值）和静强度（均值）两个变量，符合疲劳载荷本身固有的特性[12]。通过雨流计数法

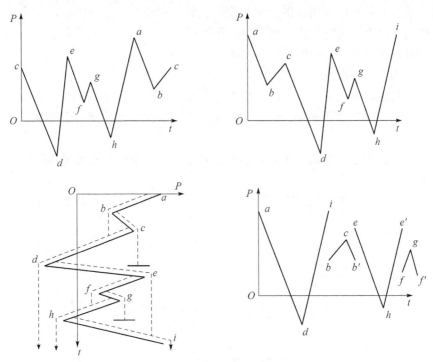

图 3.2　雨流计数法原理图

i=a

可以提取出所有循环序列，在此基础上根据循环的峰值和谷值，就可得到载荷谱的循环矩阵。

2. 载荷谱的循环矩阵法

发动机典型任务剖面数据表征了飞机从起动、滑跑、起飞、空中飞行直至着陆停车等飞行过程中发动机工作参数的全部数据，这些数据全面而真实地反映了发动机在任意时刻所处的飞行状态、工作状态及各状态间不同参数的变化过程，即给出了发动机的载荷-时间历程或发动机的使用载荷谱。由于记录载荷的复杂性和多样性，这种载荷谱无法直接使用，需要根据循环统计理论对该载荷谱进行处理，把连续的载荷-时间历程离散成一系列的峰值和谷值，并将全部载荷分成一定的级别，然后统计峰值和谷值发生的频次，得到单参数载荷谱。这就是循环矩阵法。

循环矩阵法的处理过程大致包含：去除伪读数、提取峰谷值、筛选有效峰谷值、雨流计数等。

1）去除伪读数

去除伪读数，其实就是去除在测量时由于仪器出错或是记录错误造成的"跳点"。这些"跳点"往往是一个孤立的数据，游移于整个数据的变化趋势之外，属于错误值。一般通过周围值的大小和变化趋势"预测"出跳点的值，并将"预测值"作为"跳点"处的真实值加以运用和计算。

同时满足以下条件的值被归为"跳点"：

（1）为当下极值点。

（2）与左右两侧各两个数据平均值之差的绝对值大于某阈值。

（3）数组中左右相邻的两个数据与其周围四个数据平均值之差的绝对值大于阈值的1/2。

（4）数组中左右间隔一个数据的两个数据与其周围四个数据平均值之差的绝对值大于阈值的1/2。

若将由n个数据组成的整个队列表示为S，其中第i个数据表示为a_i，则有如下关系：

$$\begin{cases} (a_i - a_{i-1})(a_i - a_{i+1}) < 0 \\ \left| a_i - \dfrac{a_{i-2}+a_{i-1}+a_{i+1}+a_{i+2}}{4} \right| > T \\ \left| \dfrac{a_{i-1}+a_{i+1}}{2} - \dfrac{a_{i-2}+a_{i-1}+a_{i+1}+a_{i+2}}{4} \right| > \dfrac{T}{2}, \quad a_i \in S, i \in [3, n-2] \\ \left| \dfrac{a_{i-2}+a_{i+2}}{2} - \dfrac{a_{i-2}+a_{i-1}+a_{i+1}+a_{i+2}}{4} \right| > \dfrac{T}{2} \end{cases} \quad (3.2)$$

式中，阈值T应根据具体的数据情况予以选取，特别要参考真实工作状态下数据随时间变化的变化率范围。式（3.2）中第 3 个和第 4 个公式用于保证峰谷值不被当做"跳点"予以剔除。

以某型号发动机在一次飞行起落循环为例，从起飞前开机到发动机熄火为止共 3178s（每秒记录一次数据，共计 3178 个数据）的相对高压转速剖面如图 3.3 所示。通过去除伪读数的处理，可成功将图 3.3 中的跳点剔除，如图 3.4 所示。

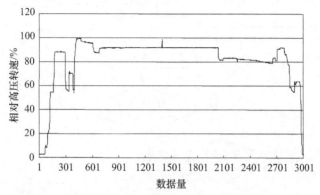

图 3.3　某型号发动机相对高压转速剖面

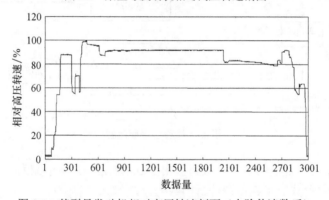

图 3.4　某型号发动机相对高压转速剖面（去除伪读数后）

2）提取峰谷值

一般计数方法关心的是峰谷值，并且根据疲劳理论，载荷的峰谷值对发动机寿命具有重要的影响，所以需要从数据中提取出所有的峰值和谷值。生成的峰谷值序列需要满足

$$\begin{cases} a_1 < a_2, a_{n'-1} > a_{n'} \\ a_i > a_{i-1}, a_i > a_{i+1}, \quad i \in [2, n'-1], \dfrac{i}{2} \in \mathbf{N} \\ a_i < a_{i-1}, a_i < a_{i+1}, \quad i \in [2, n'-1], \dfrac{i}{2} \notin \mathbf{N} \end{cases} \tag{3.3}$$

实现提取峰谷值的难点主要是对连续相等值的处理。为此，可通过图 3.5 所示的峰谷值提取程序，实现非峰谷值数据的剔除。

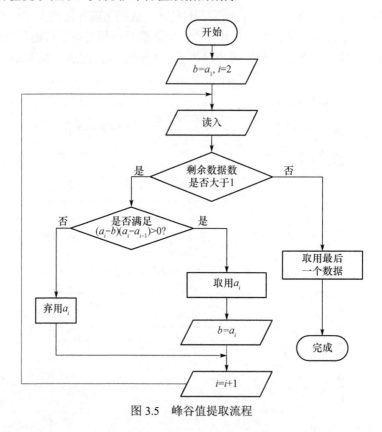

图 3.5 峰谷值提取流程

例如，经过峰谷值的处理，数据量由图 3.4 中的 3178 个减为 1351 个，如图 3.6 所示，这大大减少了载荷谱分析的数据量。

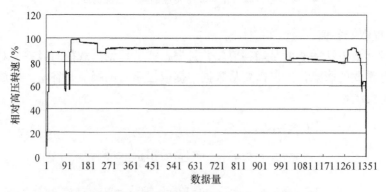

图 3.6 某型号发动机相对高压转速剖面（提取峰谷值后）

3）筛选有效峰谷值

对图 3.6 中的数据进行局部放大，如图 3.7 所示，可以发现提取峰谷值后的数据点中存在很多噪声值。这些噪声值涨落幅度小，对发动机结构造成的损伤可忽略。因此，可以进一步将噪声值从数据中去除。

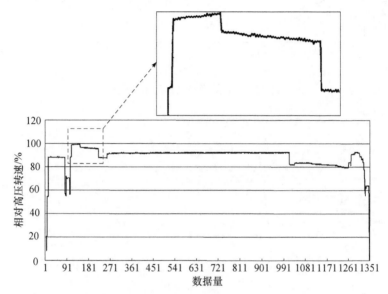

图 3.7　峰谷值提取后数据剖面图的局部放大图

本节在筛选峰谷值时，选取区间最值作为峰谷值。首先对初始值和最终值进行比较，其中较小的一个作为其初始与最终的有效谷值；设置滤波阈值，即提取出的相邻峰谷值之差不得小于该阈值。

筛选峰值的过程中，用以参照的谷值并非不变的，而是随着峰值的选取向前推进变化，以确保其在原峰值到待选峰值之间最小。以图 3.8 为例，对其进行简要说明（滤波阈值选为 1）。已知 a 点为谷值，现开始选定峰值。由于 $b-a>1$，初步选定 b 点为峰值，开始从 c 点起选定下一谷值，并正式输入 a 作为确认的谷值。推进到 d 点时由于 $d>b$，则选定 d 点作为峰值取代 b 点值，作为下一谷值选定时的参考峰值，直至 e 点。选定 e 点作为峰值后，很快又有 $e-f>1$，所以选定 f 点作为下一谷值，同时输出和确认 e 作为峰值。

通过上述处理后，就可以完整地提取出峰谷值之差大于 1 的全部峰谷值，既不会遗漏区域最值，又不会在其中包含噪声值。利用这样的方法，从上一步得到的数据中筛选出 21 个有效峰谷值，绘制为折线图，如图 3.9 所示。

4）雨流计数

雨流计数的传统实现手段主要包括四峰谷值点穷举法（又称四峰谷值法）和

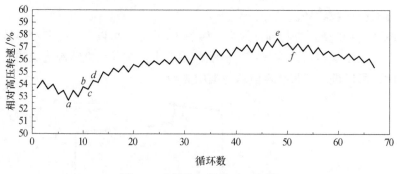

图 3.8　有效峰谷值筛选示意图

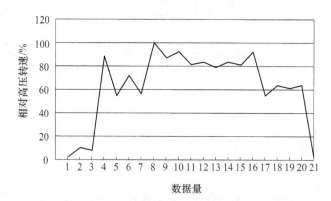

图 3.9　某型号发动机相对高压转速剖面的有效峰谷值

三峰谷值应力水平比较法（又称三峰谷值法）[13]。四峰谷值法原理相对简单，但计数复杂，步骤烦琐，计算量也较大，且对首尾数据的处理不能令人满意；三峰谷值法原理复杂，但步骤简洁，计算量相对较小，易于程序化，便于大规模处理数据，故选取其作为本节的数据处理方法。通过将雨流计数法程序化，可以很容易地提取出所有循环序列，在此基础上，根据循环峰值和谷值的大小，得到其循环矩阵。

编制循环矩阵的方法即创建一个二维表，其两个维度分别为峰值和谷值。将峰值与谷值划分为若干个区间，在雨流计数时对得到的每一个循环进行判断，看其峰值与谷值落在哪个区间中，然后对其进行计数。峰谷值区间统计结果用矩阵形式表示出来即循环矩阵。在工程实际中，根据后期处理要求不同，有时也用载荷的均值和幅值作为两个维度，生成循环矩阵。

利用此方法，对图 3.9 所示的 21 个高压转速的峰谷值进行雨流计数，得到其对应关系，如表 3.1 所示。

表 3.1　某型号发动机相对高压转速峰谷值统计表（单位：%）

峰值	谷值	峰值	谷值
10.3	8.3	63.6	61.1
71.5	56.5	88.4	55.1
92.2	87.2	92.0	78.6
83.3	81.2	63.6	54.8
83.5	80.8	99.7	2.3

注：最后一组为主循环。

在此基础上，分别以峰值和谷值作为维度，整理而成的高压转速循环矩阵如表 3.2 所示。

表 3.2　某型号发动机相对高压转速循环矩阵

峰值/% 谷值/%	≥98	95～98	90～95	80～90	60～80	总计
0～25	1	—	—	—	—	1
25～50	—	—	—	—	—	—
50～70	—	—	—	1	3	4
70～80	—	—	1	—	—	1
80～85	—	—	—	2	—	2
总计	1	—	1	3	3	8

注：① "—"表示该处数值为 0。
　　②峰值与谷值划分范围的选取标准应视实际需要而定。

通过上述方法，可以将整个飞行过程中复杂的载荷变化等价为一组已知峰值和谷值的三角载荷波，从而简化了载荷谱的分析。该结果真实地反映了发动机在该飞行任务下的载荷循环状态，可以作为确定性寿命计算的依据。

3. 载荷谱的相关矩阵法

在发动机的载荷谱研究中，通常还涉及多个参数。多数情况下，这些参数之间并没有直接的线性关系。图 3.10 是某发动机一次飞行任务中相对高压转速、排气温度的剖面，可以看出其在时间上的分布有一定的联系，但相互之间并无确定的线性关系。因此，需要运用相关矩阵法对其联合分布进行处理。

相关矩阵的全称是参数相关时间矩阵，通过对各个飞行参数在时间上进行累加，得到其相对于时间的参数分布规律，常用的有转速/温度、转速/角速度、过载/角速度/角加速度等相关矩阵。

相关矩阵法得到的最终结果以矩阵的形式表示出来，称为相关矩阵。仿照循环矩阵的定义,相关矩阵即将数据组中的数据(如高压转速-排气温度二维向量组)的变量分布区间按照一定的规则划分为若干子区间,建立以各个变量为维度的矩阵。矩阵中的每个数值等于整个数据组中符合该位置对应的变量值区间的所有数据在时间上的累加。图 3.11 表示温度-转速谱相关的二维矩阵。

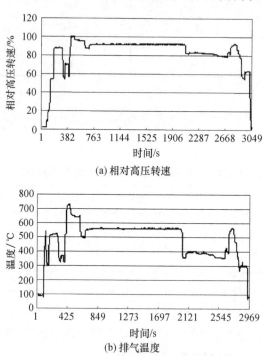

(a) 相对高压转速

(b) 排气温度

图 3.10　某发动机一次飞行任务中的部分数据剖面

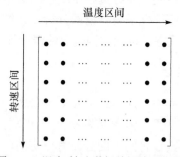

图 3.11　温度-转速谱相关矩阵示意图

　　载荷谱的参数相关性分析过程中,同样需要去除伪读数,其判别方法与循环矩阵法相同。但是不能采用直接将"跳点"剔除的方法,否则会造成数据的遗失,使测量的总时间偏小,导致较大的误差。这时常采用平均法、替代法。这里以平均法为例简要说明该过程,即将"跳点"换算为其周围 4 点(左右侧各 2 点)的平均值，用平均值作为该点的数据进行计算。

去除伪读数后，需要对数据分组并进行计数。以前述的飞行任务的剖面数据（共计 3178 个）为例，经过相应的处理，可以得到表 3.3 所示的相关矩阵。其中数值区间的划分可根据实际工程需要进行调整。

表 3.3　相关矩阵法数据处理结果

T ＼ n/n_0	≥99	98~99	96~98	93~96	90~93	85~90	80~85	70~80	60~70	40~60	20~40	<20	总计
≥720	33	2											35
705~720	10	11											21
690~705	1	2											3
670~690			4										4
650~670			38										38
610~650			32	73									105
570~610				1	2								3
520~570					1529	55					4		1588
470~520					3	166				2	8		179
400~470						19	56	5		4	9		93
250~400							550	170	93	153	5	5	976
<250										3	6	124	133
总计	44	15	74	74	1534	240	606	175	93	162	32	129	3178

注：①相对高压转速 n/n_0 的单位为%，排气温度 T 的单位为℃，矩阵中数据的单位为 s。

②留空处表示该处数值为 0。

相关矩阵法处理的结果能够描述飞行过程中发动机的转速载荷和温度相关时间的联合分布特征。但是相关矩阵法仅能描述结构在不同载荷条件下的时间，而不能反映出加载的先后顺序、加载次数、加载时间等信息，因而在应用中不宜单独使用，需与循环矩阵法等其他方法相结合。

3.1.3　载荷谱的统计分析

在工程应用中，对载荷谱进行任务混频和环境混频，可以得到反映航空发动机受载情况的均值谱。同时，依照不同需要，可以通过分类和换算将载荷谱换算为三循环谱，并对航空发动机载荷谱的分布进行讨论。

1.　任务混频后的循环矩阵

单台发动机的单次任务经过循环矩阵法的处理，可以得到如表 3.4 所示的循环矩阵。但这样的载荷谱不具有普遍的代表性，还需要经过任务混频和环境混频的处理，即乘以一定的加权系数，得到整个系列的（均值）载荷谱。

表 3.4　三循环谱对应工作状态表[8]

循环谱	对应工作状态	对应飞行任务
主循环	0—最大/中间—0	海平面起飞
第 1 次循环	慢车—最大/中间—慢车	接地复飞
第 2 次循环	巡航—最大/中间—巡航	空中作战

2. 载荷谱循环的归类与换算

1）三循环谱及其构成

（1）三循环谱。

在疲劳载荷的分析中，载荷循环的幅值与均值不同，对结构的破坏作用也不同，因此有主循环与次循环的划分，进一步还将次循环分为第 1 次循环和第 2 次循环（又称次循环之一、次循环之二[11]，或者次循环、最小循环[8]）。

上述三个循环的累积统计结果称为发动机三循环谱，这三种基本循环的峰谷点代表的载荷参数，不仅表示了发动机各种典型工作状态的载荷情况[8,14]，还对应着不同的飞行任务中发动机的典型工作状态。

一般来说，这三种循环对应的工作状态和飞行任务如表 3.4 所示。

在载荷循环的处理过程中，通常将各种载荷循环转换为这三种载荷循环，以便于后续的计算。这就需要将循环矩阵转化为某种标准的循环矩阵。

（2）三循环谱的构成。

构造三循环谱有多种方法，这里仅介绍文献[15]给出的三循环谱矩阵图法。如图 3.12 所示，对发动机转速剖面进行计数统计后，将各类循环按照峰谷值的不同填入矩阵中对应的位置。将某发动机历次飞行剖面所有数据累积，可以得到一个累积的三循环谱矩阵。将矩阵内属于各区的各循环数相加即得到发动机三个典型

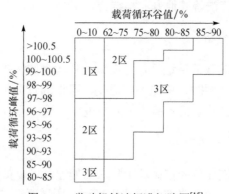

图 3.12　发动机转速标准矩阵图[15]

循环的累积循环次数，进而利用这些数据对发动机整机或关键件进行寿命评估。

2）Goodman 循环换算法

在发动机研制阶段，部件的寿命计算和试验验证，以及发动机投入使用后部件的寿命消耗计算均以标准循环为单位。其中，零到最大正常工作应力循环称为标准循环[16]。

将各种载荷循环转换为三循环谱之后，为进行后续的发动机部件研制和寿命估算，需要把各种"S_1—S_h—S_1"型载荷循环转化为"0—S_{max}—0"型载荷循环，即将所有的次循环都转换为等价主循环。在此基础上，利用零件疲劳试验结果确定的零件应力与寿命的关系（$S\text{-}N$ 曲线），将各种"0—S_{max}—0"型载荷循环换算成标准循环。

利用已经建立的各种交变-稳态应力关系，可以把"S_1—S_h—S_1"型载荷循环换算成等效的"0—S_{max}—0"型载荷循环，其中最简单、应用最广泛的交变-稳态应力关系是 Goodman 曲线[14]。

如图 3.13 所示，在交变-稳态应力平面上，设有一循环，峰值和谷值分别为 S_h 和 S_1，则其幅值 $\Delta S = S_h - S_1$。对于已知材料，易查得其疲劳强度极限 σ_b，在疲劳极限应力图上过点 $A\left(\dfrac{S_h+S_1}{2}, \dfrac{S_h-S_1}{2}\right)$ 和点 $B(\sigma_b, 0)$ 作一直线，其与过原点 O 斜率为 1 的射线 OS 交于点 $S(S_m, S_m)$，令 $S_{max}=2S_m$，则原循环即可等价转换为"0—S_{max}—0"循环[14]。

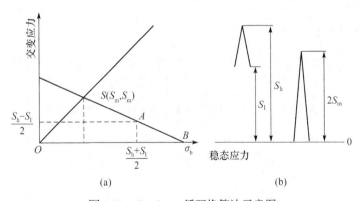

(a)　　　　　　　　　　　　　　　(b)

图 3.13　Goodman 循环换算法示意图

由三角形相似原理可得

$$\frac{\sigma_b - \dfrac{S_h + S_1}{2}}{\sigma_b - S_m} = \frac{\dfrac{S_h - S_1}{2}}{S_m} \tag{3.4}$$

又由 $S_{max}=2S_m$，可得 S_{max} 的求解公式为

$$S_{max} = \frac{\sigma_b S_h - \sigma_b S_1}{\sigma_b - S} \qquad (3.5)$$

需要注意的是，这里的载荷必须是应力。

利用式（3.5），可将所有次循环换算成等价主循环。Goodman 循环换算法的优点在于可有效地控制误差，但它仅能处理应力信息。需要结合载荷谱分析得到的转速、温度等参数，确定结构的应力。

3. 载荷谱的概率分布

1）载荷谱的统计分布

工程实际中需要研究的是具有普遍规律的、可以反映整个型号各台发动机载荷情况的有关数据。而各台发动机相同部件的结构情况、工作状态各不相同，不能简单地用一个均值载荷谱加以描述。但每台发动机之间的载荷情况并非随机分布，而是按照一定概率分布的。

例如，某型号发动机载荷谱的三循环累积分布函数分别如图 3.14 和图 3.15 所示。

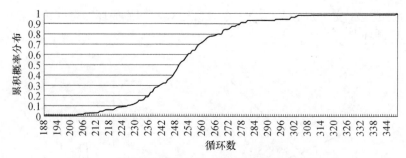

图 3.14　某型号发动机 300h 寿命主循环概率分布函数

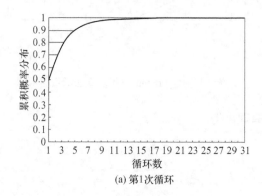

(a) 第1次循环

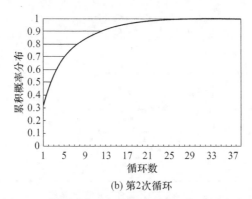

(b) 第2次循环

图 3.15　某型号发动机每起落次循环概率分布函数

由图 3.14 和图 3.15 中的数据，可以进一步得到主循环的各频次统计结果（图 3.16）和次循环的各循环概率密度结果（图 3.17）。

2）载荷谱主循环的概率分布

由图 3.16 可以得出某型号发动机在 300h 内的概率密度分布情况，由于其 104 个数据中，在 230～275 区间高度密集，在两侧明显顺次减少；且有中位数 250 和 251（数据个数为偶数），平均数取为 250.5000，与整组数据平均数 252.3942 相差仅 1.8942，故假设其服从正态分布。

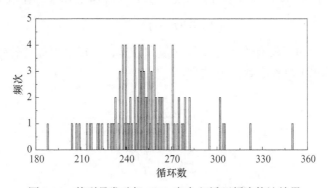

图 3.16　某型号发动机 300h 寿命主循环频次统计结果

将此组数据视作一样本容量为 104 的统计样本，将该型号发动机 300h 寿命主循环数作为总体，进行检验。

对整体进行假设检验可以使用直方图法、概率统计法等方法，但这些方法都不够精细，只能定性地进行分析，故在此采用 χ^2 检验法进行检验。

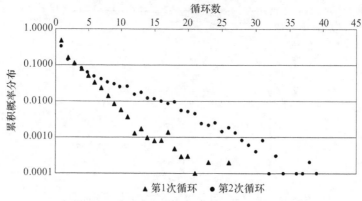

图 3.17　第 1 次、第 2 次循环概率密度散点图

使用 χ^2 检验法检验分布类型的难点在于对观测数据的分组。为简单起见，一般采用直接对观测值等间隔分组，其分组原则如下[5]：

（1）尽可能使各组的观测频次（即实际频次）相等。

（2）子样容量 n 大于 50，各组的观测频次和理论频次在合并后都需要大于 5，合并后的组数也应大于 5。

（3）根据子样容量 n 的不同，存在不同的最佳分组数 m。经过上述合并后仍有 $k>m$ 时，则继续按照等概率合并原则合并，一律按照以下规律取值，即

$$m = 1.87(n-1)^{0.4} \tag{3.6}$$

在本章中，由于没有给出总体的均值和方差，所以需要先估计参数，运用极大似然估计本章中总体参数，方法为

$$\hat{\mu} = \frac{1}{n}\sum_{i=1}^{n} x_i \tag{3.7}$$

$$\hat{\sigma}^2 = \frac{1}{n}\sum_{i=1}^{n}\left(x_i - \bar{x}\right)^2 \tag{3.8}$$

求得 $\hat{\mu} = 252.3942$，$\hat{\sigma}^2 = 564.2196$，进一步可得 $\hat{\sigma} = 23.7533$。在此假设总体 $X \sim N(252.3942, 564.2196)$。

由 $m = 1.87(n-1)^{0.4}$ 可得最佳分组数 $m=12$，因此将原数据组分为 12 组，分组后各组数据起止点及分布情况如表 3.5 所示。

表 3.5　主循环原始数据分组表

组号	区间下界	区间上界	数据
1	$-\infty$	221.5	188，204，207，209，214，216，217，221
2	221.5	234.5	222，224，227，229，230，231，232，232，234

续表

组号	区间下界	区间上界	数据
3	234.5	238.5	235, 235, 235, 237, 237, 237, 237, 238
4	238.5	243.5	239, 239, 239, 239, 240, 241, 242, 242, 243
5	243.5	247.5	245, 245, 245, 245, 246, 247, 247
6	247.5	250.5	248, 248, 248, 248, 249, 249, 249, 250, 250, 250, 250
7	250.5	253.5	251, 251, 251, 252, 252, 253, 253
8	253.5	256.5	254, 254, 254, 254, 255, 256, 256, 256
9	256.5	261.5	258, 258, 258, 258, 259, 259, 260, 261, 261
10	261.5	270.5	262, 262, 263, 263, 264, 266, 267, 270, 270, 270, 270
11	270.5	278.5	271, 273, 274, 274, 276, 277, 278, 278
12	278.5	$+\infty$	281, 281, 294, 301, 301, 303, 304, 322, 349

利用标准正态分布表计算 $F(a_i)$，在得到 p_i 的基础上，即可计算 χ^2 值。现将各步结果的中间值列表，如表 3.6 所示。

表 3.6　参数计算中间值

组号	f_i	p_i	np_i	$f_i - np_i$	$(f_i - np_i)^2$	$(f_i - np_i)^2/(np_i)$
1	8	0.0967	10.0568	−2.0568	4.2304	0.4207
2	9	0.1289	13.4088	−4.4088	19.4378	1.4496
3	8	0.0537	5.5817	2.4183	5.8480	1.0477
4	9	0.0747	7.7733	1.2267	1.5048	0.1936
5	7	0.0643	6.6914	0.3086	0.0952	0.0142
6	11	0.0498	5.1835	5.8165	33.8316	6.5268
7	7	0.0503	5.2359	1.7641	3.1120	0.5944
8	8	0.0501	5.2053	2.7947	7.8106	1.5005
9	9	0.0807	8.3880	0.6120	0.3746	0.0447
10	11	0.1278	13.2884	−2.2884	5.2369	0.3941
11	8	0.0871	9.0565	−1.0565	1.1162	0.1233
12	9	0.1359	14.1311	−5.1311	26.3281	1.8631

由表 3.6 可知，$\chi^2 = \sum_{i=1}^{m}(f_i - np_i)^2/(np_i) = 14.1727$，查文献[17]中提供的 χ^2 分布表得 $\chi^2_{1-0.05}(m-r-1) = \chi^2_{0.95}(12-2-1) = \chi^2_{0.95}(9) = 16.919$，$\chi^2 < \chi^2_{0.95}(9)$，说明在显著性水平 5% 下，应当接受原假设 H_0，即主循环满足正态分布 $N(252.4, 564.2)$。

3）载荷谱次循环的概率分布

由前文可知，发动机的主循环呈正态分布，但从图 3.17 可以看出，其次循环

（每起落）必定偏离正态分布。又由图 3.18 中的规律可以看出，第 1 次、第 2 次循环分布的概率密度 f 与其值 x 近似存在着负指数关系，即二者有近似关系 $f(x) \propto k e^{-x}$。现假定其总体符合如下形式的指数分布：

$$f(x) = \begin{cases} \lambda e^{-\lambda x}, & x \geqslant 0 \\ 0, & x < 0 \end{cases} \tag{3.9}$$

根据文献[18]中第 1 次、第 2 次循环概率分布表，利用极大似然的原理进行估计，得到第 1 次循环 $\lambda = 0.53$，第 2 次循环 $\lambda = 0.23$。由此可知，第 1 次循环满足 $\lambda = 0.53$ 的指数分布，第 2 次循环满足 $\lambda = 0.23$ 的指数分布。在图 3.17 的基础上作出这两条累积概率分布曲线，如图 3.18 所示。

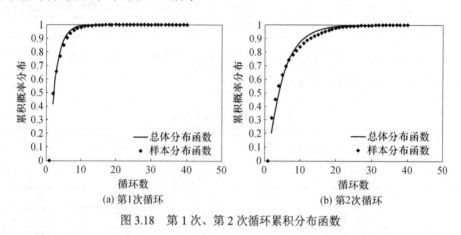

图 3.18　第 1 次、第 2 次循环累积分布函数

3.2　发动机结构几何尺寸的概率表征

发动机结构的几何尺寸通常具有一定的随机性。为此，需要通过灵敏度分析确定发动机结构的关键几何尺寸，并结合统计分析，建立关键几何尺寸的概率分布特征。本节以涡轮盘为例，介绍关键几何尺寸及其概率特征的分析过程。

3.2.1　涡轮盘参数化建模

1.　模型简化

某型燃气涡轮二级盘 1/37 的扇区模型如图 3.19 所示。

燃气涡轮二级盘的子午面的原始模型如图 3.20（a）所示。为了建立合理的涡轮盘参数化模型，需要对模型进行简化，将盘身上一些较小的倒角和凸台简化掉

（图 3.20（a）中的圆圈所示），简化后的模型如图 3.20（b）所示。

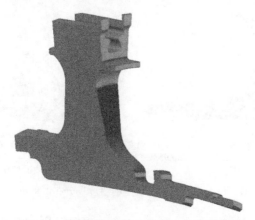

图 3.19　某型燃气涡轮二级盘 1/37 扇区模型

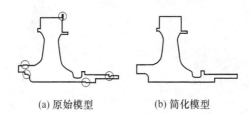

(a) 原始模型　　　　　　　　(b) 简化模型

图 3.20　涡轮盘子午面的原始模型及其简化模型

2. 边界条件

根据涡轮盘实际安装情况和工作载荷，对原始模型和简化模型施加相同的边界条件，具体包括：

（1）涡轮盘两侧扇区面设置周期对称。

（2）涡轮盘安装边施加轴向及周向位移约束。

（3）工作转速，n=38000r/min。

（4）根据传热计算结果插值得到涡轮盘的温度场分布，如图 3.21 所示。

（5）涡轮盘的材料为 GH720Li 高温合金。

3. 强度计算结果对比

采用有限元分析分别对原始模型和简化模型进行强度分析，计算其等效应力、周向应力和径向应力值，并对比关键区域的应力值，以验证简化模型的合理性。

选取涡轮盘轴颈（1）、盘心（2）、套齿花键（3）等关键区域（图 3.22）作为涡轮盘等效应力的考查点。三个关键点的等效应力对比见表 3.7。

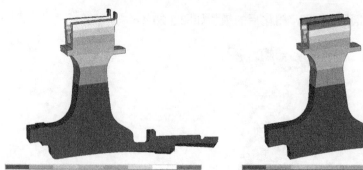

448.831   478.01   507.189   536.369   565.548
463.42   492.6   522.779   550.958
(a) 原始模型

448.831   473.966   499.101   524.236   549.372
461.398   486.534   511.669   536.804
(b) 简化模型

图 3.21   原始模型和简化模型的温度场分布（单位：℃）

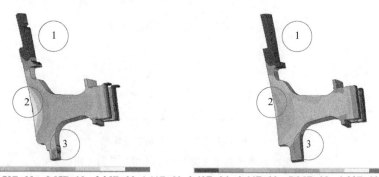

1.16E+06   2.79E+08   5.57E+08   8.35E+08   1.11E+09
1.40E+08   4.18E+08   6.96E+08   9.74E+08
(a) 原始模型

3.69E+06   3.64E+08   7.25E+08   1.09E+09 1.45E+09
1.84E+08   5.45E+08   9.08E+08   1.27E+09
(b) 简化模型

图 3.22   原始模型和简化模型的等效应力分布（单位：Pa）

表 3.7   涡轮盘等效应力（关键点）对比

关键区域	原始模型/MPa	简化模型/MPa	相对误差/%
1	79.87	81.03	1.45
2	974.33	990	1.61
3	356.33	364	2.15

　　同理，考查涡轮盘轴颈（1）、轴颈与盘身连接处（2）、套齿花键（3）等关键区域（图 3.23）作为涡轮盘周向应力的考查点。三个关键点的周向应力对比见表 3.8。

表 3.8   涡轮盘周向应力（关键点）对比

区域	原始模型/MPa	简化模型/MPa	相对误差/%
1	78.1	81.4	4.23

续表

区域	原始模型/MPa	简化模型/MPa	相对误差/%
2	712.33	700	1.73
3	369.67	373	0.90

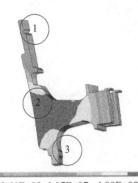　　　　　　　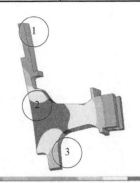

−7.42E+08 −3.61E+08　1.97E+07　4.00E+08　7.81E+08　　−1.02E+09 −5.56E+08　8.89E+07　3.78E+08　8.45E+08
　　−5.51E+08 −1.71E+08　2.10E+08　5.91E+08　　　　−7.89E+08 −3.22E+08　1.44E+08　6.11E+08
　　　　　　(a) 原始模型　　　　　　　　　　　　　　　　　　(b) 简化模型

图 3.23　盘的周向应力分布（关键点）对比（单位：Pa）

　　对于径向应力值的对比，考查辐板与盘心、盘缘相交的四个倒圆处（1、2、3、4）的关键区域（图 3.24），所取关键点的径向应力对比见表 3.9。

表 3.9　涡轮盘径向应力（关键点）对比

区域	原始模型/MPa	简化模型/MPa	相对误差/%
1	612.67	627.67	2.45
2	593	599.33	1.07
3	604	600	0.66
4	524.33	539.67	2.93

　　通过应力对比结果可以看出，原始模型和简化模型各关键区域的应力值最大误差值为 4.23%（此时原始模型的等效应力为 78.1MPa），其余误差均小于 3%，且简化模型应力值均较原始模型略大，说明简化模型较原始模型偏保守。因此，该简化模型较好地反映了原始模型的应力水平，可代替原始模型进行涡轮盘盘身的参数化建模。

　　4. 参数化建模

　　针对简化模型进行几何全约束的参数化分析，从而形成涡轮盘盘身的参数化模型。参数化建模的准则包括：

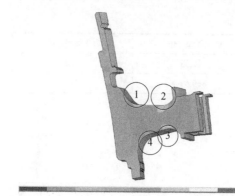

-7.46E+08   -2.39E+08   2.68E+08   7.75E+08   1.28E+09
    -4.92E+08   -1.71E+08   5.21E+08   1.03E+09

(a) 原始模型

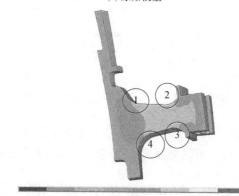

-9.98E+08   -4.28E+08   1.43E+08   7.13E+08   1.28E+09
    -7.13E+08   -1.42E+08   4.28E+08   9.99E+08

(b) 简化模型

图 3.24   盘的径向应力分布（关键点）对比（单位：Pa）

（1）对模型进行全约束，不能出现欠约束或者过约束的情况。

（2）在进行参数化建模时，考虑到可能出现非对称盘，因此选定转轴原始盘缘中心线作为参数化模型坐标系的 X 轴和 Y 轴，所有几何拓扑的变化都是针对此坐标系进行的。

（3）每改变一个参数时，在该几何拓扑中应该只有一处几何元素发生变化。

（4）在进行参数化时，仅有定位点坐标和轮盘的内外径使用在坐标系中的绝对值，其余径向尺寸仅给出两个几何元素的相对径向尺寸，便于统计实际轮盘上的径向尺寸，使设计与实际工程接轨。

最终，涡轮盘参数化模型的二维草图如图 3.25 所示，其共有 41 个几何参数，见表 3.10。

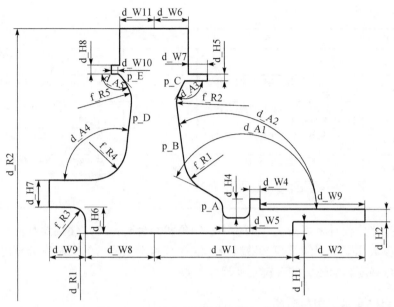

图 3.25　涡轮盘参数化模型的拓扑结构

d、f、p 分别对应后续图表中的 disk、fillet、point

表 3.10　涡轮盘拓扑结构的几何参数描述

参数名称	几何意义	参数名称	几何意义
disk_R1	轮盘内径	disk_H3	盘右侧台阶高度
disk_R2	轮盘外径	disk_H4	盘右侧凹槽至台阶的径向距离
disk_W1	右侧盘心厚度	disk_H5	盘右侧凸台高度
disk_W2	盘右侧轴颈宽度	disk_H6	左侧盘心高度
disk_W3	盘右侧圆弧端齿至台阶的轴向距离	disk_H7	盘左侧轴颈高度
disk_W4	盘右侧台阶宽度	disk_H8	盘左侧凸台高度
disk_W5	盘右侧凹槽宽度	disk_A1	盘右侧辐板下沿线角度
disk_W6	右侧盘缘厚度	disk_A2	盘右侧辐板角度
disk_W7	盘右侧凸台宽度	disk_A3	盘右侧辐板上沿线角度
disk_W8	左侧盘心厚度	disk_A4	盘左侧辐板角度
disk_W9	盘左侧轴颈宽度	disk_A5	盘左侧辐板上沿线角度
disk_W10	盘左侧凸台宽度	fillet_R1	圆角 1 半径
disk_W11	左侧盘缘厚度	fillet_R2	圆角 2 半径
disk_H1	右侧盘心高度	fillet_R3	圆角 3 半径
disk_H2	盘右侧轴颈高度	fillet_R4	圆角 4 半径

参数名称	几何意义	参数名称	几何意义
fillet_R5	圆角 5 半径	pointC_Y	右侧辐板上沿线定位点坐标,决定该线的径向位置
pointA_X	右侧辐板下沿线定位点坐标,决定该线的轴向位置	pointD_X	左侧辐板定位点坐标,决定该线的轴向位置
pointA_Y	右侧辐板下沿线定位点坐标,决定该线的径向位置	pointD_Y	左侧辐板定位点坐标,决定该线的径向位置
pointB_X	右侧辐板定位点坐标,决定该线的轴向位置	pointE_X	左侧辐板上沿线定位点坐标,决定该线的轴向位置
pointB_Y	右侧辐板定位点坐标,决定该线的径向位置	pointE_Y	左侧辐板上沿线定位点坐标,决定该线的径向位置
pointC_X	右侧辐板上沿线定位点坐标,决定该线的轴向位置		

参数化建模时将盘身上一些较小的倒角和凸台简化掉,使描述几何全约束的涡轮盘参数化模型中的几何参数减少,这样有利于在随后的灵敏度分析时筛选出对涡轮盘强度影响较大的关键几何尺寸参数。

3.2.2 盘体参数灵敏度分析

对涡轮盘几何尺寸的灵敏度分析时,采用试验设计(DOE)的方法。其主要流程包括:①建立全约束的参数化模型;②对几何尺寸进行抽样并更新模型;③有限元计算;④生成响应面;⑤误差检验;⑥通过响应面生成各参数的灵敏度。其中,步骤②采用拉丁超立方进行几何尺寸抽样,以保证抽取的样本点能够覆盖到所有水平空间;步骤⑤误差分析中所用的抽样方法为随机抽样,用以检验 DOE 方法生成的响应面精度。

由于涡轮盘拓扑结构中的几何参数较多,如果同时进行抽样容易导致模型崩溃;或者生成的响应面精度较低,无法通过误差检验。因此,为了保证计算的效率和精度,采用如下分组规则,将 41 个参数分为 4 组(表 3.11)。

表 3.11　参数化模型的几何参数分组表

组别	参数
1 组	disk_R1, disk_A1, disk_A5, disk_R2, pointD_Y, disk_W9, fillet_R1, fillet_R2, pointD_X, fillet_R3, disk_H3
2 组	disk_R1, disk_A4, pointB_Y, disk_W3, pointA_X, fillet_R4, pointC_X, disk_H6, disk_H4, disk_W4, disk_H5
3 组	disk_R1, disk_A2, pointC_Y, pointA_Y, disk_W8 fillet_R5, disk_W6, disk_H7, disk_W7, disk_H1, disk_W10
4 组	disk_R1, disk_A3, pointE_Y, disk_W1, disk_W2, pointE_X, disk_W11, disk_W5, pointB_X, disk_H2, disk_H8

(1)将所有参数按照大小顺序排列并依次分入 4 组,确保每组参数都有较大值与较小值,以防止某一组由于所有参数值较大导致抽样时模型变化较大而产生崩溃。

（2）若同一组参数中具有构成拓扑上某一细节结构（如盘右侧的台阶和凹槽）的全部参数，则将其中的某些参数与其他组大小相近的参数进行替换，防止抽样时的模型崩溃。

（3）每组都含有涡轮盘内径 disk_R1 这一参数作为参考量来衡量其他几何参数对涡轮盘盘体应力的影响。

在进行涡轮盘盘体几何参数的灵敏度计算时，各几何参数的范围取为设计点 ±0.1%。首先，基于拉丁超立方抽样法构造响应面，每组抽样 156 次；其次，使用随机抽样进行误差分析，每组误差检验的抽样为 12 次；最后，以涡轮盘盘体最大等效应力、盘心最大周向应力与辐板最大径向应力作为灵敏度分析的目标函数。

1. 盘体最大等效应力

对四组数据分别进行 DOE 试验设计，以最大等效应力为目标函数，得到四组参数的灵敏度分析结果如图 3.26 所示。

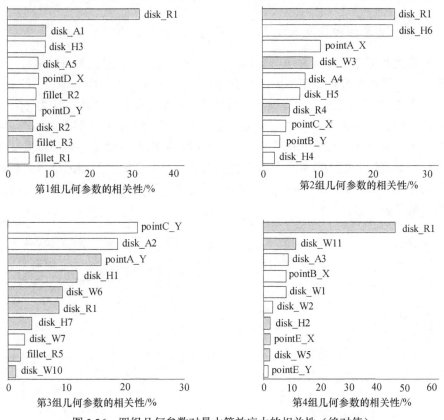

图 3.26　四组几何参数对最大等效应力的相关性（绝对值）

由图 3.26 可以看出，最大等效应力出现在盘心处，轮盘内径对其有较大影响，外径对其也有一定的影响，且都为正相关。影响盘体右侧辐板的参数（如相关定位点位置）与影响凹槽形状的参数（如右侧盘心高度）也对最大等效应力有较大影响。最终确定的影响盘体最大等效应力的关键几何参数见表 3.12。

表 3.12　对最大等效应力影响较大的几何参数

参数名称	几何意义	相关性
disk_R2	轮盘外径	正相关
pointA_Y	定位点 A 纵坐标，决定辐板下沿线的径向位置	负相关
pointC_Y	定位点 C 纵坐标，决定辐板上沿线的径向位置	负相关
disk_R1	轮盘内径	正相关
disk_H1	右侧盘心高度	正相关
disk_A2	盘右侧辐板角度	负相关
disk_W6	盘缘厚度	正相关

2.　盘心最大周向应力

对四组数据分别进行 DOE 试验设计，以盘心最大周向应力为目标函数，得到四组参数的灵敏度分析结果如图 3.27 所示。

由图 3.27 可以看出，大多数涉及盘体的参数都对盘心最大周向应力有着一定程度的影响。总体来看，与盘心厚度和盘缘厚度相关的几何参数对最大周向应力影响较大，同时对辐板形状的几何参数也有很大的影响。除此之外，可以发现对周向应力影响较大的参数大多分布在盘体右侧，且都会影响凹槽的位置和形状，这与盘体结构的非对称性和凹槽的卸载作用有关。影响盘心最大周向应力的关键几何参数见表 3.13。

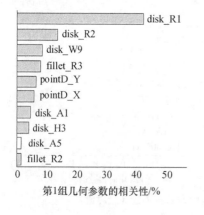

第1组几何参数的相关性/%

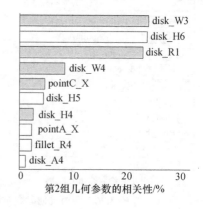

第2组几何参数的相关性/%

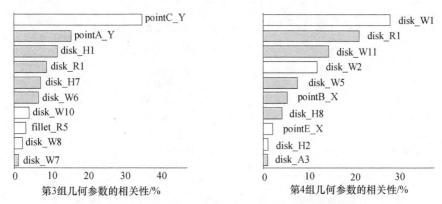

图 3.27　四组几何参数对最大周向应力的相关性（绝对值）

表 3.13　对盘心最大周向应力影响较大的几何参数

参数名称	几何意义	相关性
disk_W11	盘缘厚度	负相关
pointC_Y	定位点 C 纵坐标，影响辐板上沿线的径向位置	负相关
disk_R1	轮盘内径	正相关
disk_W3	盘右侧圆弧端齿至台阶的轴向距离	正相关
disk_R2	轮盘外径	正相关
disk_H6	左侧盘心高度	负相关
disk_W1	右侧盘心厚度	负相关

3.　辐板最大径向应力

对四组数据分别进行 DOE 试验设计，以辐板最大径向应力为目标函数，得到四组参数的灵敏度分析结果如图 3.28 所示。

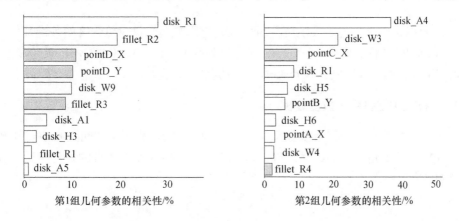

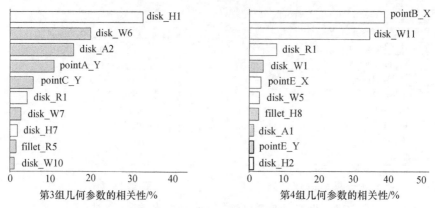

图 3.28　四组几何参数对最大径向应力的相关性（绝对值）

由图 3.28 可以看出，盘的内径对辐板最大径向应力仍有较大影响，外径对最大径向应力影响不大。辐板厚度及形状、影响凹槽位置的辐板定位点位置、辐板角度、盘心高度、轴颈宽度等参数对辐板最大径向应力影响也较大。除此之外，盘缘厚度对辐板最大径向应力也有着很大的影响。影响辐板最大径向应力的关键几何参数如表 3.14 所示。

表 3.14　对辐板最大径向应力影响较大的几何参数

参数名称	几何意义	相关性
disk_R1	轮盘内径	负相关
disk_A4	盘左侧辐板角度	负相关
disk_H1	右侧盘心高度	负相关
disk_W6	右侧盘缘厚度	正相关
disk_W11	左侧盘缘厚度	负相关
pointB_X	定位点 B 横坐标，影响辐板的轴向位置	负相关

综合以上结果，通过灵敏度分析可以确定影响涡轮盘盘体强度的关键几何参数为 disk_R1（轮盘内径）、disk_R2（轮盘外径）、disk_A2（盘右侧辐板角度）、disk_W6（右侧盘缘厚度）和 disk_H1（右侧盘心高度）。

3.2.3　榫接关键参数灵敏度分析

对于榫接结构，选取榫头径宽 WJ、榫头高度 HJ、榫头榫槽间距 GAP、上侧角 TOPA、下侧角 DOWN、楔形角 SKEW 等 6 个参数作为考查的几何参数，如图 3.29 所示。

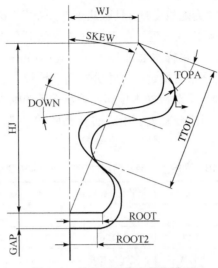

图 3.29　榫接结构的参数化模型

参考 3.2.2 节，本节以榫头径向应力、榫头周向应力、榫槽径向应力和榫槽周向应力为目标函数，开展上述 6 个几何参数的灵敏度分析，结果如表 3.15 所示。

表 3.15　榫接结构的几何参数灵敏度结果

位置	榫头径向应力	榫槽径向应力	榫头周向应力	榫槽周向应力
下侧角	−0.1121	0.0336	0.0268	0.0273
上侧角	−0.0808	0.1205	0.2343	0.0264
榫头高度	−0.0925	−0.0272	0.2398	−0.0820
楔形角	0.1082	−0.0114	0.0905	−0.1421
榫头径宽	0.0627	0.3539	−0.2261	0.0650
榫头榫槽间距	−0.0016	−0.0040	0.0268	−0.0195

灵敏度分析结果表明，对榫头径向应力影响最大的参数是下侧角，榫头榫槽间距对该值影响不大。影响榫槽径向应力的关键因素是榫头径宽，该参数决定整个榫齿结构的宽度，增大该值会使榫槽圆角径向应力大幅增大。对榫头周向应力影响较大的参数是上测角和榫头高度，但是相比其他应力，榫头的周向应力较小，所以该影响并不重要。对榫槽周向应力影响最大的是楔形角，楔形角越大，榫槽底部圆角的过渡就越平滑，增大楔形角可使榫槽周向应力减小。

3.2.4　尺寸统计及假设检验

一般来说，如果加工工艺过程稳定，而且严格按照尺寸公差中心加工，由概率论可知,机械零件尺寸为随机变量,且服从正态分布[19]。因此,可以先假设 3.2.2 节确定的轮盘外径、轮盘内径、盘缘厚度这 3 个关键几何参数服从正态分布,进而对其进行符合性检验。以单样本 K-S(Kolmogorov-Smirnov)为例,该方法认为,以样本数据的累计频数分布与特定的理论分布函数比较,若两者的差距很小(即表 3.16 中的最极端差别小于对应样本量和显著水平下的临界值),则认为样本取自假定的分布。或者如果相伴概率大于用户的显著水平,则认为样本来自的总体与指定的分布无显著差异;反之,则有显著差异。

表 3.16　涡轮盘关键几何尺寸正态分布的 K-S 检验

项目	特征	轮盘外径/mm	轮盘内径/mm	盘缘厚度/mm
样本量		10	10	6
正态参数	均值	152.2656	38.1235	18.7008
	标准差	0.02150	0.00753	0.00492
最极端差别	绝对值	0.203	0.206	0.401
	正	0.203	0.179	0.401
	负	−0.145	−0.206	−0.266
K-S 值		0.641	0.651	0.981
渐进显著性(双侧)		0.806	0.790	0.291

结合外场统计的 10 个涡轮盘,对轮盘外径、轮盘内径、轮缘厚度等关键几何尺寸进行正态分布的假设检验,检验结果如表 3.16 所示。结果表明,三组数据近似相伴概率值(即表 3.16 中的渐进显著性(双侧))分别为 0.806、0.790、0.291,均大于显著水平 0.05,因此,可认为这三组数据均服从正态分布。

3.3　发动机结构不同部位材料的随机分布模型

发动机结构件的材料由于工艺状态的差异性导致材料力学行为(如弹性模量、应力-应变曲线等)存在分散性;同时,加工工艺复杂性造成发动机结构不同部位材料性能也存在显著差别。因而,需要结合发动机结构取样件的试验,建立结构状态材料随机因素的概率表征。本节以涡轮盘为例,介绍发动机结构不同部位材料随机分布模型的建立过程[20]。

3.3.1　高温单轴拉伸性能的分散性

GH720Li 高温合金是镍基沉淀硬化型变形高温合金,通常在 750℃以下使用。GH720Li 高温合金具有较高的高温强度,抗蠕变和抗疲劳性能;具有很好的抗氧化性能和耐硫腐蚀性能，长期组织稳定性好。既可用于制造先进发动机涡轮盘结构，也可用于制造火箭发动机或者导弹的整体涡轮转子，以及在 750℃以下长时工作的地面燃气轮机涡轮盘等零部件[21]。GH720Li 的化学成分见表 3.17。

表 3.17　GH720Li 化学成分

元素	C	Cr	Ni	Co	W	Mo	Al
质量分数/%	0.01~0.02	15.50~16.50	余量	14.00~15.50	1.00~1.50	2.75~3.25	2.25~2.75
元素	Ti	Fe	B	Zr	Si	Mn	P
质量分数/%	4.75~5.25	≤0.50	0.01~0.02	0.025~0.05	≤0.20	≤0.15	≤0.015
元素	S	Cu	Ag	Bi	Pb	[O]	[N]
质量分数/%	≤0.002	≤0.10	≤0.0005	≤0.00005	≤0.001	≤0.002	≤0.0032
元素	As	Sb	Sn	Se	Te	Tl	Ca
质量分数/%	≤0.0025	≤0.0025	≤0.0012	≤0.00005	≤0.0005	≤0.00005	≤0.0005

高温单轴拉伸试验按照 GB/T 4338—2006《金属材料　高温拉伸试验方法》[22]执行。为研究涡轮盘不同部位材料力学性能分散性，试验件分别取自真实涡轮盘的盘缘、辐板和盘心处，取样方案如图 3.30 所示，试验件尺寸如图 3.31 所示。

考虑到不同批次生产的结构件材料力学性能的分散性，多数文献将材料的力学性能处理为正态分布。本节以盘缘为例，根据盘缘取样件 500℃时的单轴拉伸试验结果（图 3.32），假设弹性模量、屈服强度服从正态分布，并进行 Shapiro-Wilk 检验[23]，结果如表 3.18 所示。结果表明，弹性模量、屈服强度的正态分布检验结果中，相伴概率值 P 分别为 0.493、0.636，均大于显著性标准 0.05，因此假设服从正态分布是合理的。

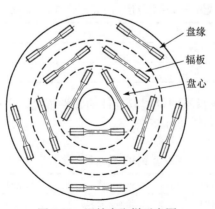

图 3.30　涡轮盘取样示意图

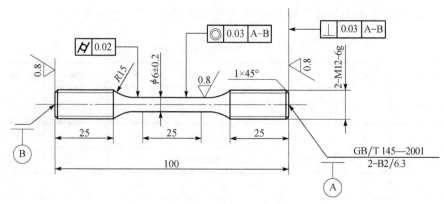

图 3.31　单轴拉伸试验件（单位：mm）

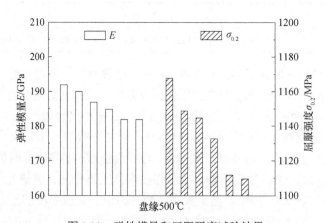

图 3.32　弹性模量和屈服强度试验结果

表 3.18　弹性模量 E 和屈服强度 $\sigma_{0.2}$ 正态分布的 Shapiro-Wilk 检验结果

参数	统计量	df	Sig.
E	0.918	6	0.493
$\sigma_{0.2}$	0.937	6	0.636

最终，可确定涡轮盘不同位置取样件的弹性模量、屈服强度等性能参数的随机分布特征如表 3.19 和表 3.20 所示。

表 3.19　涡轮盘不同取样位置的弹性模量分布特征

位置	温度/℃	分布形式	均值/GPa	分散系数/%
盘缘	600	正态分布	176.5	0.40

续表

位置	温度/℃	分布形式	均值/GPa	分散系数/%
盘缘	500		186.33	2.22
辐板	600	正态分布	186	—
盘心	500		191.5	0.37

表 3.20　涡轮盘不同取样位置的屈服强度分布特征

位置	温度/℃	分布形式	均值/MPa	分散系数/%
盘缘	600		1112.5	0.32
	500	正态分布	1136.17	1.98
辐板	600		1118	—
盘心	500		1139.5	2.92

3.3.2　应力-应变关系的随机分布模型

　　已有文献在描述应力-应变关系的随机性时，仅将弹性模量处理为正态随机变量，即仅描述弹性应变分量与应力关系的随机性，而未涉及塑性应变分量。通过 GH720Li 涡轮盘盘缘取样件试验，得到 500℃时盘缘材料的弹、塑性应变分量与应力的双对数关系如图 3.33 所示。由图可以看出，应力-应变关系具有明显的分散性，尤其是塑性应变分量，因此有必要综合考虑弹性应变分量和塑性应变分量的分散性，建立结构状态材料的应力-应变关系的概率模型。

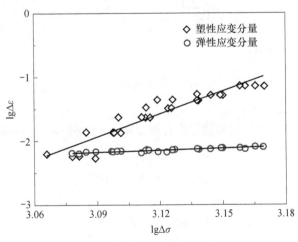

图 3.33　弹、塑性应变分量与应力关系

　　对于无明显屈服点的金属材料，多用 Ramberg-Osgood 方程表示材料的应力-应变关系，方程表达式为

$$\varepsilon = \frac{\sigma}{E} + \left(\frac{\sigma}{K'}\right)^{n'} \tag{3.10}$$

式中，σ 为总应力，ε 为总应变，E 为弹性模量，K' 和 n' 为与材料和温度相关的常数。

将式（3.10）表示成弹性应变分量和塑性应变分量的形式：

$$\varepsilon_e = \frac{\sigma}{E} \tag{3.11}$$

$$\varepsilon_p = \left(\frac{\sigma}{K'}\right)^{n'} \tag{3.12}$$

将式（3.11）和式（3.12）取对数得

$$\lg \varepsilon_e = \lg \sigma + \lg E \tag{3.13}$$

$$\lg \varepsilon_p = n' \lg \sigma + n' \lg K' \tag{3.14}$$

对于弹性应变分量式（3.13），令 $y_e = \lg \varepsilon_e$，$x = \lg \sigma$，$A_e = -\lg E$，可表示为线性方程

$$y_e = x_e + A_e \tag{3.15}$$

y_e 的拟合标准差为

$$\sigma_e = \sqrt{\frac{\sum_{i=1}^{n}\left[y_{ei} - (x + A_e)\right]^2}{n-2}} \tag{3.16}$$

因此 y_e 的随机表达式为

$$y_e = x + A_e + \sigma_e \mu_e \tag{3.17}$$

式中，μ_e 为标准随机变量。

对盘缘 500℃试验件试验数据进行拟合得 $A_e = 5.2695$，$\sigma_e = 0.0297$，变换后可得

$$\lg \varepsilon_e = \lg \sigma - (5.2695 - 0.0297) \tag{3.18}$$

$$\varepsilon_e = \frac{\sigma}{10^{5.2695 - 0.0297}} \tag{3.19}$$

对于塑性应变分量式（3.14），令 $y_p = \lg \varepsilon_p$，$x = \lg \sigma$，$A_p = -n' \lg K'$，$B_p = n'$，可表示为

$$y_p = A_p x_p + B_p \tag{3.20}$$

y_p 的拟合标准差为

$$\sigma_p = \sqrt{\dfrac{\displaystyle\sum_{i=1}^{n}\left[y_{pi} - (A_p + B_p x_i)\right]^2}{n-2}} \tag{3.21}$$

则塑性应变分量的随机表达形式为

$$y_p = A_p + B_p x + \sigma_p \mu_p \tag{3.22}$$

式中，μ_p 为标准正态变量。

根据拟合得到 $A_p = -38.7$，$B_p = 11.9$，$\sigma_p = 0.0819$，变换可得

$$\lg \varepsilon_p = 11.9\left(\lg \sigma - \dfrac{38.7}{11.9}\right) + 0.0819 \mu_p \tag{3.23}$$

$$\varepsilon_p = 10^{0.0819 \mu_p}(\sigma \times 5.5854 \times 10^{-4})^{11.9} \tag{3.24}$$

由于同一批次试件的弹性应变分量和塑性应变分量的分布概率相同，所以将 μ_e 和 μ_p 用同一正态随机变量 μ 代替，得到温度 500℃下盘缘试件应力-应变概率模型为

$$\varepsilon = \dfrac{\sigma}{10^{5.2695 - 0.0297\mu}} + 10^{0.0819\mu}(\sigma \times 5.5854 \times 10^{-4})^{11.9} \tag{3.25}$$

根据式（3.25）绘制了 500℃下盘缘材料循环应力-应变关系的 3σ 分散带，如图 3.34 所示。图中还包括试验点及数据点的值，可以看出给出的分散带包括所有试验点，说明概率应力-应变关系式能够较好地反映 500℃下盘缘材料应力-应变行为的分散性。

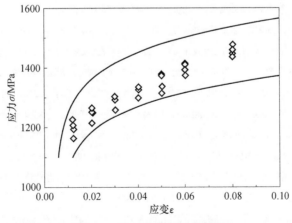

图 3.34　应力-应变关系分散带

盘缘材料600℃时的应力-应变概率模型为

$$\varepsilon = \frac{\sigma}{10^{5.2455-0.0297\mu}} + 10^{0.0819\mu}(\sigma \times 5.8621 \times 10^{-4})^{13.71} \tag{3.26}$$

辐板材料600℃时的应力-应变概率模型为

$$\varepsilon = \frac{\sigma}{10^{5.2695-0.0297\mu}} + 10^{0.0819\mu}(\sigma \times 5.596 \times 10^{-4})^{11.94} \tag{3.27}$$

盘心材料500℃时的应力-应变概率模型为

$$\varepsilon = \frac{\sigma}{10^{5.2821-0.0297\mu}} + 10^{0.0819\mu}(\sigma \times 5.3735 \times 10^{-4})^{11.94} \tag{3.28}$$

3.4　小　　结

本章介绍了影响发动机可靠性设计的载荷、几何尺寸和材料这三类主要随机因素的概率表征方法。通过载荷谱的分析和处理建立了三循环谱概率密度函数;结合参数化模型的几何参数灵敏度分析,可以定量分析并确定对结构强度影响较大的关键几何参数,从而更有针对性地进行结构优化,指导加工公差的选取和控制;在试验基础上对材料性能参数的分布特征进行验证,建立概率模型,是对发动机典型结构材料分散性进行研究的主要方法。本章内容是后续章节进行发动机典型结构可靠性分析和设计的基础。

参 考 文 献

[1]　程德金, 贺泾阳. 发动机飞行载荷可靠性分析. 航空动力学报, 1992, 7(3): 205-209.

[2]　宋兆泓. 航空燃气涡轮发动机强度设计. 北京: 北京航空学院出版社, 1988.

[3]　苏清友. 航空涡喷、涡扇发动机主要零部件定寿指南. 北京: 航空工业出版社, 2004.

[4]　李其汉, 王延荣. 航空发动机结构强度设计问题. 上海: 上海交通大学出版社, 2014.

[5]　梁天平. 发动机载荷谱的统计与分析方法研究. 北京: 北京航空航天大学硕士学位论文, 2007.

[6]　李建国, 叶新农, 徐可君. 涡扇发动机寿命管理研究. 海军航空工程学院学报, 2005, 20(4): 468-472.

[7]　付娜. 某航空发动机涡轮盘与叶片的强度分析与寿命计算. 西安: 西北工业大学硕士学位论文, 2006.

[8]　陆华, 陈亮. 全信息代表飞机起落疲劳载荷谱编制方法研究. 飞机设计, 2007, 27(6): 38-42.

[9]　王智, 李淑文, 刘文琦. 歼击机载荷谱编制方法的研究. 航空学报, 1990, 11(8): 393-395.

[10]　薛飞. 涡轮盘低循环疲劳寿命可靠性分析. 北京: 北京航空航天大学硕士学位论文, 2006.

[11]　吴富民. 结构疲劳强度. 西安: 西北工业大学出版社, 1985.

[12]　何秀然, 谢寿生, 孙冬. 航空发动机载荷谱雨流计数的一种改进算法. 燃气涡轮试验与研究, 2005, 18(2): 27-30.

[13]　王文静, 谢基龙, 刘志明, 等. 抗干扰技术在转向架构架动应力测试中的应用. 铁道学报, 2001, 23(6): 101-104.

[14]　王通北, 陈美英. 发动机零件的低循环疲劳寿命消耗和循环换算率. 航空发动机, 1995, 4(1): 56-60.

[15]　彭靖波, 谢寿生, 冷敏, 等. 基于飞参数据的航空发动机三循环谱编制. 燃气涡轮试验与研究, 2007, 20(3): 33, 48-50.

[16]　王通北, 陈美英. 军用航空发动机的可靠性和寿命. 航空发动机, 1994, (1): 36-47.

[17]　张福渊, 郭绍建, 萧亮壮, 等. 概率统计及随机过程. 北京: 北京航空航天大学出版社, 2000.

[18]　常宇博. 考虑真实载荷谱的涡轮盘强度分析. 北京: 北京航空航天大学学士学位论文, 2008.

[19]　王超. 机械可靠性设计. 北京: 冶金工业出版社, 1992.

[20]　胡丹. 基于分区的涡轮盘概率寿命评估. 北京: 北京航空航天大学硕士学位论文, 2016.

[21]　中国金属学会高温材料分会. 中国高温合金手册. 北京: 中国标准出版社, 2012.

[22]　国家质量监督检验检疫总局, 中国国家标准化管理委员会. 金属材料　高温拉伸试验方法. GB/T 4338—2006. 北京: 中国标准出版社, 2006.

[23]　Preacher K J, Hayes A F. SPSS and SAS procedures for estimating indirect effects in simple mediation models. Behavior Research Methods, 2004, 36(4): 717-731.

第4章　涡轮盘低循环疲劳寿命可靠性分析

发动机涡轮盘工作中主要承受离心力和热应力作用，二者均随发动机工作状态的变化而循环变化，由于涡轮盘形状比较复杂，在局部应力集中部位，如榫槽槽底、小圆角及偏心孔、中心孔边等部位进入塑性区（例如，从20世纪50年代的J75到70年代的F100，涡轮盘盘心部位的周向应力从390MPa提高到770MPa，应力水平几乎增加了1倍[1]），易导致低循环疲劳失效，严重的会引起轮盘破裂甩出，引发灾难性事故[2,3]。因此，亟须在随机因素概率模型的基础上，开展涡轮盘的低循环疲劳寿命可靠性分析，量化失效风险，保证发动机使用的安全性和可靠性。

本章考虑应力梯度和材料体积差异对涡轮盘低循环疲劳寿命的影响，首先介绍涡轮盘非局部寿命预测方法；然后基于线性异方差低循环疲劳寿命概率模型，建立涡轮盘低循环疲劳寿命分区可靠性分析方法；最后针对某涡轴发动机燃气涡轮盘，开展低循环疲劳寿命可靠性分析。

4.1　涡轮盘非局部寿命分析方法

传统的涡轮盘低循环寿命评估多采用热点法（hot spot method），即以危险点的应力/应变值评估涡轮盘整体结构的寿命。然而，随着发动机性能和安全性要求的不断提升，热点法的局限性越来越明显。首先，涡轮盘结构中常存在螺栓孔、通气孔、封严篦齿等应力集中的几何特征，热点法因忽略了应力梯度对疲劳寿命的影响而得到过于保守的结果，造成结构的冗余。其次，一般来说，体积越大包含材料缺陷的概率越高，相同载荷水平下，材料缺陷萌生裂纹的概率也越高，寿命越低。然而，实际涡轮盘结构与标准试样的体积往往存在较大差异，基于标准试样试验数据的热点法忽略了这种体积差异性，不能保证结构安全。再次，随着新结构、新工艺的不断应用，涡轮盘的应力、结构状态材料性能分布趋于复杂化，仅仅单个危险点已经无法反映出涡轮盘整体的载荷水平和材料性能。为此，本节对临界距离法和Weakest-Link理论进行介绍。

4.1.1　临界距离法

基于应力集中区域有效应力/应变的临界距离法[4]，由于其良好的适应性，广泛应用于缺口疲劳寿命评估，包括变幅度疲劳载荷、扭转载荷、动态载荷等载荷条件。临界距离法最早由Neuber[5]和Peterson[6]提出，采用应力集中点附近给定距

离上的有效应力/应变代替最大应力/应变来预测寿命。该方法随后由 Taylor[4]总结
并简化为临界距离理论中的线法（line method）和点法（point method），用于预测
缺口试样的疲劳极限和高周疲劳寿命。随后，考虑到临界距离随着循环数改变这
一特点，Susmel 和 Taylor[7,8]通过引入低循环疲劳损伤参数，将临界距离法的应用
进一步拓展到低循环疲劳寿命范围。

临界距离法将 Neuber 和 Peterson 的原始思想与有限元方法相结合，通过少量
的缺口疲劳试验，即可得到方法中关键的材料参数，并推广到相同材料、相同温
度条件下其他缺口类型的试样疲劳性能预测当中，具有良好的工程应用前景。采
用 SWT（Smith-Watson-Topper）参数的临界距离法（图 4.1）表达式为

$$\left(\sigma_{\max}\frac{\Delta\varepsilon_t}{2}\right)\bigg|_{r=L}=\frac{(\sigma_f')^2}{E}(2N_f)^{2b}+\sigma_f'\varepsilon_f'(2N_f)^{b+c} \tag{4.1}$$

式中，$\Delta\varepsilon_t$ 为总应变范围，σ_f' 为疲劳强度系数，b 为疲劳强度指数，ε_f' 为疲劳延
性系数，c 为疲劳延性指数，$\sigma_{\max}$ 为最大应力，r 为最大应力梯度线上位置到缺口
边缘的距离，L 为临界距离。

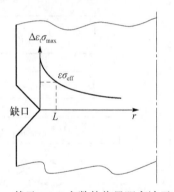

图 4.1　基于 SWT 参数的临界距离法示意图

基于 SWT 模型、有限元分析结果和缺口试样试验结果，采用文献[8]中的递
归计算方法，可计算出临界距离。临界距离和疲劳寿命的关系为

$$L=AN_f^B \tag{4.2}$$

式中，A 和 B 是材料常数，与几何特征形式无关。

基于 SWT 参数的临界距离法已经成功应用到不同类型材料的低循环疲劳寿
命预测[9-11]。其中，SWT 模型用来建立疲劳寿命与损伤参数之间的关系，临界距
离法则用来建立缺口试样寿命与有效损伤参数之间的关系。

为此，文献[12]将高应力体积（V90）法与临界距离法相结合，提高了考虑材
料体积大小影响的寿命模型精度。V90 定义为结构中满足 $\sigma\geq0.9\sigma_{\max}$ 条件的体积，

则改进后的临界距离与疲劳寿命关系为

$$L = AN_{\mathrm{f}}^{B}\left(\frac{V_{90}}{V_0}\right)^{C}$$ （4.3）

式中，C 为材料常数，V_0 为参考试样的体积。

采用高应力体积修正的迭代计算流程来计算预测寿命 N_{p}，如图 4.2 所示。与文献[8]中的计算流程不同的是，该方法需要提前计算试样的高应力体积 V_{90} 作为一个重要输入参数，而寿命初始值 $N_{\mathrm{f,1}}$ 作为式（4.3）的另一个输入来计算临界距离。基于有限元弹塑性分析得到的缺口部位应力/应变数据，可以计算临界距离对应位置的 SWT 参数。然后，利用确定性寿命模型计算输出寿命 $N_{\mathrm{f,2}}$。如果输出寿命 $N_{\mathrm{f,2}}$ 与输入寿命 $N_{\mathrm{f,1}}$ 的误差不满足精度要求，则执行 $N_{\mathrm{f,1}}=N_{\mathrm{f,2}}$，并重复上述步骤，直到两个数值收敛。

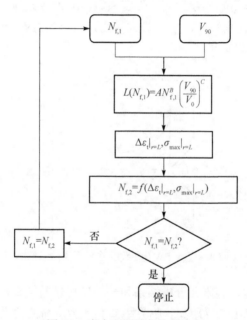

图 4.2　寿命预测迭代计算流程

4.1.2　Weakest-Link 方法

1939 年瑞典物理学家韦布尔在研究脆性材料抗拉强度时，首次采用韦布尔分布描述其分散性[13,14]，随后，于 1949 年，在研究金属材料的标准试样的疲劳极限和应力疲劳寿命时，提出了基于韦布尔分布的 Weakest-Link 理论[15]。Weakest-Link 方法指出，就如一根链条的强度是由其最弱的一环决定的，一个任意体积的均匀受力材料只有每一个体积子单元都存活时才能够存活。Wormsen[16-18]基于 Weakest-Link 方法进一步给出了应力疲劳寿命评估方法，考虑了应力梯度和材料体积差异对疲劳寿命的影响，同时还给出了基于韦布尔分布的疲劳寿命可靠度结果。

本节以 Wormsen 等在文献[17]中的推导过程为基础，对 Weakest-Link 方法进行简要介绍。

1. 基本原理及假设

首先定义临界缺陷密度 $z_1(\sigma_a, r, N_f, x_1)$ 为在应力比 r、疲劳寿命 N_f 的条件下，使材料疲劳强度 σ_A 小于等于应力幅值 σ_a 的材料单位体积内缺陷数量。对于一个不均匀的材料，z_1 与结构内部的位置坐标 $x_1=[x, y, z]^T$ 相关。

受均匀应力的充分小体积单元 ΔV 的失效概率可以表示为

$$F(t) = P_f(\sigma_A \leq \sigma_a | r, N_f) = P_{f,\Delta V}(\sigma_a, r, N_f) = z_1(\sigma_a, r, N_f, x_1)\Delta V \tag{4.4}$$

相应的存活概率或者可靠度为

$$R(t) = P_s(\sigma_A \geq \sigma_a | r, N_f) = P_{s,\Delta V}(\sigma_a, r, N_f) = 1 - z_1(\sigma_a, r, N_f, x_1)\Delta V \tag{4.5}$$

认为一个任意体积的均匀受力材料只有在其每一个体积子单元都存活时才能够存活，则整个体积的可靠度等于全部体积子单元存活的概率。由于单元的数量为 $V/\Delta V$，则可以得到

$$P_{s,V}(\sigma_a, r, N_f) = [1 - z_1(\sigma_a, r, N_f)\Delta V]^{V/\Delta V} \tag{4.6}$$

因此，这里假设不同的临界缺陷间距离足够大，疲劳载荷过程中不同缺陷萌生的裂纹之间不会发生相互作用。

当每个子单元的体积趋近于 0 时，整体可靠度可以表示为

$$P_{s,V} = \lim_{\Delta V \to 0} (1 - z_1 \Delta V)^{V/\Delta V} = \exp(-z_1 V) \tag{4.7}$$

当材料受力不均匀时，将材料划分为足够小体积 ΔV_i 的单元，单元内部可以近似看为受均匀应力 σ_{ai} 的作用。则第 i 个单元的可靠度可以表示为

$$P_{s,\Delta V_i}(\sigma_a, r, N_f) = \exp[-z_{1i}(\sigma_a, r, N_f)\Delta V_i] \tag{4.8}$$

同样，结构整体的可靠度可以表示为

$$P_{s,V} = \prod_{i=1}^{V/\Delta V} \exp[-z_{1i}(\sigma_a, r, N_f)\Delta V_i] = \exp\left[-\sum_{i=1}^{V/\Delta V} z_{1i}(\sigma_a, r, N_f)\Delta V_i\right] \tag{4.9}$$

当单个单元的体积趋近于 0 时，整体可靠度可以表示为

$$P_{s,V} = \lim_{\Delta V_i \to 0} \exp\left[-\sum_{i=1}^{V/\Delta V} z_{1i}(\sigma_a, r, N_f)\Delta V_i\right] = \exp\left[-\int_V z_1(\sigma_a, r, N_f)\mathrm{d}V\right] \tag{4.10}$$

对于受均匀应力幅 $\bar{\sigma}_a$ 体积为 V_0 的参考试样，其失效概率可以表示为

$$P_{s,V_0} = 1 - P_{f,V_0} = \exp[-z_1(\bar{\sigma}_a, r, N_f)V_0] \tag{4.11}$$

当一个任意的结构可靠度与参考试样相等时，认为该结构受一个有效应力幅 $\bar{\sigma}_a$，则有

$$z_1(\bar{\sigma}_a, r, N_f) = \int_V z_1(\sigma_a, r, N_f)\mathrm{d}V / V_0 \tag{4.12}$$

这样，只要得到临界缺陷密度 z_1 的表达式，即可给出任意结构的可靠度。

2. 临界缺陷密度计算

下面分别采用 Block Maximum 法和 Peak Over Threshold 法探讨 z_1 的表达式。Block Maximum 法采用均一化极限值（generalize extreme value，GEV）描述缺陷分布[19]，Peak Over Threshold 法则只考虑自身尺寸大于阈值 a_{th} 的缺陷[19]。

在 Block Maximum 法[20,21]中，需要将材料切片抛光，采用立体测量学近似（stereological approximation）方法进行测量统计，并采用 GEV 来表征缺陷的分布情况，则体积为 ΔV 的单元中缺陷尺寸 $A_{max} \leqslant a_{max}$ 的概率可以表示为

$$G(a_{max}) = P(A_{max} \leqslant a_{max}) = \exp\left\{-\left[1 + \xi'\left(\frac{a_{max} - a_0^*}{a_0}\right)\right]^{-1/\xi'}\frac{\Delta V}{V_0}\right\} \tag{4.13}$$

根据 Kitagawa-Takahashi 模型[22]，在载荷一定的条件下，缺陷只有在尺寸大于临界缺陷尺寸 a_{crit} 的情况下才会失效。这样，受均匀应力作用，体积为 ΔV 的单元可靠度可以表示为

$$P_{s,\Delta V} = G(a_{crit}) \tag{4.14}$$

则临界缺陷密度 z_1 可以根据式（4.7）和式（4.13）表示为

$$z_1(\sigma_a, r) = \left[1 + \xi'\left(\frac{a_{crit} - a_0^*}{a_0}\right)\right]^{-1/\xi'}\frac{1}{V_0} \tag{4.15}$$

将式（4.15）代入式（4.10），则可以得到任意体积为 V 结构的可靠度为

$$P_{s,V} = \exp\left\{-\int_V z_1(\sigma_a, r)\mathrm{d}V\right\} = \exp\left\{-\int_V\left[1 + \xi'\left(\frac{a_{crit} - a_0^*}{a_0}\right)\right]^{-1/\xi'}\frac{\mathrm{d}V}{V_0}\right\} \tag{4.16}$$

而根据 Yates 等[23]和 Loren[24]的结论，在 Peak Over Threshold 法中，任意体积为 V 结构的可靠度可以表示为

$$P_{s,V} = \exp\left\{-z_0(a_{th})\int_V\left[1+\xi'\left(\frac{a_{crit}-a_{th}}{a_0+\xi'(a_{th}-a_0^*)}\right)\right]^{-1/\xi'} dV\right\} \tag{4.17}$$

式中，a_0^* 为位置参数，$z_0(a_{th})$ 为单位体积材料内尺寸大于 a_{th} 的缺陷数量。当取 $z_0(a_{th})=1/V_0$、$a_{th}=a_0^*$ 时，式（4.17）可简化为式（4.16）。这样就通过两种不同的方法得到了相同的临界缺陷密度 z_1 表达式。

3. 疲劳极限分析方法

将临界缺陷密度 z_1 表达式（4.15）改写为

$$z_1(\sigma_a,r)=\left(\frac{a_{crit}-a_0^*+a_0/\xi'}{a_0/\xi'}\right)^{-1/\xi'}\frac{1}{V_0} \tag{4.18}$$

式中，a_0 为比例参数，ξ' 为形状参数，当 $a_0^*=a_0/\xi'$ 时，z_1 的表达式可简化为

$$z_1(\sigma_a,r)=\left(\frac{a_{crit}}{a_0^*}\right)^{-1/\xi'}\frac{1}{V_0} \tag{4.19}$$

这时，结构可靠度的表达式为

$$P_{s,V}=\exp\left[-\int_V\left(\frac{a_{crit}}{a_0^*}\right)^{-1/\xi'}\frac{dV}{V_0}\right] \tag{4.20}$$

根据 Kitagawa-Takahashi 模型，在一定范围内，有 $a_{crit}\propto\sigma_a^{-c}$，则式（4.20）可写为

$$P_{s,V}=\exp\left[-\int_V\left(\frac{\sigma_a}{\sigma_{A0}^*}\right)^{b_\sigma}\frac{dV}{V_0}\right] \tag{4.21}$$

式中，b_σ 和 σ_{A0}^* 分别为形状参数和比例参数，又称参考疲劳试样的应力分布指数和特征疲劳极限。该式与双参数韦布尔分布表达式一致。

结合式（4.11）、式（4.12）和式（4.21）可以得到有效应力幅的表达式为

$$\bar{\sigma}_a=\left(\frac{1}{V_0}\int_V\sigma_a^{b_\sigma}dV\right)^{1/b_\sigma} \tag{4.22}$$

相应地，失效概率可以表示为

$$P_{f,V}=1-P_{s,V}=1-\exp\left[-\left(\frac{\bar{\sigma}_a}{\sigma_{A0}^*}\right)^{b_\sigma}\right] \tag{4.23}$$

一个体积为 V、受力均匀试样的有效应力幅可以表示为

$$\bar{\sigma}_{a} = \sigma_{a}\left(\frac{V}{V_0}\right)^{1/b_\sigma} \tag{4.24}$$

通过疲劳极限试验获取应力分布指数和特征疲劳极限，计算得到结构的有效应力幅之后，即可对结构的失效概率进行评估。可以看出，应力分布指数 b_σ 决定了试样材料体积影响的大小。

4. 疲劳寿命分析方法

通过引入 Basquin 方程对式（4.23）进行进一步变换，可以获取疲劳寿命的分布。为了简便，假设疲劳极限服从韦布尔分布。

给定寿命循环数 N_f 对应的特征疲劳极限 σ_{A0}^* 可以通过 Basquin 方程获得：

$$N_f \sigma_{A0}^{*m} = \text{constant} \tag{4.25}$$

式中，m 为 Basquin 指数。对于参考试样，给定有效应力幅 $\bar{\sigma}_a$ 对应的特征疲劳寿命 N_0^* 之间的关系可以表示为

$$N_0^* \bar{\sigma}_a^m = \text{constant} \tag{4.26}$$

式中，特征疲劳寿命 N_0^* 为变量。通过式（4.25）和式（4.26），可以得到如下关系：

$$\frac{\bar{\sigma}_a}{\sigma_{A0}^*(r, N_f)} = \left(\frac{N_f}{N_0^*(r, \bar{\sigma}_a)}\right)^{1/m} \tag{4.27}$$

将其代入式（4.23），可以得到

$$P_{f,V} = 1 - P_{s,V} = 1 - \exp\left[-\left(\frac{N_f}{N_0^*(r, \bar{\sigma}_a)}\right)^{b_N}\right] \tag{4.28}$$

式中，寿命分布指数 b_N 和应力分布指数 b_σ 的关系为

$$b_N = \frac{b_\sigma}{m} \tag{4.29}$$

4.2　基于分区的涡轮盘低循环疲劳寿命可靠性分析方法

低循环疲劳寿命的分散性在不同的载荷水平往往存在差异，而传统的线性回归分析方法假设各载荷水平的寿命分散性一致，这与试验结果不相符。因此，本节介绍基于线性异方差回归分析[25]的低循环疲劳寿命概率模型。

4.2.1　线性异方差回归分析

首先介绍线性异方差回归分析方法，对于

$$y = a + bx + u, \quad u \sim N[0, \sigma(x)] \tag{4.30}$$

$$\sigma(x) = \sigma_0[1 + \theta(x - x_0)] \tag{4.31}$$

式中，a、b、σ_0、θ、x_0 是待定参数。假设 n 次独立试验得到的样本为(x_1, y_1)、(x_2, y_2)、$\cdots$、(x_n, y_n)，则 a、b、σ_0、θ 的估计量计算公式为

$$\hat{a} = \bar{y} - \hat{b}\bar{x} \tag{4.32}$$

$$\hat{b} = \frac{l_{xy}}{l_{xx}} \tag{4.33}$$

$$\hat{\sigma}_0 = \sqrt{\frac{1}{v}\sum_{i=1}^{n}\frac{(y_i - \hat{a} - \hat{b}x_i)^2}{I^2(x_i, \theta)}} \tag{4.34}$$

$$E(\theta) = l_{yy\theta} + \frac{l_{xy}^2}{l_{xx}^2}l_{xx\theta} - 2\frac{l_{xy}}{l_{xx}}l_{xy\theta} = 0 \tag{4.35}$$

式中，v 为方差的自由度，当 $\theta = 0$ 时，$v = n-2$，即退化成同方差情况；当 $\theta \neq 0$ 时，$v = n-3$。其他过程参量如下：

$$x_0 = \frac{1}{n}\sum_{i=1}^{n}x_i \tag{4.36}$$

$$I(x_i, \theta) = 1 + \theta(x_i - x_0) \tag{4.37}$$

$$\bar{x} = \frac{\displaystyle\sum_{i=1}^{n}\frac{x_i}{I^2(x_i, \theta)}}{\displaystyle\sum_{i=1}^{n}\frac{1}{I^2(x_i, \theta)}} \tag{4.38}$$

$$\bar{y} = \frac{\displaystyle\sum_{i=1}^{n}\frac{y_i}{I^2(x_i, \theta)}}{\displaystyle\sum_{i=1}^{n}\frac{1}{I^2(x_i, \theta)}} \tag{4.39}$$

$$l_{xx} = \sum_{i=1}^{n}\frac{(x_i - \bar{x})^2}{I^2(x_i, \theta)} \tag{4.40}$$

$$l_{yy} = \sum_{i=1}^{n}\frac{(y_i - \bar{y})^2}{I^2(x_i, \theta)} \tag{4.41}$$

$$l_{xy} = \sum_{i=1}^{n} \frac{(x_i - \overline{x})(y_i - \overline{y})}{I^2(x_i, \theta)} \tag{4.42}$$

$$l_{xx\theta} = \sum_{i=1}^{n} \frac{(x_i - \overline{x})^2(x_i - x_0)}{I^3(x_i, \theta)} \tag{4.43}$$

$$l_{yy\theta} = \sum_{i=1}^{n} \frac{(y_i - \overline{y})^2(x_i - x_0)}{I^3(x_i, \theta)} \tag{4.44}$$

$$l_{xy\theta} = \sum_{i=1}^{n} \frac{(x_i - \overline{x})(y_i - \overline{y})(x_i - x_0)}{I^3(x_i, \theta)} \tag{4.45}$$

首先对式（4.37）迭代求解，设 $\hat{\theta}$ 是 θ 的预估值，当 $\hat{\theta} < \theta$ 时，$E(\hat{\theta}) > 0$；当 $\hat{\theta} < \theta$ 时，$E(\hat{\theta}) < 0$。又由于 θ 还满足

$$-1/(x_{\max} - x_0) < \theta \leqslant 0 \tag{4.46}$$

其中 $x_{\max}$ 是 x_i 中的最大值，所以可以方便地采用二分法求得 θ，然后利用 θ 求解其他待定参量。

4.2.2 低循环疲劳寿命概率模型

低循环疲劳寿命预测时最常采用的是 Manson-Coffin 模型，其表达式为

$$\frac{\Delta\varepsilon_t}{2} = \frac{\Delta\varepsilon_e}{2} + \frac{\Delta\varepsilon_p}{2} = \frac{\sigma_f'}{E}(2N_f)^b + \varepsilon_f'(2N_f)^c \tag{4.47}$$

$$\frac{\Delta\varepsilon_e}{2} = \frac{\sigma_f'}{E}(2N_f)^b \tag{4.48}$$

$$\frac{\Delta\varepsilon_p}{2} = \varepsilon_f'(2N_f)^c \tag{4.49}$$

式中，$\Delta\varepsilon_t$、$\Delta\varepsilon_e$、$\Delta\varepsilon_p$、σ_f'、E、N_f、b、ε_f'、c 分别为总应变幅、弹性应变幅、塑性应变幅、疲劳强度系数、弹性模量、疲劳循环数、疲劳强度指数、疲劳塑性系数和疲劳塑性指数。

Manson-Coffin 公式的核心是在双对数坐标内，疲劳寿命分别与弹性应变幅和塑性应变幅呈线性关系，表示为

$$\lg(2N_f) = \frac{1}{b}\lg\left(\frac{\Delta\varepsilon_e}{2}\right) - \frac{1}{b}\lg\left(\frac{\sigma_f'}{E}\right) \tag{4.50}$$

$$\lg(2N_f) = \frac{1}{c}\lg\left(\frac{\Delta\varepsilon_p}{2}\right) - \frac{1}{b}\lg(\varepsilon_f') \tag{4.51}$$

令 $y_e = \lg(2N_f)$，$x_e = \lg\left(\dfrac{\Delta\varepsilon_e}{2}\right)$，$a_e = -\dfrac{\lg\left(\dfrac{\sigma_f}{E}\right)}{b}$，$b_e = \dfrac{1}{b}$，可得弹性线的标准线性方程为

$$y_e = a_e + b_e x_e \tag{4.52}$$

同理，令 $y_p = \lg(2N_f)$，$x_p = \lg\left(\dfrac{\Delta\varepsilon_p}{2}\right)$，$a_p = -\dfrac{\lg(\varepsilon_f')}{c}$，$b_e = \dfrac{1}{c}$ 可得塑性线的标准线性方程为

$$y_p = a_p + b_p x_p \tag{4.53}$$

Manson-Coffin 公式表示疲劳寿命均值与循环应变范围之间的关系，为了描述疲劳寿命的分散性，将 Manson-Coffin 公式随机化处理，建立低循环疲劳寿命的概率模型。大量疲劳试验数据表明，对数寿命 y_e 和 y_p 的分散性随 $\Delta\varepsilon_e$ 和 $\Delta\varepsilon_p$ 的减小而增大；同时，理论上可以证明对数寿命的标准差与对数弹性应变分量和对数塑性应变分量呈线性关系，因此 σ_e 和 σ_p 可表示为

$$\sigma_e(x_e) = \sigma_{e0}[1 + \theta_e(x_e - x_{e0})] \tag{4.54}$$

$$\sigma_p(x_p) = \sigma_{p0}[1 + \theta_p(x_p - x_{p0})] \tag{4.55}$$

式中，σ_{e0}、σ_{p0} 别表示对数寿命 y_e、y_p 在对数应变分量 x_{e0}、x_{p0} 处的标准差；θ_e、θ_p 分别表示 σ_e、σ_p 线性变化的斜率。

假设 Manson-Coffin 公式中弹、塑性线的标准线性方程（4.52）和（4.53）的系数 a_e、a_p、b_e、b_p 为随机变量，$\bar{a}_e$、$\bar{a}_p$、$\bar{b}_e$、$\bar{b}_p$ 分别为它们的均值，弹、塑性线的线性标准差由式（4.54）和式（4.55）表示，则对数寿命可以表示为

$$y_e = a_e + b_e x_e = \bar{a}_e + \bar{b}_e x_e + \sigma_{e0}[1 + \theta_e(x_e - x_{e0})]\mu \tag{4.56}$$

$$y_p = a_p + b_p x_p = \bar{a}_p + \bar{b}_p x_p + \sigma_{p0}[1 + \theta_p(x_p - x_{p0})]\mu \tag{4.57}$$

式中，μ 为标准正态随机变量。进一步整理得

$$a_e = \bar{a}_e + \mu\sigma_{e0}(1 - \theta_e x_{e0}) \tag{4.58}$$

$$b_e = \bar{b}_e + \mu\sigma_{e0}\theta_e \tag{4.59}$$

$$a_p = \bar{a}_p + \mu\sigma_{p0}(1 - \theta_p x_{p0}) \tag{4.60}$$

$$b_p = \bar{b}_p + \mu\sigma_{p0}\theta_p \tag{4.61}$$

反变换后可以得到疲劳寿命模型参数的随机表达式为

$$b = \frac{1}{\overline{b}_e + \mu\sigma_{e0}\theta_e} \tag{4.62}$$

$$\lg\left(\frac{\sigma'_f}{E}\right) = -\frac{\overline{a}_e + \mu\sigma_{e0}(1-\theta_e x_{e0})}{\overline{b}_e + \mu\sigma_{e0}\theta_e} \tag{4.63}$$

$$c = \frac{1}{\overline{b}_p + \mu\sigma_{p0}\theta_p} \tag{4.64}$$

$$\lg(\varepsilon'_f) = -\frac{\overline{a}_p + \mu\sigma_{p0}(1-\theta_p x_{p0})}{\overline{b}_p + \mu\sigma_{p0}\theta_p} \tag{4.65}$$

公式中相关参数均可由疲劳试验数据的线性异方差回归分析获得。可以看出，四个疲劳性能参数均可表示为变量 μ 的函数。对于给定的分布概率，μ 为确定值，从而可以确定一组（四个参数）的取值，即四个参数与疲劳寿命概率存在一一对应的关系，每一组参数描述了一条概率应变-寿命曲线。

对于式（4.62）～式（4.65），若对数寿命标准差随对数弹性应变分量和对数塑性应变分量变化的斜率 θ_e、θ_p 为 0，可以得到

$$b = \frac{1}{\overline{b}_e} \tag{4.66}$$

$$\lg\left(\frac{\sigma'_f}{E}\right) = -\frac{\overline{a}_e + \mu\sigma_{e0}}{\overline{b}_e} \tag{4.67}$$

$$c = \frac{1}{\overline{b}_p} \tag{4.68}$$

$$\lg(\varepsilon'_f) = -\frac{\overline{a}_p + \mu\sigma_{p0}}{\overline{b}_p} \tag{4.69}$$

这时，b、c 为常数，$\lg(\sigma'_f/E)$、$\lg(\varepsilon'_f)$ 为正态随机变量，低循环疲劳寿命概率模型退化为同方差分析假设。20 世纪 90 年代发展起来的寿命可靠性模型正是基于这种同方差回归分析的结果，假设对数寿命的标准差为常数，可靠性模型中将疲劳强度指数 b、疲劳塑性指数 c 作为常数处理，将疲劳强度系数 σ'_f、疲劳塑性系数 ε'_f 作为对数正态随机变量处理。这种假设在低寿命区得到的寿命分散性偏大。

以某型涡轴发动机 GH720Li 涡轮盘为例，根据 GH720Li 材料的低循环疲劳试验数据[26]（表 4.1），建立基于线性异方差分析的低循环疲劳寿命概率模型。

表 4.1　GH720Li 低循环疲劳试验数据（650℃）

样本	$\Delta\varepsilon_t/2$	$\Delta\varepsilon_e/2$	$\Delta\varepsilon_p/2$	$\Delta\sigma/2$/MPa	$2N_f$
1	0.0060	0.00517	0.00081	957	2484
2	0.0080	0.00610	0.00187	1129	406
3	0.0080	0.00602	0.00195	1113	346
4	0.0060	0.00488	0.00110	902	2360
5	0.0070	0.00529	0.00169	978	1160
6	0.0070	0.00548	0.00150	1014	1268
7	0.0050	0.00445	0.00054	824	9208
8	0.0050	0.00444	0.00055	821	14518
9	0.0045	0.00434	0.00015	802	97248
10	0.0045	0.00432	0.00017	799	30148

试验数据中 $\Delta\varepsilon_e$、$\Delta\varepsilon_p$ 存在一定随机性，数据呈散点状。应用线性异方差回归方法，对表 4.1 的数据进行统计分析，根据 4.2.1 节的方法确定疲劳寿命概率模型中的相关参数。其中，弹、塑性线的均值标准线性方程和对数寿命标准差分别为

$$y_e = -24.1541 - 12.0456x_e \tag{4.70}$$

$$y_p = -2.4733 - 1.9361x_p \tag{4.71}$$

$$\sigma_e(x_e) = 0.2586[1 - 6.7795(x_e + 2.3002)] \tag{4.72}$$

$$\sigma_p(x_p) = 0.2377[1 - 0.2080(x_p + 3.1205)] \tag{4.73}$$

进而根据式（4.62）～式（4.65）获得了疲劳性能参数的随机表达式：

$$b = -1/(12.0456 + 1.7532\mu) \tag{4.74}$$

$$\sigma'/E_f = 10^{\frac{24.1541+3.7741\mu}{12.0456+1.7532\mu}} \tag{4.75}$$

$$c = -1/(1.9361 + 0.0494\mu) \tag{4.76}$$

$$\varepsilon_f' = 10^{\frac{2.4733-0.0834\mu}{1.9361+0.0494\mu}} \tag{4.77}$$

这样，GH720Li 高温合金的低循环疲劳寿命概率模型（应变比为 −1）为

$$\frac{\Delta\varepsilon_t}{2} = 10^{\frac{24.1541+3.7741\mu}{12.0456+1.7532\mu}}(2N_f)^{\frac{-1}{12.0456+1.7532\mu}} + 10^{\frac{2.4733-0.0834\mu}{1.9361+0.0494\mu}}(2N_f)^{\frac{-1}{1.9361+0.0494\mu}} \tag{4.78}$$

实际上，涡轮盘危险点的应变循环通常为非对称循环，如某涡轮盘危险点应变比约为 0.35，这时还需考虑平均应力 σ_m 的影响。应变比大于 0 时，疲劳寿命分

散性相对较小，其对数寿命标准差小于对称循环的对数寿命标准差。所以，通过在对称循环概率模型中添加平均应力修正项来修正平均应力对寿命均值的影响，以对称循环的对数寿命标准差代替非对称循环的对数寿命标准差，能够得到修正的低循环疲劳寿命概率模型

$$\frac{\Delta\varepsilon_t}{2} = \left(10^{\frac{24.1541+3.7741\mu}{12.0456+1.7532\mu}} - \frac{\sigma_m}{E}\right)(2N_f)^{\frac{-1}{12.0456+1.7532\mu}} + 10^{\frac{2.4733-0.0834\mu}{1.9361+0.0494\mu}}(2N_f)^{\frac{-1}{1.9361+0.0494\mu}}$$

(4.79)

对于缺少非对称循环试验数据的情况，此方法在工程上仍然不失为一种有效的修正方法，但上述模型对于涡轮盘疲劳寿命可靠性分析时会得到偏于安全的概率寿命。

4.2.3 低循环疲劳寿命可靠性计算

对于常用的寿命模型，对寿命结果产生直接影响的量往往为应力和温度。因此，可以根据涡轮盘的应力和温度分布情况进行区域划分，将涡轮盘视为串联模型，建立基于分区的涡轮盘寿命可靠性分析方法。以某型涡轴发动机涡轮盘为例，依次根据应力水平（图 4.3）、温度分布进行分区，并单独提取榫槽底部单元作为单独区域，最终得到的涡轮分区如图 4.4 所示，各区域的应力、温度范围如表 4.2 所示。

表 4.2　涡轮盘各区域应力、温度范围

区域	应力范围/MPa	温度范围/℃	单元个数
1	1000～950	300～550	112
2	950～920	300～550	80
3	920～900	300～550	176
4	900～800	300～550	784
5	800～700	300～550	1264
6	700～600	>460	48
7		451.5～460	128
8		<451.5	2080
9	600～200	>460	5120
10		<460	10960
11	200～0	300～550	2976
12	榫槽底部	300～550	176

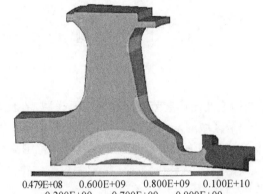

0.479E+08　　0.600E+09　　0.800E+09　　0.100E+10
　　　0.200E+09　　0.700E+09　　0.900E+09

图 4.3　等效应力分布云图（单位：Pa）

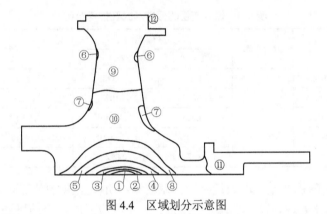

图 4.4　区域划分示意图

在得到每个区域的寿命分布之后，将每个区域的寿命抽样结果进行处理，利用结构概率响应分析方法计算每个区域的结构可靠度或失效概率。指定寿命 N 时的区域失效概率

$$F_N = \frac{\text{小于等于}N\text{寿命子样个数}}{\text{区域寿命抽样总数}} \qquad (4.80)$$

将各区域看成一个串联系统，从而确定涡轮盘结构的整体失效概率为

$$P[\text{disk}] = P[\text{fracture in any zone}] = P[F_1 \bigcup F_2 \bigcup \cdots \bigcup F_N] = 1 - \prod_{i=1}^{N}(1 - P[F_i])$$

$$(4.81)$$

式中，F_i 为第 i 个区域失效的事件，$P[F_i]$ 为第 i 个区域失效的概率。

4.3 工 程 实 例

4.3.1 随机因素

基于 DOE 抽样法构造低循环疲劳寿命的响应面模型，在此基础上采用随机蒙特卡罗法抽样，对每一个区域的寿命值做十万次以上的抽样，以保证99.87%可靠度的计算精度。其中，涉及的输入变量分布形式及抽样范围见表4.3，具体如下。

（1）几何尺寸：根据第 3 章分析结果，给定涡轮盘关键几何尺寸的分布类型和分布参数，抽样范围为几何尺寸的公差范围。

（2）材料参数：弹性模量 E、泊松比 prxy 为正态分布，抽样范围为 $\pm 3\sigma$。

表 4.3 输入变量的分布形式及抽样范围

输入变量名		分布形式	分布参数		抽样范围
			均值（μ）	标准差（σ）	
几何参数	disk_R1/mm	正态	23.025	0.003765	（23, 23.05）
	disk_R2/mm		81.38875	0.01075	（81.38, 81.3975）
	disk_W6/mm		10.025	0.00246	（10, 10.05）
材料参数	E/Pa		2.07×10^{11}	1.776×10^{9}	（2.0167×10^{11}, 2.1233×10^{11}）
	prxy		0.37	0.002	（0.364, 0.376）

由于 5 个随机变量之间数量级上相差较大，所以在拟合响应面时先对获取的数据做无量纲化处理，以减小误差。最后，对于响应面的拟合结果进行误差分析，验证响应面模型精度。

4.3.2 低循环疲劳寿命可靠性分析

按照 4.2.3 节涡轮盘分区原则，分别计算 12 个区域的寿命，各区域寿命的累积分布如图 4.5 所示。

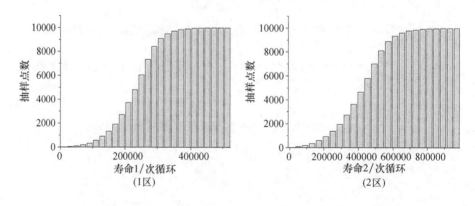

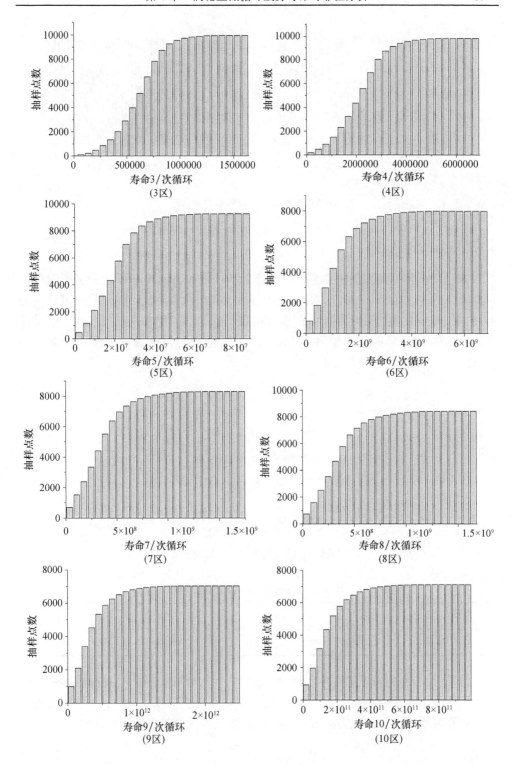

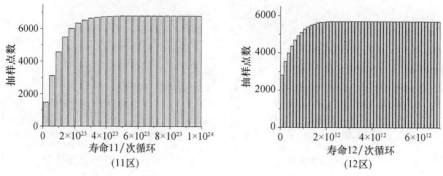

图 4.5　各区域寿命累积分布图

4.3.3　组合风险分析

　　采用串联模型获取涡轮盘整体的概率分布曲线如图 4.6 所示，并可得到指定可靠度下的寿命值（表 4.4）。对于设计寿命 6000 次循环，计算得到的可靠度为99.91%。根据发动机使用经验，假设发动机一次循环工作时间在 1～2h，由设计寿命 6000 次循环的可靠度 99.91%换算成涡轮盘的设计目标风险（DTR）为$1.5×10^{-7}～7.5×10^{-8}$ 次/飞行小时。

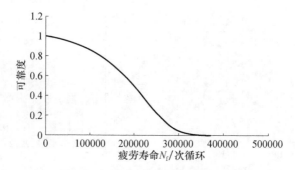

图 4.6　涡轮盘整体寿命可靠度分布

表 4.4　涡轮盘概率寿命计算结果

可靠度/%	50	90	99	9.91
寿命/次循环	198085	81322	17000	6000

　　分别针对99.91%可靠度寿命6000次循环、90%可靠度寿命81322次循环、50%可靠度寿命198085次循环，计算出的每个区域可靠度如表 4.5 所示。结果表明，在高可靠度水平下，高应力区域对涡轮盘整体失效风险的贡献不可忽略。

表 4.5　对应不同寿命时的涡轮盘各区域可靠度

寿命	6000	81322	198085
1	0.999444	0.972343	0.663689
2	0.999474	0.983700	0.908707
3	0.999398	0.988246	0.951094
4	1	0.968870	0.910863
5	1	0.982978	0.958155
6	1	1	0.999982
7	1	1	0.999929
8	1	1	0.999210
9	1	1	1
10	1	1	1
11	1	1	1
12	1	0.999925	0.999756
涡轮盘可靠度	0.999067	0.900169	0.500049

　　同时，对比涡轮盘最大应力点为考核点（热点法）的涡轮盘低循环疲劳寿命可靠性分析结果，如图 4.7 所示。对于设计寿命 6000 次循环，分区可靠性计算得到的可靠度为 99.91%，而热点法得到的可靠度为 99.99%。可以看出，热点法忽略了其他高应力区域引起的失效风险；基于分区的涡轮盘可靠性分析考虑每个区域的贡献以及体积效应的影响，能够得到更为合理的分析结果。

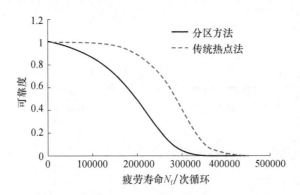

图 4.7　涡轮盘低循环疲劳寿命可靠性分析结果

4.3.4　随机变量的灵敏度分析

　　根据灵敏度分析结果，可确定每个区域内随机变量对寿命的影响，如图 4.8 所示。

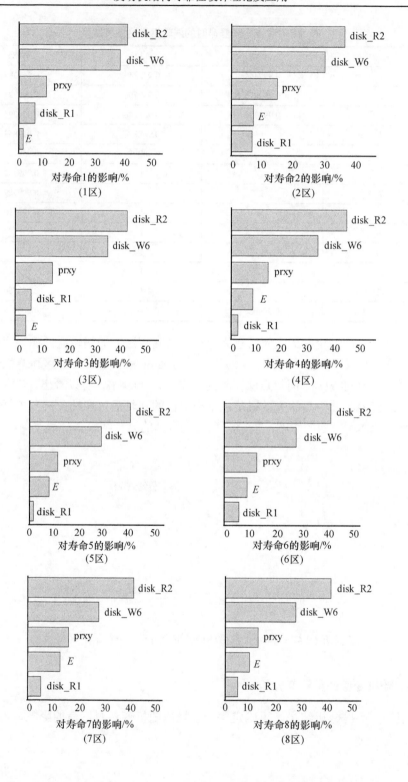

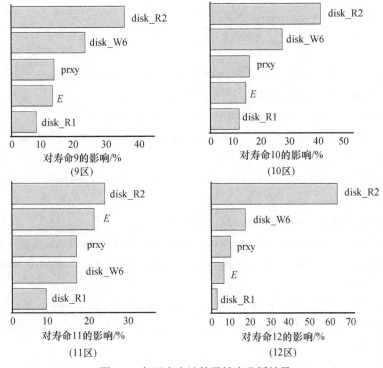

图 4.8　各区寿命计算灵敏度分析结果

通过灵敏度分析可以确定每个区域的敏感性随机变量。在工程研制中，一方面可以通过控制敏感随机因素的分散性，保证涡轮盘的高可靠度；另一方面可以将不敏感随机因素处理为确定性变量，从而减少计算量；此外，还可将敏感性随机变量作为优化设计变量，保证涡轮盘优化设计时质量、寿命、可靠性三方面的平衡。

4.4　小　　结

本章针对传统热点法存在的局限性，对临界距离法、Weakest-Link 方法和分区寿命等三种非局部寿命分析方法进行了介绍。采用线性异方差回归分析对低循环疲劳寿命模型进行随机化处理，建立了反映不同载荷水平下寿命分散差异性的应变-寿命概率模型。针对某涡轴发动机燃气涡轮盘模型，考虑材料、几何尺寸等随机因素，以温度、应力等标准对其进行分区，开展了低循环疲劳寿命可靠性分析，得到了涡轮盘的概率寿命结果，并换算得到了设计目标风险。对于粉末合金和某些钛合金轮盘，由于材料内部存在缺陷，还需要开展轮盘的概率损伤容限分析。

参 考 文 献

［1］ 陶春虎, 钟培道, 王仁智, 等. 航空发动机转动部件的失效与预防. 北京: 国防工业出版社, 2000.

［2］ 宋兆泓. 航空燃气涡轮发动机强度设计. 北京: 北京航空航天大学出版社, 1988.

［3］ 张宝珍, 刘孝安. 航空发动机可靠性与经济性. 北京: 国防工业出版社, 1998.

［4］ Taylor D. Geometrical effects in fatigue: A unifying theoretical model. International Journal of Fatigue, 2000, 21(5): 413-420.

［5］ Neuber H. Theory of Notch Stresses: Principles for Exact Calculation of Strength with Reference to Structural Form and Material. 2nd ed. Berlin: Springer Verlag, 1958.

［6］ Peterson R E. Notch Sensitivity. New York: McGraw Hill, 1959.

［7］ Susmel L, Taylor D. An Elasto-Plastic reformulation of the theory of critical distances to estimate lifetime of notched components failing in the low/medium-cycle fatigue regime. Journal of Engineering Materials and Technology, 2010, 132(2): 021002.

［8］ Susmel L, Taylor D. A novel formulation of the theory of critical distances to estimate lifetime of notched components in the medium-cycle fatigue regime. Fatigue and Fracture of Engineering Materials and Structures, 2007, 30(7): 567-581.

［9］ Yang X, Wang J, Liu J. High temperature LCF life prediction of notched DS Ni-based superalloy using critical distance concept. International Journal of Fatigue, 2011, 33(11): 1470-1476.

［10］ Leidermark D, Moverare J, Segersäll M, et al. Evaluation of fatigue crack initiation in a notched single-crystal superalloy component. Procedia Engineering, 2011, 10: 619-624.

［11］ Leidermark D, Moverare J, Simonsson K, et al. A combined critical plane and critical distance approach for predicting fatigue crack initiation in notched single-crystal superalloy components. International Journal of Fatigue, 2011, 33(10): 1351-1359.

［12］ Wang R Q, Li D, Hu D Y, et al. A combined critical distance and highly-stressed-volume model to evaluate the statistical size effect of the stress concentrator on low cycle fatigue of TA19 plate. International Journal of Fatigue, 2017, 95: 8-17.

［13］ Weibull W. A statistical theory of the strength of materials. Proceedings of the American Mathematical Society, 1939, 151(5): 1034.

［14］ Weibull W. The phenomenon of rupture in solids. Generalstabens Litografiska Anst, 1939, 153: 1-55.

［15］ Weibull W. A statistical representation of fatigue failure in solids. Stockholm: Transactions of the Royal Institute of Technology, 1949.

［16］ Wormsen A, Härkegård G. A statistical investigation of fatigue behaviour according to Weibull's Weakest-Link theory. The 15th European Conference of Fracture: Advanced Fra, 2004: 1-8.

［17］ Wormsen A, Sjödin B, Härkegård G, et al. Non-local stress approach for fatigue assessment based on

Weakest-Link theory and statistics of extremes. Fatigue and Fracture of Engineering Materials and Structures, 2007, 30(12): 1214-1227.

[18] Wormsen A, Härkegård G. A novel probabilistic fatigue assessment tool and its application to an offshore riser joint. Procedia Materials Science, 2014, 3(2211): 1210-1215.

[19] Coles S. An Introduction to Statistical Modeling of Extreme Values. 3rd ed. London: Springer, 2001.

[20] Anderson C W, Coles S G. The largest inclusions in a piece of steel. Extremes, 2002, 5(3): 237-252.

[21] Anderson C W, Maré J D, Rootzén H. Methods for estimating the sizes of large inclusions in clean steels. ACTA Materialia, 2005, 53(8): 2295-2304.

[22] Kitagawa H, Takahashi S. Applicability of fracture mechanics to very small cracks or the cracks in the early stage. Proceedings of the Second International Conference, 1976: 627-631.

[23] Yates J R, Shi G, Atkinson H V, et al. Fatigue tolerant design of steel components based on the size of large inclusions. Fatigue and Fracture of Engineering Materials and Structures, 2002, 25(7): 667-676.

[24] Loren S. Estimating fatigue limit distributions under inhomogeneous stress conditions. International Journal of Fatigue, 2004, 26(11): 1197-1205.

[25] 傅惠民. 线性异方差回归分析. 航空学报, 1994, 15(3): 295-302

[26] 中国金属学会高温材料分会. 中国高温合金手册（上卷）. 北京: 中国标准出版社, 2012.

第 5 章 涡轮盘疲劳-蠕变可靠性分析

发动机涡轮盘盘缘部位不仅承受着周期性离心/热载荷引起的低循环疲劳损伤，还承受着由于高温产生的蠕变损伤。两类损伤的交互作用表现为疲劳-蠕变失效，并成为限制涡轮盘使用寿命的重要因素之一。以涡轮盘疲劳-蠕变寿命预测模型为基础，考虑材料、载荷等随机因素建立具有试验支持的疲劳-蠕变概率模型，进而开展涡轮盘疲劳-蠕变耦合失效模式的可靠性分析，为先进发动机关键件的可靠性设计提供技术支持。

本章针对涡轮盘疲劳-蠕变裂纹形成和裂纹扩展两个阶段，首先介绍疲劳损伤、蠕变损伤的交互作用机理以及疲劳-蠕变寿命预测模型；然后介绍疲劳-蠕变概率模型的建立方法；最后以某型发动机涡轮盘为例，介绍涡轮盘疲劳-蠕变耦合失效模式的可靠性分析过程。

5.1 疲劳-蠕变寿命预测方法

5.1.1 疲劳-蠕变交互作用机理

通常在循环载荷峰值或谷值处引入保载期（载荷大小保持不变的时间段）来表示疲劳-蠕变载荷，典型波形如图 5.1 所示。当疲劳、蠕变损伤相互加强时称为正交互作用。具体表现为疲劳损伤造成微裂纹的萌生与扩展，蠕变损伤促进晶界孔洞的形核与长大，当疲劳裂纹与晶界孔洞相遇时两类损伤相互促进，导致裂纹扩展速率加快、蠕变孔洞数量增多；反之，蠕变保载期形成的位错胞阻碍了位错

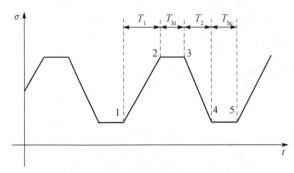

图 5.1 疲劳-蠕变典型加载波形

运动[1]，循环卸载又使蠕变应变发生部分回复，这时疲劳损伤、蠕变损伤相互抑制，呈现负交互作用，如 GH34、GH30 等高温合金。

影响疲劳-蠕变性能的主要因素包括微观组织、保载时间、加载顺序等。

1. 微观组织

晶粒尺寸、强化相等微观组织的含量及分布均对材料的疲劳-蠕变性能产生影响。

一方面，晶粒尺寸的差异性导致晶界长度不同，晶界存在空洞、位错等高密度的缺陷，在高温环境中易于产生氧化、腐蚀。

文献[2]对从 GH4720Li 涡轮盘上盘缘、辐板、盘心三个区域取样的圆棒件，开展了高温条件下的疲劳-蠕变试验，研究了晶粒尺寸对寿命的影响机理。不同取样位置的显微组织如图 5.2 所示。由图可以看出，盘缘、辐板、盘心三个取样位置处的晶粒尺寸依次减小，分别为 17.3μm、13.1μm、10.8μm，二次相形状、尺寸及体积分数无明显差异。

图 5.3 为不同晶粒尺寸试件在相同载荷条件下的包迹应变-时间曲线（包迹应变定义为每个加载循环中的最大应变）。由图可以看出，晶粒尺寸最大时（Ⅲ区试件）包迹应变率最低，而晶粒尺寸最小时（Ⅰ区试件），在寿命前 70%（<18h），包迹应变率与Ⅱ区试件几乎相等，但在寿命后 30%（>18h），包迹应变率显著增加，导致试件快速断裂。此外，疲劳-蠕变寿命（疲劳-蠕变载荷下的循环数）也随晶粒

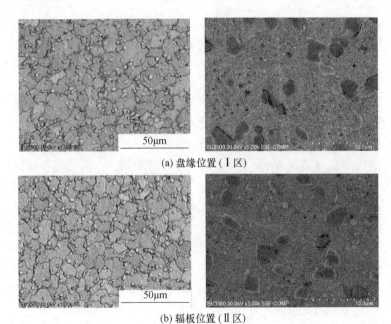

(a) 盘缘位置（Ⅰ区）

(b) 辐板位置（Ⅱ区）

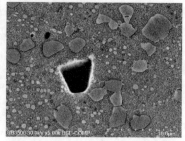

(c) 盘心位置（Ⅲ区）

图 5.2　涡轮盘不同部位晶粒尺寸、二次相对比（为增加分辨率，晶界用实线标出）

尺寸的增大而不断增加，如图 5.4 所示。导致不同循环寿命结果的原因为：晶粒尺寸较小时合金内晶界尺寸较长，在高温保持时，易于产生氧化、腐蚀，增加裂纹扩展速率，从而减小疲劳-蠕变寿命。

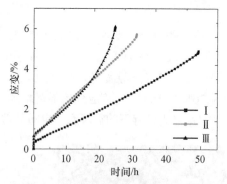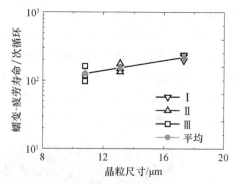

图 5.3　不同位置试件包迹应变-时间曲线　　　图 5.4　晶粒尺寸对疲劳-蠕变寿命的影响

　　另一方面，强化相等微观组织也影响疲劳-蠕变寿命。图 5.5 为不同热处理后 GH4169 的显微组织图像[3]，强化相 δ 相呈针状或短棒状在晶界处析出，析出量受热处理温度和保温时间影响。

　　蠕变损伤占主导的疲劳-蠕变失效表现为沿晶断裂，主要考虑 δ 相含量与持久寿命的关系（图 5.6）。持久寿命在 δ 相含量为 4.82% 时（对应 2h 保温时间）达到最大值，δ 相含量过多或过少均会使持久寿命明显降低。晶界析出的 δ 相对晶界产生钉扎作用，制约了晶界的滑动和开裂，提升了材料对沿晶断裂的抵抗能力，延缓了持久断裂的时间。适量的晶界 δ 相使晶界、晶内强度相匹配，同时 δ 相的析出使周围微观区域内的 γ″ 强化相相对贫化，形成塑性变形区，缓解了应力集中，达到塑性与强度良好配合；但 δ 相含量过多时，基体中的 γ″ 强化相严重贫化，晶界和晶内的强度不匹配，持久寿命反而下降。

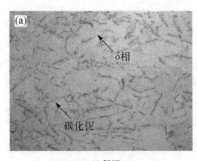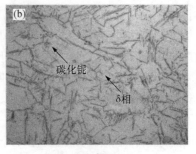

(a) 980℃保温 5h   (b) 930℃保温 5h

图 5.5　不同热处理制度下 GH4169 显微组织

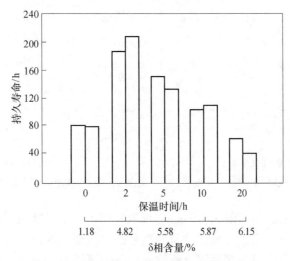

图 5.6　GH4169 中 δ 相含量与持久寿命关系

疲劳损伤占主导的疲劳-蠕变失效表现为穿晶断裂,主要考虑 δ 相含量与疲劳寿命的关系。δ 相析出量增加导致晶内 γ″ 强化相的含量减少,合金强度降低;同时粗化的长针状 δ 相促进了裂纹的萌生,δ 相周围的强化相贫化区利于裂纹的扩展[4]。因此,δ 相含量增加,将损害 GH4169 的疲劳寿命。

2.　保载时间

保载时间的延长,通常使疲劳-蠕变寿命降低[5,6]。这是由于增加保载时间,一方面增加空气与裂纹尖端的接触时间,提高氧化程度;另一方面使单位循环内的蠕变损伤增加,导致疲劳-蠕变寿命降低。

图 5.7 为 GH4720Li 合金在 650℃、不同保载时间下的疲劳-蠕变曲线。在较短的保载时间（CF3,保载时间为 3min）时,疲劳-蠕变稳态应变速率（疲劳-蠕变变形同纯蠕变（C）相似,也存在稳态阶段,该阶段的应变率几乎保持不变）较低;

而在较长的保载时间（CF45，保载时间为 45min）下，材料的疲劳-蠕变稳态应变速率更加接近于纯蠕变稳态应变速率，随着保载时间的增长，变形量逐渐增大。试件的疲劳-蠕变循环寿命随着保载时间的增加而不断降低，但循环寿命降低的速率会随着时间的增长而减慢，如图 5.8 所示。疲劳-蠕变稳态应变速率与循环寿命的变化趋势说明材料发生了循环减速[7]。即在疲劳-蠕变过程中，前一个周期卸载时未能回复的应变，可以部分地补偿下一个周期中的应变，这种效应的累积将减小总体应变速率和增加疲劳-蠕变循环寿命。保载时间越短，卸载次数越多，则蠕变速率越小，疲劳-蠕变循环寿命越长。

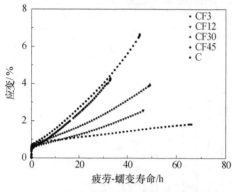
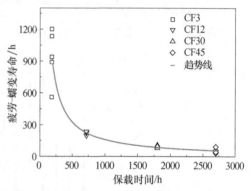

图 5.7　不同保载时间下疲劳-蠕变曲线　　图 5.8　疲劳-蠕变循环寿命和保载时间的关系

断口分析结果表明（图 5.9），3min 保载时间下为沿晶断裂与穿晶断裂混合模式；45min 保载时间下试件呈现典型的沿晶断裂特征。这说明随着保载时间的增加，裂纹萌生区由沿晶与穿晶混合断裂向沿晶断裂转变，沿晶二次裂纹增多，蠕变损伤逐渐占据主导地位。保载时间的增加导致蠕变损伤在全寿命周期内所占的比例增大，因此裂纹扩展区出现沿晶特征。

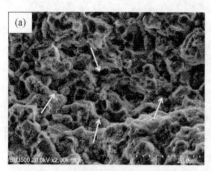

图 5.9　CF3（a）和 CF45（b）载荷下的 SEM 分析结果

箭头指示沿晶二次裂纹

3. 加载顺序

图 5.10 为不同加载顺序下的 GH4133B 疲劳-蠕变特性曲线（具体描述见 5.1.2 节）及断口特征[8]。施加先蠕变后疲劳（C+F）载荷的试样，起裂表面是以沿晶特征起裂为主（沿晶+沿晶二次裂纹），如图 5.10（b）所示，这种特征加速了疲劳裂纹的萌生和扩展，即使后面有疲劳载荷的作用，疲劳区也很小，发生了疲劳、蠕

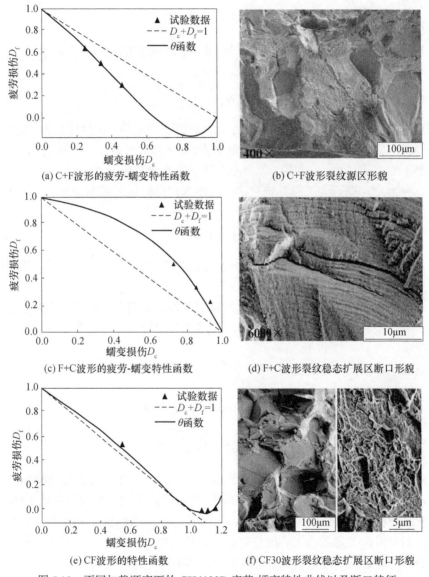

(a) C+F波形的疲劳-蠕变特性函数　　　　　(b) C+F波形裂纹源区形貌

(c) F+C波形的疲劳-蠕变特性函数　　　　(d) F+C波形裂纹稳态扩展区断口形貌

(e) CF波形的特性函数　　　　　　　(f) CF30波形裂纹稳态扩展区断口形貌

图 5.10　不同加载顺序下的 GH4133B 疲劳-蠕变特性曲线以及断口特征

变的正交互作用。施加先疲劳后蠕变（F+C）载荷下，预疲劳损伤可以抑制后续的蠕变损伤，呈现负交互作用，图 5.10（d）显示了 F+C 加载下裂纹稳态扩展区的穿晶扩展模式。连续循环蠕变（CF）波形下，周期加载和卸载使得疲劳损伤部分消除蠕变损伤，因此造成疲劳、蠕变的负交互作用，图 5.10（f）显示了 CF 波形下裂纹稳态扩展阶段沿晶断口和韧窝特征，反映了沿晶、穿晶混合断裂模式。

5.1.2　疲劳-蠕变寿命预测

1. 线性累积损伤法

线性累积损伤法是最早提出的疲劳-蠕变寿命预测方法，其形式为

$$D_{\mathrm{f}} + D_{\mathrm{c}} = \sum_{i=1}^{n} \frac{n_i}{N_{\mathrm{f}i}} + \sum_{j=1}^{m} \frac{t_j}{t_{\mathrm{r}j}} = 1 \qquad (5.1)$$

式中，D_{f} 为疲劳损伤；D_{c} 为蠕变损伤；n 为应变水平级数；n_i 为第 i 级应变水平的循环周次；$N_{\mathrm{f}i}$ 为第 i 级应变水平的纯疲劳寿命；m 为应力水平级数；t_j 为第 j 级应力水平下的保载时间；$t_{\mathrm{r}j}$ 为第 j 级应力水平下的蠕变寿命。

迄今为止，真正为工程界普遍接受并得到广泛应用的高温寿命评定准则是修正后的线性累积损伤法则，其表达式为

$$D_{\mathrm{f}} + D_{\mathrm{c}} = D_{\mathrm{cr}} \qquad (5.2)$$

式中，D_{cr} 为临界损伤，由试验确定。当 $D_{\mathrm{cr}} < 1$ 时为正交互作用，反之为负交互作用。

在线性累积损伤法则的基础上，发展了多种反映疲劳、蠕变损伤交互作用规律的函数（又称疲劳-蠕变特性函数），常用的有双线性特性函数、双参数特性函数等[9]。

双线性特性函数表达式为

$$D_{\mathrm{f}} = \begin{cases} \dfrac{a-1.0}{a} D_{\mathrm{c}} + 1.0, & D_{\mathrm{c}} \leqslant a \\[2mm] \dfrac{a}{a-1.0}(D_{\mathrm{c}} - 1.0), & D_{\mathrm{c}} > a \end{cases} \qquad (5.3)$$

双线性特性函数曲线（图 5.11）关于 $D_{\mathrm{c}}=D_{\mathrm{f}}$ 对称，且两条直线的交点满足 $D_{\mathrm{c}}=D_{\mathrm{f}}$。

双线性特性函数作为 ASME 设计规范，在电站设备的寿命预测中适用性较好；但对于发动机涡轮盘结构，其预测寿命与实际寿命一般相差 5～10 倍[10]。同时因该曲线不光滑，若可靠性求解的最可能失效点（MPP）发生在曲线的交点处，该点处的二阶导数不连续导致二阶可靠性近似等多种方法不适用。

双参数特性函数的表达式为

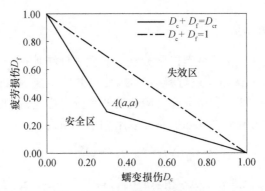

图 5.11　双线性特性函数曲线

$$D_{\mathrm{f}} = F(D_{\mathrm{c}}) = 2 - \mathrm{e}^{\theta_1 D_{\mathrm{c}}} + \frac{\mathrm{e}^{\theta_1} - 2}{\mathrm{e}^{-\theta_2} - 1}(\mathrm{e}^{-\theta_2 D_{\mathrm{c}}} - 1) \qquad (5.4)$$

图 5.12 为不同参数下的疲劳-蠕变特性曲线。该特性函数将疲劳损伤用蠕变损伤显式地表达出来，可以很好地反映了高温合金的疲劳-蠕变交互作用规律，且原函数及其一、二阶导数都连续，适用于疲劳-蠕变可靠性模型研究[11]。

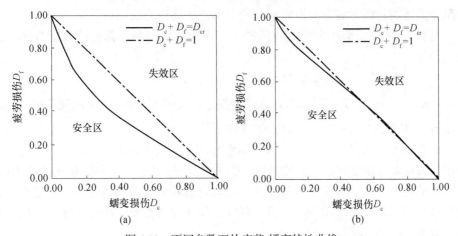

(a)　　　　　　　　　　　　　　　(b)

图 5.12　不同参数下的疲劳-蠕变特性曲线

对 5.1.1 节中不同加载顺序下 GH4133B 高温合金的疲劳-蠕变试验数据进行处理，按式（5.4）确定的双参数特性函数如下（拟合相关系数 R^2=0.99616）：

$$D_{\mathrm{f}} = 2 - \mathrm{e}^{0.7365 D_{\mathrm{c}}} + \frac{\mathrm{e}^{0.7365} - 2}{\mathrm{e}^{9.066} - 1}(\mathrm{e}^{9.066 D_{\mathrm{c}}} - 1) \qquad (5.5)$$

2. 传统参数关系法

传统参数关系法包括应变范围区分法、延性损耗法等。

应变范围区分法认为导致材料疲劳-蠕变失效的主要因素是材料的非弹性应变,即塑性应变和蠕变。利用非弹性应变的四个分量描述材料的疲劳-蠕变寿命,其中每个应变分量与寿命之间的关系可以用如下关系式表达:

$$N_{ij} = A_{ij}(\Delta \varepsilon_{ij})^{\alpha_{ij}}, \quad i,j = \text{c或p} \tag{5.6}$$

式中,N_{ij} 是与应变范围分量 $\Delta \varepsilon_{ij}$ 相对应的材料寿命;A_{ij}、α_{ij} 为材料常数;下标 c、p 分别表示蠕变变形、塑性变形,第一个下标代表拉伸过程,第二个下标代表压缩过程。

考虑到各应变范围的交互作用,引入权系数 $F_{ij} = \Delta \varepsilon_{ij}/\Delta \varepsilon_{in}$,这样疲劳-蠕变寿命可由下式计算得到:

$$\frac{1}{N_f} = \sum \frac{F_{ij}}{N_{ij}} \tag{5.7}$$

应变范围区分法应用广泛,但对于疲劳-蠕变寿命较短,或者保载时间很长的情况不太适用;同时应变范围区分法没有考虑平均应力的影响。

延性损耗法[12]是在应变控制模式下,考虑应变速率和黏性流的影响而建立的,即

$$K\Delta \varepsilon_p^n \cdot (\Delta \varepsilon_t / \dot{\varepsilon})^m = A\Delta \varepsilon_p N_f \Delta \sigma_s \tag{5.8}$$

式中,K、A、m、n 为材料常数,$\Delta \varepsilon_p^n$ 为塑性应变范围,$\Delta \varepsilon_t$ 为总应变范围,$\Delta \sigma_s$ 为半寿命处饱和应力范围,$\dot{\varepsilon}$ 为应变速率。

延性损耗法的基本思想为,假定高温环境下的低周疲劳中,塑性应变占主要地位,高温低周疲劳和蠕变通过黏性流的方式发生交互作用,导致损伤逐渐增加。材料失效时满足动黏性等于韧性,其中动黏性为拉伸应力与循环时间的乘积,韧性为延性与循环强度的乘积。延性损耗法适用于应变控制下塑性应变占主要地位的疲劳-蠕变寿命预测。

3. 功-能关系法

功-能关系法是从能量损伤角度建立的,常用的有应变能区分法、机械功密度法、迟滞能量损伤法等。

应变能区分法[13,14]认为,决定疲劳-蠕变损伤的是非弹性应变能。参考应变范围区分法的特点,可建立各应变能分量与寿命的关系:

$$N_{ij} = C_{ij}(\Delta U_{ij})^{\beta_{ij}} = C_{ij}(\alpha_{ij}\sigma_{max}\Delta \varepsilon_{ij})^{\beta_{ij}}, \quad i,j = \text{c或p} \tag{5.9}$$

式中，N_{ij} 是与非弹性应变能分量 ΔU_{ij} 相对应的材料寿命；C_{ij} 和 β_{ij} 为材料常数，由试验确定；$\Delta\varepsilon_{ij}$ 为非弹性应变范围分量；α_{ij} 为形状系数。

应变能区分法对高强度、低延性材料的疲劳-蠕变寿命预测具有明显的优越性。但该方法试验量较大，需要不同类型的组合试验确定方程中的常数；当迟滞环不封闭或不稳定时，应用较困难。

机械功密度法[15]认为，通过负载在结构上所做的外功转化的应变能是势能的一种形式。弹性变形形式下的应变能大部分是可恢复的；如果发生塑性变形，应变能的一部分是不可逆的，会导致部件损伤。在一定程度上，结构消耗并造成损伤的应变能与外部对结构施加的机械功有关，即

$$N_{\mathrm{f}}\Delta W_{\mathrm{p}}^{\beta} = A \tag{5.10}$$

式中，N_{f} 为疲劳-蠕变循环数；ΔW_{p} 为机械功密度；A 是基于温度的材料系数。具体地，对于图 5.1 所示的疲劳-蠕变加载波形，材料的疲劳-蠕变寿命可以表示为

$$N_{\mathrm{f}}\dot{\varepsilon}^{\beta}\left[T_{\mathrm{ht}}\sigma_{\max} + (-1)^{k}(T_1 + T_2 + T_{\mathrm{hc}})\sigma_{\min} + \frac{T_1 + T_2}{2}\Delta\sigma\right]^{\beta} = A \tag{5.11}$$

式中，$k = \begin{cases} 2, & \sigma_{\min} > 0 \\ 1, & \sigma_{\min} \leq 0 \end{cases}$；$\beta$ 为材料系数；$\dot{\varepsilon}$ 为疲劳-蠕变稳定阶段的棘轮应变率。

机械功密度法对于带有不同保载时间的疲劳-蠕变寿命预测具有良好的预测精度。该方法所需参数较少，应用于涡轮盘的疲劳-蠕变寿命预测具有一定的优势。

迟滞能量损伤法[16]是基于拉伸迟滞能量的损伤方程，该方法考虑了平均应力的影响，其表达式为

$$\sigma_{\mathrm{T}}\Delta\varepsilon_{\mathrm{p}}N_{\mathrm{f}}^{\beta}\nu^{\beta(k-1)} = \mathrm{constant} \tag{5.12}$$

式中，σ_{T} 为拉伸应力峰值；$\Delta\varepsilon_{\mathrm{p}}$ 为稳定阶段循环非弹性应变范围，一般取自半寿命时的应力-应变曲线；ν 为加载频率，对于图 5.1 所示加载波形，$\nu = 1/(T_1 + T_2 + T_{\mathrm{ht}})$；$\beta$、$k$ 为与材料相关的常数，可通过试验获得。

以 5.1.1 节 GH4720Li 涡轮盘不同取样部位的疲劳-蠕变试验数据为例，采用迟滞能量损伤法拟合盘缘（Ⅰ区）的参数为 β=3.011、k=0.0661（图 5.13）；同时将辐板（Ⅱ区）和盘心（Ⅲ区）取样部位的试验数据也在图中标出（见图 5.13 中圆圈内数据点），可以看出迟滞能量损伤法不能直接用于描述不同晶粒尺寸的疲劳-蠕变寿命。为此，在式（5.12）的基础上考虑晶粒尺寸 d 的影响，修正后的疲劳-蠕变寿命模型为

$$\sigma_{\mathrm{T}}\Delta\varepsilon_{\mathrm{p}}N_{\mathrm{f}}^{\beta}\nu^{\beta(k-1)}d^{\gamma} = \mathrm{constant} \tag{5.13}$$

　　根据试验数据可得 β=3.0864，k=0.0632，γ=3.3707，拟合曲线见图 5.14，预测寿命与试验数据吻合得很好。

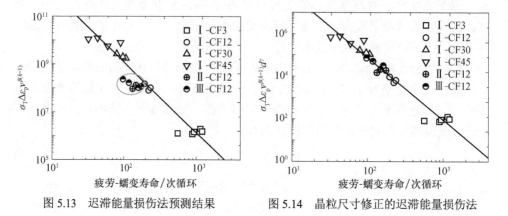

图 5.13　迟滞能量损伤法预测结果　　　　图 5.14　晶粒尺寸修正的迟滞能量损伤法

5.2　疲劳-蠕变裂纹形成阶段的可靠性分析

5.2.1　疲劳-蠕变寿命概率模型

　　疲劳-蠕变寿命概率模型的建立过程包括：分析影响结构失效概率和寿命分散性的随机因素及其分布特征；讨论载荷间的相互影响及疲劳损伤与蠕变损伤的交互作用，建立极限状态函数；应用解析或数值方法求解结构的失效概率/可靠度。

　　在疲劳-蠕变特性函数的基础上建立的概率模型是以临界损伤 D_{cr} 和总损伤 D 为参数的可靠性模型，可靠度表示为

$$R(t) = P_f(D_{cr} - D \geqslant 0) = P_f(D_{cr} - D_c - D_f \geqslant 0) \tag{5.14}$$

式中，$D_f=n/N_f$，$D_c=t/t_c$，n 为疲劳载荷循环数，N_f 为纯疲劳寿命，t 为蠕变载荷时间，t_c 为纯蠕变寿命。

　　以双参数特性函数反映疲劳损伤、蠕变损伤的交互作用，这时，疲劳-蠕变失效时的极限状态函数为

$$g(t_c, N_f, t, n, \theta_1, \theta_2) = D_{cr} - (D_c + D_f) = 2 - e^{\theta_1 D_c} + \frac{e^{\theta_1} - 2}{e^{-\theta_2} - 1}(e^{-\theta_2 D_c} - 1) - D_f \tag{5.15}$$

考虑载荷、材料等分散性，根据式（5.14）可得失效概率为

$$P_f = 1 - R(t) = P_f(g(t_c, N_f, t, n, \theta_1, \theta_2) < 0) \tag{5.16}$$

　　采用结构可靠性求解方法即可确定失效概率。

5.2.2　涡轮盘疲劳-蠕变寿命可靠性分析

　　本节选用某型发动机高压涡轮盘进行疲劳-蠕变裂纹形成阶段的寿命可靠性分析。有限元分析结果见图 5.15 和图 5.16,涡轮盘的等效应力/等效应变分布由盘心处向盘缘处逐渐减小;大应力/应变区发生在涡轮盘的中心孔附近以及榫槽和篦齿与盘体的连接处。由于涡轮盘中心孔附近的温度比较低(360℃左右),应作为低循环疲劳寿命预测的考核部位。而涡轮盘辐板靠近篦齿位置(图 5.15、图 5.16 中的 A 点,等效应力 645MPa,等效应变 0.00679)不仅应力/应变大,而且温度比较高(562.8℃),并与外场的故障位置一致,因此将其作为疲劳-蠕变耦合失效模式的寿命考核点。

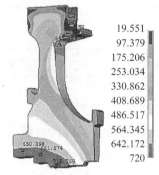

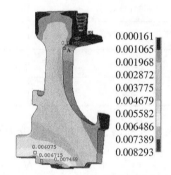

图 5.15　最大转速下的等效应力分布	图 5.16　最大转速下的等效应变分布
(单位:MPa)	(单位:mm/mm)

　　基于 5.1.2 节的双参数特性函数,建立的涡轮盘疲劳-蠕变临界损伤函数为

$$D_{cr} = 2 - e^{0.7365D_c} + \frac{e^{0.7365} - 2}{e^{9.066} - 1}(e^{9.066D_c} - 1) + D_c \qquad (5.17)$$

　　根据涡轮盘的有限元结果可得每个循环的疲劳损伤 $D_{fi} = 6.203 \times 10^{-5}$,蠕变损伤 $D_{ci} = 4.877 \times 10^{-4}$,这样由式(5.17)与式(5.2)确定涡轮盘在疲劳-蠕变耦合作用下的寿命 $N = 1833$ 次循环(等效 1375h)。

　　在涡轮盘疲劳-蠕变寿命可靠性分析中,考虑载荷(转速和温度)、材料等随机因素。通过对飞行参数载荷剖面参数矩阵的统计分析和假设检验,可以得到最大转速、保载时间、温差[17]以及材料参数的分散特征[11,18]。随机变量均为正态分布,分布参数见表 5.1。

表 5.1 随机变量的分布参数

随机变量	均值	标准差
转速 $\omega/(\text{rad/s})$	1196	23.92
保载时间 t/s	2460	49.2
温差 $\Delta T/℃$	290	5.8
密度 $\rho/(\text{g/cm}^3)$	8.21	0.0821
强度系数 $\sigma'_{\text{f}}/\text{MPa}$	1419	28.38
强度指数 b	−0.10	0.002
延性系数 ε'_{f}	0.505	0.0101
延性指数 c	−0.84	0.0168
参数 θ_1	0.7365	0.01473
参数 θ_2	−9.066	0.1813

考虑疲劳损伤、蠕变损伤的交互作用，涡轮盘的疲劳-蠕变寿命满足

$$N = \frac{D_{\text{cr}}}{D_{\text{f}} + D_{\text{c}}} \tag{5.18}$$

式中，D_{f}、D_{c}、D_{cr} 分别为疲劳损伤、蠕变损伤和临界损伤。这样涡轮盘结构的极限状态函数表示为

$$g(Y) = N - N_0 = \frac{D_{\text{cr}}}{\sum \dfrac{n_j}{N_{\text{f}j}} + \sum \dfrac{t_i}{t_{\text{c}i}}} - N_0 = f(\rho, \sigma'_{\text{f}}, \varepsilon'_{\text{f}}, b, c, \omega, t, \Delta T, \theta_1, \theta_2, N_0) \tag{5.19}$$

式中，Y 是随机变量的向量，N_0 为指定的涡轮盘寿命。

涡轮盘结构失效时满足 $g(Y) < 0$，这样涡轮盘在疲劳-蠕变交互作用下的失效概率为

$$P_{\text{f}} = P_{\text{f}}(f(\rho, \sigma'_{\text{f}}, \varepsilon'_{\text{f}}, b, c, \omega, t, \Delta T, \theta_1, \theta_2, N_0) < 0) \tag{5.20}$$

采用响应面与蒙特卡罗法相结合的方法求解方程（5.20），得到涡轮盘疲劳-蠕变寿命的相对频率直方图和累积分布曲线分别如图 5.17 和图 5.18 所示，其中均值为 1840 次循环，标准差为 349.23 次循环。统计分析得到可靠度为 99.87%的涡轮盘概率寿命为 943 次循环。

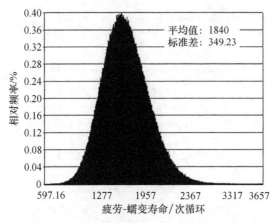

图 5.17　疲劳-蠕变寿命相对频率直方图

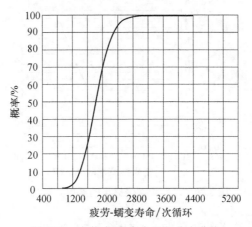

图 5.18　疲劳-蠕变寿命累积分布曲线

　　将上述累积分布图分别转换为正态坐标、对数正态坐标下的累积分布曲线（图
5.19 和图 5.20）。可以看出，考虑载荷分散性的疲劳-蠕变寿命既不服从正态分布，
也不服从对数正态分布。可靠性分析中假设疲劳-蠕变寿命服从对数正态分布会引
起较大的误差。这与只考虑材料分散性的分析结果是不同的。

　　为了研究随机输入变量对结构响应量的影响程度，开展了涡轮盘结构的灵敏
度分析，灵敏度指标定义为

$$\alpha_i = \frac{\sigma_{X_i} \cdot \dfrac{\partial g}{\partial X_i}}{\sqrt{\displaystyle\sum_{i=1}^{n} \left(\sigma_{X_i} \cdot \dfrac{\partial g}{\partial X_i} \right)^2}} \qquad (5.21)$$

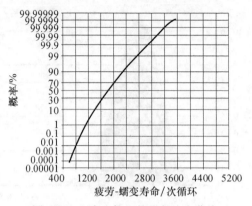

图 5.19　正态坐标下的累积分布曲线

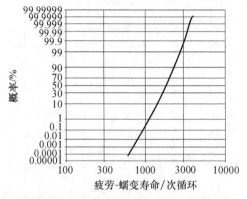

图 5.20　对数正态坐标下的累积分布曲线

式中，σ_{X_i} 为随机变量 X_i 的标准差，g 为极限状态函数。

灵敏度分析结果如图 5.21 所示。可以发现，转速 ω 对涡轮盘裂纹形成寿命有决定性的影响，其次为轮缘与轮心的温差。而延性系数 ε'_f，特性函数中的参数 θ_1、θ_2 对其影响不敏感，可忽略。其中转速、温差、密度、保载时间的灵敏度分析结果为正；强度系数、强度指数、延性指数的灵敏度分析结果为负。灵敏度分析结果为正表明该随机输入变量的增加将导致随机输出参数的值增加；反之，灵敏度分析结果为负表明该随机输入变量的增加将导致随机输出参数的值减小。这样，在可靠性分析中就可将影响寿命分散性不显著的变量处理成确定性参数，从而节省计算时间，提高求解效率。同时，集中研究载荷特别是转速的分散性对于提高结构可靠度的求解精度较其他因素更直接、显著。

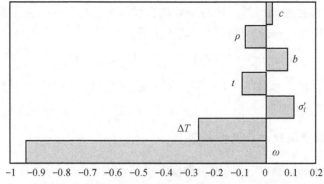

图 5.21 随机变量对疲劳-蠕变寿命的灵敏度分析结果

5.3 疲劳-蠕变裂纹扩展阶段的可靠性分析

5.3.1 疲劳-蠕变裂纹扩展概率模型

1. 疲劳-蠕变裂纹扩展的确定性模型

针对疲劳-蠕变裂纹扩展，应用较多的是线性叠加模型，其思想是将裂纹扩展速率分为时间相关部分和循环相关部分，相加得到疲劳-蠕变裂纹扩展速率。例如，Byrne 等[19]提出的疲劳-蠕变裂纹扩展模型为

$$\mathrm{d}a/\mathrm{d}N = C\Delta K^m + A\Delta K^S [Z/f(S+1) + t_{\mathrm{hol}}/(1-r)^S] \qquad (5.22)$$

式中，$Z = (1-r^{S-1})/(1-r)^{S+1}$，$r$ 为应力比，A、S、m 为材料常数，t_{hol} 为保载时间。式（5.22）由两部分组成，第一部分为疲劳循环对裂纹扩展的贡献，第二部分为蠕变的影响。

对于裂尖小范围蠕变的情况，应用较广的是 Saxena 等[20]提出的叠加模型

$$\frac{\mathrm{d}a}{\mathrm{d}N} = C(\Delta K)^m + B(\Delta K)^{2p} t_{\mathrm{hol}}^{1-p} \qquad (5.23)$$

式中，C、m、B 和 p 为材料参数，t_{hol} 为保载时间。

此外，三项形式的线性叠加模型[21]为

$$\frac{\mathrm{d}a}{\mathrm{d}N} = \left(\frac{\mathrm{d}a}{\mathrm{d}N}\right)_{\mathrm{fatigue}} + \left(\frac{\mathrm{d}a}{\mathrm{d}N}\right)_{\mathrm{creep}} + \left(\frac{\mathrm{d}a}{\mathrm{d}N}\right)_{\mathrm{interaction}} \qquad (5.24)$$

式（5.24）考虑了疲劳损伤、蠕变损伤的交互作用，但因公式参数较多、交互作用不易表征等，尚未得到广泛应用。

除上述三种叠加模型外，还有参数拟合类模型，如基于大量裂纹扩展试验数据提出的双曲正弦（sinh）模型[22]，其表达式为

$$\lg(da/dN) = C_1 \cdot \sinh(C_2 \cdot (\lg \Delta K + C_3)) + C_4 \tag{5.25}$$

对于多数材料，系数 $C_1=0.5$，C_2、C_3、C_4 是温度、应力比、加载频率和保载时间的函数。

2. 疲劳-蠕变裂纹扩展概率模型

上述疲劳-蠕变裂纹扩展的确定性模型可统一表示为

$$da / dt = L(a) \tag{5.26}$$

式中，$L(a)$ 确定性疲劳-蠕变裂纹扩展率函数，是裂纹长度 a 的函数。考虑材料、载荷等随机因素造成裂纹扩展率的分散性，对式（5.26）模型进行随机化处理，得

$$da / dt = X_{\mathrm{T}}^{\Delta t}(t)L(a) \tag{5.27}$$

$$\lg(da / dt) = \lg X_{\mathrm{T}}^{\Delta t}(t) + \lg L(a) \tag{5.28}$$

$$Z_{\mathrm{T}}^{\Delta t}(t) = \lg X_{\mathrm{T}}^{\Delta t}(t) \tag{5.29}$$

式中，$X_{\mathrm{T}}^{\Delta t}(t)$ 为疲劳-蠕变载荷交互作用下的随机过程，反映了温度/载荷的共同作用。参考文献[23]和[24]，假设 $X_{\mathrm{T}}^{\Delta t}(t)$ 是中位数为 1 的非负平稳对数正态随机过程，这时 $Z_{\mathrm{T}}^{\Delta t}(t)$ 为零均值平稳正态随机过程。其中 t 为广义时间，可指裂纹扩展循环数 N，也可指裂纹长度 a。本节中 t 指裂纹扩展循环数。

由方程（5.29）可确定随机过程 $Z_{\mathrm{T}}^{\Delta t}(t)$ 的均值 $\mu_Z=0$，标准差满足

$$\sigma_Z = \sqrt{\ln(1+V_X^2)} / \ln 10 \tag{5.30}$$

式中，$V_X = \sigma_X / \mu_X$ 为随机过程 $X_{\mathrm{T}}^{\Delta t}(t)$ 的变异系数，由方程（5.30）可得

$$V_X = \sqrt{e^{(\sigma_z \ln 10)^2} - 1} \tag{5.31}$$

$$\mu_X = \exp\left[\frac{(\sigma_Z \ln 10)^2}{2}\right] \tag{5.32}$$

$$\sigma_X = \exp\left[\frac{(\sigma_Z \ln 10)^2}{2}\right]\sqrt{e^{(\sigma_z \ln 10)^2} - 1} \tag{5.33}$$

$X_{\mathrm{T}}^{\Delta t}(t)$ 的自协方差函数为

$$\mathrm{cov}[X(t_1), X(t_2)] = \rho_X \sigma_X^2 \tag{5.34}$$

根据裂纹扩展的微观观测试验结果[25,26]，疲劳裂纹扩展过程中产生了一系列

间距随机分布的疲劳裂纹，但这些条纹的间距是相关的，其相关性随空间距离的增大而减小。这样，随机过程 $X_T^{\Delta t}(t)$ 的标准自协方差函数可表示为

$$\rho_X = \mathrm{e}^{-\varsigma|t_2-t_1|} \tag{5.35}$$

其中，ς^{-1} 是随机过程相关距离的度量。把式（5.35）代入式（5.34）得到随机过程 $X_T^{\Delta t}(t)$ 的自协方差为

$$\mathrm{cov}[X(t_1), X(t_2)] = \rho_X \sigma_X^2 = \mathrm{e}^{-\varsigma|t_2-t_1|}\sigma_X^2 \tag{5.36}$$

下面讨论三种情况。

1）当 $\varsigma \to 0$ 时

此时相关距离 $\varsigma^{-1} \to \infty$，即任意两个时刻的随机过程是完全相关的。这时的随机过程简化为对数正态随机变量

$$\mathrm{cov}[X(t_1), X(t_2)] = \sigma_X^2 \tag{5.37}$$

2）当 $\varsigma \to \infty$ 时

此时相关距离 $\varsigma^{-1} \to 0$，即任意两个时刻的随机过程是完全不相关的。这时的随机过程简化为对数正态白噪声过程

$$\mathrm{cov}[X(t_1), X(t_2)] = \sigma_X^2 \delta_X(\tau) \tag{5.38}$$

式中，$\delta_X(\tau)$ 是狄拉克函数，满足：

$$\delta_X(t_2 - t_1) = \begin{cases} 1, & t_2 = t_1 \\ 0, & t_2 \neq t_1 \end{cases} \tag{5.39}$$

3）当 $0 < \varsigma < \infty$ 时

此时相关距离 ς^{-1} 介于 ∞ 和 0 之间。这时的随机过程介于前两种情况之间，疲劳裂纹扩展的随机特性也处于两种极端情况之间。

接下来推导疲劳-蠕变裂纹扩展的概率模型。将确定性裂纹扩展速率方程（5.26）变形得到均值裂纹扩展寿命的表达式

$$\int_{a_0}^{a} \frac{\mathrm{d}a}{L(a)} = \bar{t}(a) \tag{5.40}$$

将方程（5.27）由初始裂纹 a_0 到任意时刻 t 的裂纹长度 a 积分，得

$$\int_{a_0}^{a} \frac{\mathrm{d}a}{L(a)} = \int_0^t X_T^{\Delta t}(\tau)\mathrm{d}\tau = W(t) \tag{5.41}$$

$$\frac{\mathrm{d}W(t)}{\mathrm{d}t} = X_T^{\Delta t}(t) \tag{5.42}$$

若 $F_{a(t)}(x)$ 和 $F_{W(t)}[y(x)]$ 分别表示 $a(t)$ 和 $W(t)$ 的分布函数，由式（5.41）可得

$$F_{a(t)}(x) = F_{W(t)}[y(x)] = F_{W(t)}[\bar{t}(x)] \tag{5.43}$$

式中，$y(x) = \int_{a_0}^{x} \dfrac{\mathrm{d}a}{L(a)} = \bar{t}(x)$。因此，根据 $W(t)$ 的分布函数就可推导出疲劳-蠕变裂纹扩展的概率模型。由随机过程 $X_{\mathrm{T}}^{\Delta t}(t)$ 的均值和方差可推导出 $W(t)$ 的均值和方差函数

$$\mu_W = E[W(t)] = E\left(\int_{a_0}^{a} \frac{\mathrm{d}a}{L(a)}\right) = \int_0^t E[X_{\mathrm{T}}^{\Delta t}(\tau)]\mathrm{d}(\tau) = \mu_X t \tag{5.44}$$

$$\sigma_W^2 = E[(W(t) - \mu_W)^2] = \int_0^t \int_0^t \mathrm{cov}[X(t_1), X(t_2)]\mathrm{d}t_1 \mathrm{d}t_2 \tag{5.45}$$

将式（5.36）代入式（5.45）得

$$\sigma_W^2 = E[(W(t) - \mu_W)^2] = \int_0^t \int_0^t \mathrm{e}^{-\varsigma|t_2 - t_1|}\sigma_X^2 \mathrm{d}t_1 \mathrm{d}t_2 = 2\frac{\sigma_X^2}{\varsigma^2}(\mathrm{e}^{-\varsigma t} + \varsigma t - 1) \tag{5.46}$$

$$\sigma_W = \frac{\sigma_X}{\varsigma}\sqrt{2(\mathrm{e}^{-\varsigma t} + \varsigma t - 1)} \tag{5.47}$$

这样，根据式（5.44）、式（5.47）和式（5.31）得到随机过程 $W(t)$ 的变异系数为

$$V_W = \frac{\sigma_W}{\mu_W} = \frac{V_X}{\varsigma t}\sqrt{2(\mathrm{e}^{-\varsigma t} + \varsigma t - 1)} = \frac{\sqrt{2(\mathrm{e}^{-\varsigma t} + \varsigma t - 1)}}{\varsigma t}\sqrt{\mathrm{e}^{(\sigma_z \ln 10)^2} - 1} \tag{5.48}$$

由式（5.43）可以看出，疲劳-蠕变裂纹扩展中裂纹尺寸 $a(t)$ 的分布函数可由 $W(t)$ 的分布函数推导出。虽然 $W(t)$ 的分布是未知的，但是由式（5.44）和式（5.45）可确定均值 μ_W 和标准差 σ_W。同时，由于疲劳-蠕变裂纹扩展的确定性模型中 $L(a)$ 是裂纹尺寸 a 的非负函数，所以 $W(t)$ 也是非负的随机过程。这样，可在正域内研究 $W(t)$ 服从几种分布函数，采用二阶矩近似法得到疲劳-蠕变裂纹扩展的概率模型。

3. 对数正态近似法

采用工程上常用的对数正态分布近似 $W(t)$ 的分布，则 $Y(t) = \lg W(t)$ 服从正态分布，其均值 μ_Y、标准差 σ_Y 满足

$$\mu_Y = (\ln t + \ln B)/\ln 10 \tag{5.49}$$

$$\sigma_Y = \sqrt{\ln[1 + A^2 \exp(\sigma_Z \ln 10)^2 - A^2]}\Big/\ln 10 \tag{5.50}$$

令 $A = \dfrac{\sqrt{2(\mathrm{e}^{-\varsigma t} + \varsigma t - 1)}}{\varsigma t}$ ，$B = \exp\left[\dfrac{(\sigma_Z \ln 10)^2}{2}\right] \dfrac{1}{\sqrt{1 + A^2 \exp(\sigma_Z \ln 10)^2 - A^2}}$ ，这样在任

一使用时间 t 时的裂纹尺寸 $a(t)$ 的分布函数为

$$F_{a(t)}(x) = F_{W(t)}[\overline{t}(x)] = \Phi\left(\dfrac{\lg \overline{t}(x) - \mu_Y}{\sigma_Y}\right) = \Phi\left(\dfrac{\ln\left(\dfrac{\overline{t}(x)}{B}\right) - \ln t}{\sigma_Y \ln 10}\right) \quad (5.51)$$

式中，$\Phi(\cdot)$ 为标准化正态分布函数。

用 $T(a_1)$ 表示达到任一给定裂纹尺寸 a_1 所需时间的随机变量，这样可求出 $T(a_1)$ 的分布函数

$$F_{T(a_1)}(t) = 1 - F_{a(t)}(a_1) = 1 - \Phi\left(\dfrac{\ln\left(\dfrac{\overline{t}(a_1)}{B}\right) - \ln t}{\sigma_Y \ln 10}\right) = \Phi\left(\dfrac{\ln t - \ln\left(\dfrac{\overline{t}(a_1)}{B}\right)}{\sigma_Y \ln 10}\right) \quad (5.52)$$

及裂纹超越概率

$$p(x_1, t) = P[a(t) > x_1] = 1 - F_{a(t)}(x_1) = \Phi\left(\dfrac{\ln t - \ln\left(\dfrac{\overline{t}(x_1)}{B}\right)}{\sigma_Y \ln 10}\right) \quad (5.53)$$

式中，$\overline{t}(a_1) = \displaystyle\int_{a_0}^{a_1} \dfrac{\mathrm{d}a}{L(a)}$ ，$\overline{t}(x_1) = \displaystyle\int_{a_0}^{x_1} \dfrac{\mathrm{d}a}{L(a)}$ 。

针对极端情况 $\varsigma \to 0$ ，此时 $X_T^{\Delta t}(t)$ 简化为对数正态随机变量。将 $\mathrm{e}^{-\varsigma t}$ 进行泰勒级数展开，并忽略高阶项得 $\mathrm{e}^{-\varsigma t} = 1 - \varsigma t + \dfrac{(\varsigma t)^2}{2} + o(\varsigma^3 t^3)$ ，将其代入式（5.49）、式（5.50）求得 $A = 1$ ，$B = 1$ ，$\sigma_Y \ln 10 = \sigma_Z \ln 10$ ，这样有

$$F_{a(t)}(x) = \Phi\left(\dfrac{\ln \overline{t}(x) - \ln t}{\sigma_Z \ln 10}\right) = \Phi\left(\dfrac{\lg(\overline{t}(x)/t)}{\sigma_Z}\right) \quad (5.54)$$

$$F_{T(a_1)}(t) = \Phi\left(\dfrac{\ln t - \ln \overline{t}(a_1)}{\sigma_Z \ln 10}\right) = \Phi\left(\dfrac{\lg(t/\overline{t}(a_1))}{\sigma_Z}\right) \quad (5.55)$$

$$p(x_1, t) = \Phi\left(\dfrac{\ln t - \ln \overline{t}(x_1)}{\sigma_Z \ln 10}\right) = \Phi\left(\dfrac{\lg(t/\overline{t}(x_1))}{\sigma_Z}\right) \quad (5.56)$$

针对极端情况 $\varsigma \to \infty$ ，$X_T^{\Delta t}(t)$ 简化为对数正态白噪声过程。此时，$\mathrm{e}^{-\varsigma} \to 0$ ，将其代入式（5.49）、式（5.50）求得 $A=0$ ，$B = \exp\left[\dfrac{(\sigma_Z \ln 10)^2}{2}\right]$ ，$\sigma_Y = 0$ ，这样有

$$F_{a(t)}(x) = 1 - U\left\{t - \overline{t}(x)\exp\left(-\frac{(\sigma_Z \ln 10)^2}{2}\right)\right\} \tag{5.57}$$

$$F_{T(a_1)}(t) = U\left\{t - \overline{t}(a_1)\exp\left[-\frac{(\sigma_Z \ln 10)^2}{2}\right]\right\} \tag{5.58}$$

式中，$U(\cdot)$表示单位阶跃函数。

文献[27]表明，对数正态白噪声模型对疲劳裂纹损伤累积只带来很少的统计分散性。因此，对数正态白噪声模型对工程应用来说偏于危险而且不真实。

4. 韦布尔近似法

假设 $W(t)$的分布函数用韦布尔分布近似：

$$F_{W(t)}(x) = 1 - \exp\left[-(x/\beta(t))^{\alpha(t)}\right] \tag{5.59}$$

式中，$\alpha(t)$和 $\beta(t)$分别是形状参数和尺度参数，是时间 t 的函数。它们与 $W(t)$的均值 μ_W 及变异系数 V_W 的关系满足

$$\mu_W = \beta(t)\Gamma\left(1 + \frac{1}{\alpha(t)}\right) \tag{5.60}$$

$$V_W = \left[\Gamma\left(1 + \frac{2}{\alpha(t)}\right) - \Gamma^2\left(1 + \frac{2}{\alpha(t)}\right)\right]^{1/2} \Bigg/ \Gamma\left(1 + \frac{1}{\alpha(t)}\right) \tag{5.61}$$

式中，$\Gamma(\cdot)$是伽马函数，形状参数 $\alpha(t)$、尺度参数 $\beta(t)$可分别由式（5.60）和式（5.61）确定。这样由方程（5.43）可得到任一使用时间裂纹尺寸 $a(t)$的分布函数

$$F_{a(t)}(x) = F_{W(t)}[\overline{t}(x)] = 1 - \exp\left[-(\overline{t}(x)/\beta(t))^{\alpha(t)}\right] \tag{5.62}$$

达到任一给定裂纹尺寸 a_1 所需时间 $T(a_1)$ 的分布函数

$$F_{T(a_1)}(t) = 1 - F_{a(t)}(a_1) = \exp\left[-(\overline{t}(a_1)/\beta(t))^{\alpha(t)}\right] \tag{5.63}$$

及裂纹超越概率

$$p(x_1, t) = P[a(t) > x_1] = 1 - F_{a(t)}(x_1) = \exp\left[-(\overline{t}(x_1)/\beta(t))^{\alpha(t)}\right] \tag{5.64}$$

5. GH4133B 高温合金的疲劳-蠕变裂纹扩展概率模型

从某型 GH4133B 高温合金涡轮盘取样的紧凑拉伸（CT）试验件，开展应力控制（应力比 $r = 0.1$）的疲劳-蠕变裂纹扩展试验，试件数量 $n=30$，试验结果见图 5.22。

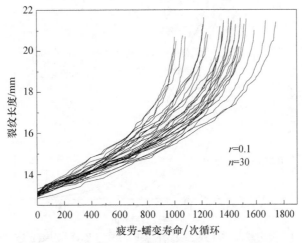

图 5.22　等幅谱 CT 试样疲劳-蠕变裂纹扩展曲线

　　根据试验数据，采用双曲正弦（sinh）模型描述的疲劳-蠕变裂纹扩展的确定性模型为

$$\lg(\mathrm{d}a/\mathrm{d}N) = 0.5\sinh[8.788(\lg \Delta K - 1.888)] - 2.486 \qquad (5.65)$$

　　接着，采用前述方法建立 GH4133B 高温合金疲劳-蠕变裂纹扩展概率模型，采用工程上常用的对数正态随机变量分布近似 $W(t)$ 的分布，由此确定裂纹长度及裂纹扩展寿命的分布，如图 5.23 和图 5.24 所示。同时，采用韦布尔分布近似 $W(t)$ 的分布，可得到裂纹长度及裂纹扩展寿命的分布，如图 5.25 和图 5.26 所示。可以看出，双参数韦布尔分布拟合效果好于对数正态分布。

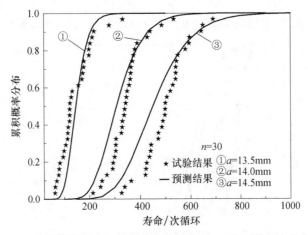

图 5.23　指定裂纹长度下扩展寿命的分布（$W(t)$ 为对数正态分布）

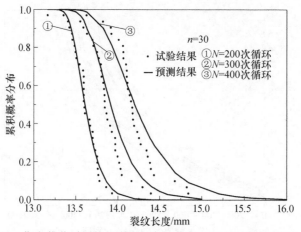

图 5.24　指定载荷循环数下裂纹长度的分布（$W(t)$为对数正态分布）

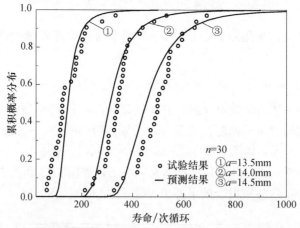

图 5.25　指定裂纹长度下扩展寿命的分布（$W(t)$为韦布尔分布）

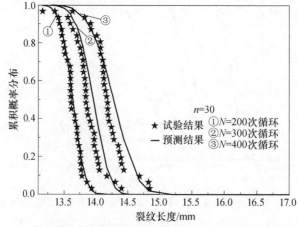

图 5.26　指定载荷循环数下裂纹长度的分布（$W(t)$为韦布尔分布）

5.3.2　涡轮盘疲劳-蠕变裂纹扩展寿命可靠性分析

1. 涡轮盘疲劳-蠕变裂纹扩展寿命预测

涡轮盘榫槽槽底的中间部位经常出现沿径向扩展的疲劳裂纹，造成翻修中大量报废和更换[28,29]，因此选取涡轮盘榫槽槽底裂纹进行研究。对涡轮盘施加位移约束、温度载荷[30]，同时将涡轮叶片产生的离心力等效地施加在榫齿接触面上，有限元模型及温度场分布见图 5.27。涡轮盘转速谱选取带保载时间的梯形波，最大转速下的涡轮盘等效应力如图 5.28 所示。由涡轮盘的弹性分析结果可以看出，应力屈服区出现在榫齿齿根和涡轮盘中心孔处。中心孔处施加全约束导致应力集中，根据圣维南原理，此处对轮盘榫槽部位影响很小，可忽略。这样，应力屈服区仅仅局限于齿根应力集中区，范围很小。

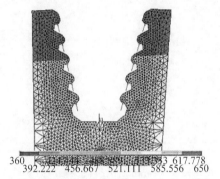

360　　424.444　488.889　553.333　617.778
　　392.222　456.667　521.111　585.556　650

图 5.27　涡轮盘有限元模型及温度场分布（单位：℃）

2.044　　308.182　　614.32　　920.459　　1227
　　155.113　　461.251　　767.389　　1047　　1380

图 5.28　最大转速下的等效应力（单位：MPa）

在工程上，经常根据无损检测能力来确定初始裂纹 a_0。针对轮盘，美国定义 0.75mm 长的表面裂纹为初始裂纹，俄罗斯定义 1mm 长，我国规定为 0.75mm 长[31]。考虑到外场使用的电位式裂纹探伤仪的探伤能及试验情况，选定初始裂纹尺寸 a_0=0.8mm。

裂纹长度为 5mm 时的计算结果见图 5.29 和图 5.30，此时裂纹尖端的塑性区增大。改变裂纹尺寸，得到裂纹尖端应力强度因子范围 ΔK 的变化曲线如图 5.31 所示。

0.851031 170.753 340.665 510.557 680.46
      85.802 255.704 425.606 595.509 765.411

图 5.29　裂纹长度为 5mm 时的等效应力（单位：MPa）

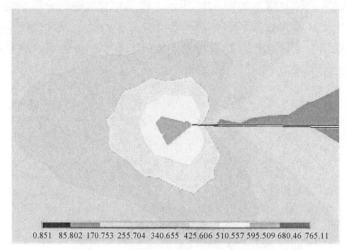

0.851 85.802 170.753 255.704 340.655 425.606 510.557 595.509 680.46 765.11

图 5.30　裂纹长度为 5mm 时的裂纹尖端应力（单位：MPa）

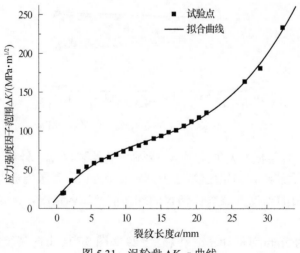

图 5.31　涡轮盘 ΔK-a 曲线

根据涡轮盘材料在 600℃时的断裂韧性 K_{IC}=73.102MPa·m$^{1/2}$，可得临界裂纹长度 a_{cr}=8.4mm。

根据涡轮盘的初始裂纹尺寸、临界裂纹尺寸以及试验确定的裂纹扩展模型就可以预测涡轮盘的疲劳-蠕变裂纹扩展寿命。已知从初始裂纹尺寸 a_0 到临界裂纹尺寸 a_{cr}=8.4mm 的裂纹扩展寿命为 10181 次循环，折合 7635h。裂纹长度随使用时间的变化规律见图 5.32。

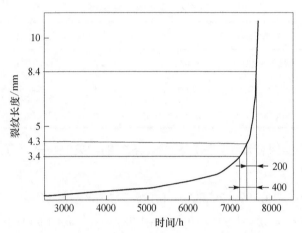

图 5.32　裂纹长度 a 随使用时间 t 的变化曲线

判废标准 a_0^* 是这样一个裂纹尺寸，从该尺寸扩展到临界裂纹尺寸 a_{cr} 尚有两个使用寿命[32]。设每个使用寿命为 200h，即尚有 400h 的使用寿命。根据图 5.32 可以确定 $a_0^* = 3.4$mm。如每个使用寿命为 100h，则判废标准可增加到 $a_0^* = 4.3$mm。

裂纹扩展速率是反映结构裂纹扩展特性的重要指标，涡轮盘裂纹扩展速率的随机分析可为裂纹扩展寿命的概率分析与设计提供支持。

2. 应力强度因子范围的试验设计

本节选用二次正交回归组合的设计方法，建立应力强度因子范围与随机变量之间的函数关系，具体方法见文献[33]。其中试验因素取为 X_j（j=1,2,3），试验指标为 ΔK，则二次回归方程的一般形式为

$$\Delta K = \beta_0 + \sum_{i=1}^{3} \beta_i X_i + \sum_{i=1}^{3} \beta_{ii} X_i^2 + \sum_{i=1}^{2} \sum_{j=i+1}^{3} \beta_{ij} X_i X_j \qquad (5.66)$$

式中，输入变量 X_j（j=1,2,3）分别代表弹性模量 E、材料密度 ρ 和转速 ω，β_0、β_i、β_{ii} 为回归系数。

正交组合设计由三类试验点组成，即二水平试验、星号试验和零水平试验。根据 3σ 原则确定输入变量上、下限，各因素水平的编码满足

$$z_j = \frac{X_j - X_{j0}}{\delta_j}, \qquad j = 1, 2, 3 \tag{5.67}$$

式中，X_{j0} 为变量 X_j 的均值；δ_j 为各因素的变化间距，$\delta_j = \dfrac{X_{jr} - X_{j0}}{r}$，其中 r 为星号臂。这样，就得到表 5.2 所示的因素水平编码。

表 5.2　因素水平编码表

变量	下星号臂(−r)	下水平−1	零水平 0	上水平+1	上星号臂(+r)
E/z_1/GPa	148.33/−1.215	150.93/−1	163/0	175.07/+1	177.67/1.215
ρ/z_2/(g/cm³)	6.979/−1.215	7.196/−1	8.21/0	9.224/+1	9.442/1.215
ω/z_3/(rad/s)	1019.15/−1.215	1050.98/−1	1199/0	1347.02/+1	1378.85/1.215

采用回归正交组合设计方法，根据表 5.3 的结果拟合出应力强度因子范围的函数关系为

$$\begin{aligned}\Delta K = {} & 318.609 - 1.001E - 28.832\rho - 0.135n + 5.368 \times 10^{-3}E^2 + 0.679\rho^2 \\ & + 1.85 \times 10^{-5}n^2 + 1.694 \times 10^{-2}E\rho + 1.787 \times 10^{-4}En + 1.949 \times 10^{-2}\rho n\end{aligned} \tag{5.68}$$

表 5.3　二次回归正交组合设计表及试验结果

编号	试验设计											响应
	z_1	z_2	z_3	p/MPa	z_1z_2	z_1z_3	z_2z_3	z_1'	z_2'	z_3'		ΔK/(MPa·mm$^{1/2}$)
t_1	1	1	1	537.43	1	1	1	0.27	0.270	0.270		88.2510375
t_2	1	1	−1	327.16	1	−1	−1	0.27	0.270	0.270		51.0912886
t_3	1	−1	1	406.63	−1	1	−1	0.27	0.270	0.270		63.5956341
t_4	1	−1	−1	247.54	−1	−1	1	0.27	0.270	0.270		38.4911347
t_5	−1	1	1	537.43	−1	−1	1	0.27	0.270	0.270		84.7309091
t_6	−1	1	−1	327.16	−1	1	−1	0.27	0.270	0.270		49.2075109
t_7	−1	−1	1	406.63	1	−1	−1	0.27	0.270	0.270		61.2638434
t_8	−1	−1	−1	247.54	1	1	1	0.27	0.270	0.270		37.0778623
t_9	1.215	0	0	379	0	0	0	0.747	−0.730	−0.730		59.5031988
t_{10}	−1.215	0	0	379	0	0	0	0.747	−0.730	−0.730		56.8524364
t_{11}	0	1.215	0	435.85	0	0	0	−0.73	0.747	−0.730		66.6937703
t_{12}	0	−1.215	0	322.15	0	0	0	−0.73	0.747	−0.730		49.4121747
t_{13}	0	0	1.215	501.23	0	0	0	−0.73	−0.730	0.747		73.3354052
t_{14}	0	0	−1.215	273.83	0	0	0	−0.73	−0.730	0.747		41.905608
t_{15}	0	0	0	379	0	0	0	−0.73	−0.730	−0.730		58.2481821

注：表中的变量 p 表示施加在每个榫齿齿面上的等效面力，其随转速、密度的变化而变化（p 与 $\rho\omega^2$ 呈正比例关系）。

　　接着，考虑载荷和材料的随机性，具体为最大工作转速、弹性模量、密度和裂纹扩展模型（sinh 模型）参数[34,35]，各参数服从正态分布，特征参数见表 5.4。

表 5.4　疲劳-蠕变裂纹扩展可靠性分析的随机变量

随机变量	C_1	C_2	C_3	C_4	E/GPa	ρ/(g/cm³)	ω/(rad/s)
均值	0.5	8.788	−1.888	−2.486	163	8.21	1199
标准差	0.01	0.1758	0.0378	0.0497	4.89	0.0821	23.98

　　采用响应面法和蒙特卡罗法相结合进行裂纹扩展速率的可靠性分析。裂纹扩展速率的相对频率直方图和累积分布函数见图 5.33 和图 5.34。

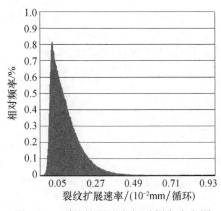

图 5.33　裂纹扩展速率相对频率直方图

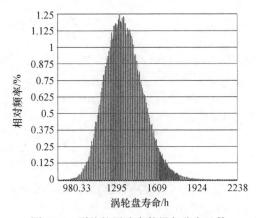

图 5.34　裂纹扩展速率的累积分布函数

　　为了得到影响涡轮盘裂纹扩展速率分散性的主要因素，对随机变量进行灵敏度分析，如图 5.35 所示。结果表明，工作转速是影响裂纹扩展速率分散性的最主

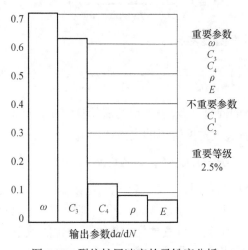

图 5.35　裂纹扩展速率的灵敏度分析

要因素，其次分别是裂纹扩展模型中的材料参数 C_3、C_4。而裂纹扩展速率对材料密度、弹性模量、材料参数 C_1、C_2 的变化不敏感，可忽略。

3. 涡轮盘疲劳-蠕变裂纹扩展寿命可靠性分析

根据涡轮盘裂纹扩展速率的随机分析结果可以发现，载荷和材料都是影响裂纹扩展寿命分散性的主要因素。因此，在材料疲劳-蠕变裂纹扩展概率模型的基础上考虑载荷的分散性（包括转速和温度），又开展了涡轮盘疲劳-蠕变裂纹扩展寿命的可靠性分析。随机因素的分布特征见表 5.1。

涡轮盘材料引起的裂纹扩展寿命分散性可用对数正态随机变量 $X_T^{\Delta t}$ 来描述，即

$$\frac{\mathrm{d}a}{\mathrm{d}t} = X_T^{\Delta t} f(\Delta K) \tag{5.69}$$

式中，$X_T^{\Delta t}$ 的均值、标准差通过正态随机变量 $Z_T^{\Delta t} = \ln X_T^{\Delta t}$ 的标准差来表示

$$\mu_X = \exp\left[\frac{(\sigma_Z \ln 10)^2}{2}\right] \tag{5.70}$$

$$\sigma_X = \exp\left[\frac{(\sigma_Z \ln 10)^2}{2}\right] \sqrt{\mathrm{e}^{(\sigma_Z \ln 10)^2} - 1} \tag{5.71}$$

根据 5.3.1 节的试验结果可以确定 $\sigma_Z = 0.11447$，这样可确定 $\mu_X = 1.03535$，$\sigma_X = 0.27770$。

在此基础上考虑工作载荷（转速、温度）、裂纹长度分散性的涡轮盘裂纹扩展寿命可表示为

$$N = \int_{a_0}^{a_{cr}} \frac{1}{X_T^{\Delta t} \cdot f(w, \Delta T, a)} \mathrm{d}a \tag{5.72}$$

相应地，极限状态函数表示为

$$g(Y) = N - N_0 = \int_{a_0}^{a_{cr}} \frac{1}{X_T^{\Delta t} \cdot f(\omega, \Delta T, a)} \mathrm{d}a - N_0 = F(X_T^{\Delta t}, \omega, \Delta T, N_0) \tag{5.73}$$

式中，Y 是随机变量的向量，N_0 为指定的涡轮盘裂纹扩展寿命。

涡轮盘疲劳-蠕变裂纹扩展阶段的失效概率为

$$P_f = P_f(F(X_T^{\Delta t}, \omega, \Delta T, N_0) < 0) \tag{5.74}$$

采用 CVT 试验法进行抽样（表 5.5），并采用准蒙特卡罗法随机模拟。该算法能够构造出精度更高、误差更小的神经网络近似模型，且性能十分稳定；抽样过程具有"记忆"特性，避免了重复抽样，提高了寻优的效率。得到的涡轮盘疲劳-蠕变裂纹扩展寿命的累积分布曲线见图 5.36。

表 5.5　随机抽取的样本数据及响应

编号	转速 ω/(rad/s)	温差 ΔT/℃	变量 X	裂纹扩展寿命 N/次循环
1	1.1034468929×10^3	2.8135870458×10^2	1.6791086898	6.0886402914×10^3
2	1.2831631545×10^3	3.0189430886×10^2	1.6640871789	6.0657960979×10^3
3	1.1941605084×10^3	2.8243943229×10^2	$6.4519168668\times10^{-1}$	1.5771849154×10^4
4	1.3175290461×10^3	2.8153565090×10^2	$5.2458218031\times10^{-1}$	1.9175390596×10^4
5	1.2895936279×10^3	2.9901342565×10^2	$5.3518648672\times10^{-1}$	1.8851611809×10^4
6	1.0730051599×10^3	2.8128319590×10^2	$5.4465542680\times10^{-1}$	1.8792717751×10^4
7	1.0994632095×10^3	2.9882382752×10^2	1.6366715455	6.2459118014×10^3
8	1.2853711935×10^3	2.7801066379×10^2	1.6564734850	6.0965100471×10^3
9	1.1059466514×10^3	2.9905875262×10^2	$5.5024488130\times10^{-1}$	1.8573138524×10^4
10	1.2725882428×10^3	2.9022864543×10^2	1.6467298803	6.1389215844×10^3
11	1.0703402642×10^3	2.7966695555×10^2	$5.0377363208\times10^{-1}$	1.8316087011×10^4
12	1.3171637902×10^3	2.7975843957×10^2	1.1740189586	1.1536699989×10^4
13	1.1076349379×10^3	3.0236510969×10^2	1.6833562284	7.8227204914×10^3
14	1.2238862408×10^3	2.9291844680×10^2	1.0922995464	1.1929598326×10^4
15	1.2875090934×10^3	3.0222401234×10^2	1.6468711334	6.1612576748×10^3

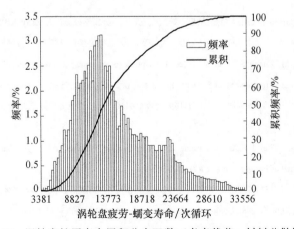

图 5.36　涡轮盘扩展寿命累积分布函数（考虑载荷、材料分散性）

为了便于对比，表 5.6 列出了模型下的涡轮盘疲劳-蠕变裂纹扩展寿命可靠性分析结果。其中模型 1 考虑了载荷和材料分散性；模型 2 只考虑了材料分散性。结果表明，在考虑载荷和材料分散性的情况下，指定可靠度的涡轮盘疲劳-蠕变裂纹扩展寿命大于只考虑材料分散性的数值。这说明载荷分散性对结构可靠度的影响较大；而且只考虑材料分散性设计的结构是偏危险的。因此，疲劳-蠕变作用下涡轮盘裂纹扩展寿命的可靠性设计需考虑载荷分散性。

表 5.6　涡轮盘疲劳-蠕变裂纹扩展寿命可靠性分析结果

参数	可靠度 50%	可靠度 99.0%	可靠度 99.87%	可靠度 99.9%
裂纹扩展寿命（模型 1）/次循环	14000.1	5639.4	4765.7	4654.6
裂纹扩展寿命（模型 2）/次循环	10181.0	5514.3	4603.3	4508.7

5.4　小　　结

本章针对涡轮盘的疲劳-蠕变耦合失效模式，介绍了交互作用机理、疲劳-蠕变寿命模型和可靠性分析方法；并以某型发动机涡轮盘为例，对其疲劳-蠕变裂纹形成阶段和扩展阶段进行了可靠性分析。

本章所述的疲劳-蠕变可靠性分析方法，还可在以下几方面开展深入研究：多轴下的疲劳-蠕变交互作用研究，复合应力状态下疲劳损伤、蠕变损伤的交互作用研究；考虑几何尺寸、制造公差等随机因素对涡轮盘疲劳-蠕变可靠性设计的影响；开展随机载荷谱下疲劳-蠕变试验以完善疲劳-蠕变概率模型。

参 考 文 献

[1] 王翔, 周浩, 等. GH30 和 GH34 合金的疲劳-蠕变交互作用. 金属学报, 1994, 30(5): A195-A199.

[2] 胡殿印, 高晔, 等. 晶粒尺寸对 GH720Li 镍基合金蠕变-疲劳寿命的影响. 稀有金属材料与工程, 2017（已录用）.

[3] Ye N Y, Cheng M, Zhang S H, et al. Effect of δ phase on mechanical properties of GH4169 alloy at room temperature. Journal of Iron and Steel Research International, 2015, 22(8): 752-756.

[4] 安金岚, 王磊, 刘杨, 等. 长期时效对 GH4169 合金组织演化及低周疲劳行为的影响. 金属学报, 2015, 51(7): 835-843.

[5] Chen L J, Yao G, Tiun J F, et al. Fatigue and creep-fatigue behavior of a nickel-base superalloy at 850℃. International Journal of Fatigue, 1998, 20(7): 543-548.

[6] 赵明, 徐林耀, 等. GH536 合金高温低周疲劳-蠕变交互作用性能研究. 机械科学与技术, 2003, 22(4): 639-640.

[7] Wang X, Ni Q H, Zhou H, et al. Cyclic creep behaviour of a nickel base alloy. Materials Science and Engineering A, 1990, 123(2): 207-211.

［8］　Hu D, Wang R. Experimental study on creep-fatigue interaction behavior of GH4133B superalloy. Materials Science and Engineering A, 2009, 515(1-2): 183-189.

［9］　Mao H Y, Mahadevan S. Reliability analysis of creep-fatigue failure. International Journal of Fatigue, 2000, 22: 789-797.

［10］　王从曾. 材料性能学. 北京: 北京工业大学出版社, 2001.

［11］　胡殿印, 王荣桥, 洪杰, 等. GH30 合金疲劳-蠕变概率模型的研究. 航空动力学报, 2008, 23(4): 742-746.

［12］　Goswami T. Low cycle fatigue life prediction—A new model. International Journal of Fatigue, 1997, 19(2): 109-115.

［13］　何晋瑞, 段作祥, 宁有连, 等. 应变能区分法及其对 GH33A 与 1Cr18Ni9Ti 的应用. 金属学报, 1985, 21(1): A54-A62.

［14］　何晋瑞. 金属高温疲劳. 北京: 科学出版社, 1988.

［15］　Ji D M, Shen M H H, Wang D X , et al. Creep-fatigue life prediction and reliability analysis of P91 steel based on applied mechanical work density. Journal of Materials Engineering and Performance, 2015, 24(1): 194.

［16］　Ostergren W J. A damage function and associated failure equations for predicting hold time and frequency effects in elevated temperature. Journal of Testing and Evaluation, 1976, 4(5): 327.

［17］　常宇博. 考虑真实载荷谱的涡轮盘强度分析. 北京: 北京航空航天大学学士学位论文, 2008.

［18］　孔瑞莲, 吴大观. 发动机可靠性工程. 北京: 航空工业出版社, 1995.

［19］　Byrne J, Hall R, et al. Elevated temperature fatigue crack growth under dwell conditions in waspaloy. International Journal of Fatigue, 1997, 19(5): 359-367.

［20］　Saxena A, Williams R S, Shih T T. Model for Representing and Predicting the Influence of Hold Time on Fatigue Crack Growth Behavior at Elevated Temperature. Provo: ASTM Special Technical Publication, 1981.

［21］　Ghonem H, Zheng D. Characterization of environment-dependent fatigue crack growth in Alloy 718 at 650℃. Superalloys, 1991, 718(625): 477-490.

［22］　Larsen J M, Nicholas T. Cumulative-damage modeling of fatigue crack growth in turbine engine materials. Engineering Fracture Mechanics, 1985, 22(4): 713-730.

［23］　Yang J N, Manning S D. Stochastic crack growth analysis methodologies for metallic structures. Engineering Fracture Mechanics, 1990, 37(5): 1105-1124.

［24］　Yang J N, Manning S D. A simple second order approximation for stochastic crack growth analysis. Engineering Fracture Mechanics, 1996, 53: 677-686.

［25］　金星, 钟群鹏, 等. 随机疲劳裂纹扩展新模型. 力学学报, 2000, 32(3): 300-306.

［26］　Itagaki H, Shinozuka M. Application of Monte-Carlo Technique to Fatigue-Failure Analysis under Random Loading. Provo: ASTM Special Technical Publication, 1972.

［27］　Provan J W. Probabilistic Fracture Mechanics and Reliability. Boston: Nijhoff Publishers, 1987.

［28］　吕文林. 航空涡喷、涡扇发动机结构设计准则（第二册）. 北京: 中国航空工业总公司发动机系统工程局研究报告, 1997.

［29］　宋兆泓, 陈光, 张景武, 等. 发动机典型故障分析. 北京: 北京航空航天大学出版社, 1993.

［30］　王全星, 于涓泓, 郑光华. 某型发动机第一级涡轮盘的应力场. 北京: 北京航空航天大学研究报告, 1990.

［31］　苏清友, 孔瑞莲, 陈筱雄, 等. 航空涡喷、涡扇发动机主要零部件定寿指南. 北京: 航空工业出版社, 2004.

［32］　洪其麟. 某型机第一级涡轮盘中心孔表面裂纹损伤容限分析. 北京: 北京航空航天大学研究报告, 1990.

［33］　Hu D, Wang R, Fan J, et al. Probabilistic damage tolerance analysis on turbine disk through experimental data. Engineering Fracture Mechanics, 2012, 87: 73-82.

［34］　Liao M, Yang Q X. A probabilistic model for fatigue crack growth. Engineering Fracture Mechanics, 1992, 43(4): 651-655.

［35］　孔瑞莲, 吴大观. 航空发动机可靠性工程. 北京: 航空工业出版社, 1995.

第6章　涡轮盘概率损伤容限分析

涡轮盘材料在制备及加工过程中，不可避免地会产生夹杂或表面损伤，在服役过程中，这些缺陷将导致涡轮盘失效，甚至造成重大飞行事故。为保证发动机在使用过程中的安全性和可靠性，必须对其进行损伤容限评估，确定涡轮盘在存在初始缺陷的情况下不发生断裂失效的能力。除初始缺陷外，涡轮盘在加工制备及使用过程中还存在一系列不确定因素，导致涡轮盘寿命呈现一定分散性。因此，有必要将这些随机因素体现在损伤容限的评估过程中，开展涡轮盘的概率损伤容限评估，以确定涡轮盘的失效风险。

本章首先介绍裂纹扩展的概率模型、缺陷等效理论和检出概率曲线，进而建立含初始缺陷涡轮盘的概率损伤容限评估方法，最后对发动机限寿件的适航条款及其符合性验证方法进行分析。

6.1　裂纹扩展模型

裂纹扩展问题的本质即材料在疲劳载荷作用下，裂纹尖端区域由于存在较高的应力集中，产生不可恢复的塑性变形。随着疲劳载荷的反复作用，塑性变形不断累积，当塑性应变能累积到一定程度时材料发生失效，上述过程在宏观上表现为疲劳裂纹扩展。航空发动机结构制造过程中难以保证结构所受载荷、温度完全一致，材料微观组织（晶粒尺寸、晶体取向、强化相及二次相等）不可避免地存在分散性，从而导致材料的裂纹扩展性能存在分散性。

为了在概率损伤容限评估中准确描述材料的裂纹扩展行为，首先需建立表征材料裂纹扩展性能分散性的裂纹扩展概率模型。本节介绍裂纹扩展的确定性模型及其概率模型的建立方法，并通过相关算例对建模过程进行阐述。

6.1.1　裂纹扩展确定性模型

裂纹扩展模型主要描述裂纹扩展速率 da/dN 与应力强度因子变化范围 $\Delta K = K_{max} - K_{min}$（$K_{max}$ 和 K_{min} 分别为循环载荷作用下应力强度因子的最大值和最小值）之间的函数关系。其基本形式可表示为

$$\frac{da}{dN} = f(\Delta K \,|\, T, R, \nu, K_{max}, K_c, \Delta K_{th}, \cdots) \tag{6.1}$$

式中，温度 T、应力比 R、加载频率 ν、断裂韧度 K_c、应力强度因子阈值 ΔK_{th} 为影响疲劳裂纹扩展速率的因素。对于裂纹扩展速率的基本形式，可以通过积分确定从初始裂纹长度 a_i 扩展到给定裂纹长度 a_f 的循环数 N_f：

$$\int_0^{N_f} \mathrm{d}N = \int_{a_i}^{a_f} \frac{\mathrm{d}a}{f(\Delta K|T, R, \nu, K_{max}, K_c, \Delta K_{th}, \cdots)} \tag{6.2}$$

目前已建立诸多裂纹扩展模型，主要包括 Paris-Erdogan 模型、NASGRO 模型、Walker 模型等。

1. Paris-Erdogan 模型

该模型又称 Paris 定律（Paris' law），由 Paris 等于 1961 年提出[1]，采用双参数指数形式将裂纹扩展速率 $\mathrm{d}a/\mathrm{d}N$ 在双对数坐标系中表示为应力强度因子幅值 ΔK 的线性函数，即

$$\frac{\mathrm{d}a}{\mathrm{d}N} = C(\Delta K)^n \tag{6.3}$$

式中，C、n 为材料常数。由于该模型形式简单，常作为工程上裂纹扩展计算模型。

2. NASGRO 模型

美国国家航空航天局约翰逊航空中心（NASA Johnson Space Center）于 20 世纪 80 年代开发了断裂分析软件 NASGRO（最初称为 NASA/FLAGRO），并在由 NASA、FAA 及美国空军（USAF）参与的国家跨时代飞行器计划（National Aging Aircraft Program）中作为裂纹扩展分析的软件工具。描述裂纹扩展行为的 NASGRO 模型表达式为

$$\frac{\mathrm{d}a}{\mathrm{d}N} = C\left(\frac{1-\nu}{1-R}\Delta K\right)^n \frac{\left(1 - \dfrac{\Delta K_{th}}{\Delta K}\right)^p}{\left(1 - \dfrac{K_{max}}{K_c}\right)^q} \tag{6.4}$$

式中，C、n、p、q 为材料常数，ν 为加载频率，R 为应力比，ΔK_{th} 为应力强度因子幅值阈值，K_c 为断裂韧度。

3. Walker 模型

Walker[2] 于 1970 年提出采用三参数指数形式将裂纹扩展速率 $\mathrm{d}a/\mathrm{d}N$ 在双对数坐标系中表示为应力强度因子幅值 ΔK 和应力比 R 的线性函数，即

$$\frac{\mathrm{d}a}{\mathrm{d}N} = C\left[\frac{\Delta K}{(1-R)^{1-m}}\right]^n \tag{6.5}$$

式中，C、n 和 m 为材料常数，R 为应力比。

不同于 Paris-Erdogan 模型、NASGRO 模型的整体试验数据拟合，在 Walker 模型的应用过程中，需要根据裂纹扩展的三个阶段逐步进行参数拟合。在裂纹扩展的第一阶段，通常认为被拟合参数 C、n 与应力比 R 无关，因此可采用不同应力比 R 条件下的试验数据确定模型中参数 C、n 的取值。在裂纹扩展的第二阶段，将第一阶段所得参数 C、n 的取值作为初值，进一步确定参数 C、n 和 m 的取值。在裂纹扩展的第三阶段，可采用 Newton-Rampson 方法求解最小二乘法中的非线性方程组，从而得到最终的参数 C、n 和 m 的取值。Walker 模型明确表征了循环应力比 R 对裂纹扩展速率的影响，因此对于包含不同应力比 R 的裂纹扩展试验数据更为有效。

6.1.2 裂纹扩展概率模型

材料、载荷和几何尺寸等的分散性都会引起疲劳裂纹扩展的分散性。载荷、环境等多种外在因素的影响及裂纹扩展微观机理本身的复杂性，决定了疲劳裂纹扩展实质上是一个复杂的不可逆随机过程。为此，国内外学者在大量理论和试验研究的基础上，发展了一系列疲劳裂纹扩展的概率模型。

1. 基于 (a, N) 数据的统计分布

裂纹扩展统计分析表明，在相同加载条件下，同一裂纹尺寸对应的裂纹扩展寿命的对数值服从正态分布[3]。这样，在裂纹尺寸 a_i 和给定存活率 p_k 下裂纹扩展寿命 N_i 的对数值满足

$$(x_{p_k})_i = \bar{x}_i + (u_{p_k})\hat{k}s_i \tag{6.6}$$

式中，$x_i = \lg N_i$，$\bar{x}_i$ 和 s_i 分别为子样的均值和标准差，u_{p_k} 为对应于存活率 p_k 的标准正态偏量，$\hat{k}$ 为标准差修正系数。具有存活率 p_k 的裂纹扩展速率可通过割线法或递增多项式方法得到。

2. 基于 $(\mathrm{d}a/\mathrm{d}N, \Delta K)$ 数据的统计分布

基于 (a, N) 数据得到的安全裂纹扩展速率 "$p\text{-}\mathrm{d}a/\mathrm{d}N\text{-}\Delta K$" 曲线难以处理来自不同试验获得的数据，因此发展了一种基于 $(\mathrm{d}a/\mathrm{d}N, \Delta K)$ 数据的统计处理方法。文献[4]通过对裂纹扩展数据的统计研究得出"同一应力强度因子幅值下，裂纹扩展速率的对数值也服从正态分布"的结论。这样，在同一应力强度因子幅值 ΔK_i

和给定的存活率 p_k 下有

$$(\overline{Y}_{p_k})_i = \overline{Y}_i + (u_{p_k})\hat{k}s_i \qquad (6.7)$$

式中，$Y_i = \lg(\mathrm{d}a/\mathrm{d}N)_i$，$\overline{Y}_i$ 和 s_i 分别为子样的均值和标准差，u_{p_k} 为对应于存活率 p_k 的标准正态偏量，$\hat{k}$ 为标准差修正系数。用最小二乘法拟合出不同存活率 p_k 下裂纹扩展率模型中的参数和指数，即可得到 p-$\mathrm{d}a/\mathrm{d}N$-ΔK 曲线。

3. 基于 Paris 公式的概率模型

在确定性断裂力学的基础上，将疲劳裂纹扩展模型中的材料参数看成随机变量，并研究其统计特性，推导出裂纹扩展寿命或裂纹尺寸的统计分布特征。其中最具代表性的是在经典 Paris 公式基础上发展起来的随机模型[5-8]，即把式（6.3）中的材料参数 C 和 n 均处理成相关的随机变量。利用常幅载荷下疲劳裂纹扩展数据，拟合出 C 或 n 的统计分布，并经假设检验后可得到裂纹扩展寿命 $N(a)$ 或裂纹尺寸 $a(N)$ 的分布特征。

需要指出的是，这类随机裂纹扩展模型认为，材料固有分散性造成裂纹扩展的随机性，并将此类随机性反映在材料参数的概率分布之中。基于对单个试验件的数据拟合，可获取一组材料参数，各参数之间可能存在一定关联，如 Paris-Erdogan 模型中可能出现"C 越大，n 越小"的情况。然而，在模型应用过程中，对于各类随机变量的抽样是独立进行的，从而并未体现其间的关联性。因此，在对材料参数的抽样后，需对比原始数据，以验证其有效性。

4. 累积损伤不可逆模型

该方法将疲劳裂纹扩展累积损伤定义为整个寿命期内时间、状态都离散的不可逆过程，认为裂纹扩展是一独立的、不可逆的、无后效性的、随机离散的马尔可夫链或马尔可夫过程[9,10]。其中最著名的是 B-Model[11]，该模型用任务循环将时间离散，并将损伤分割成状态 $i=1,2,\cdots,b$。这样，任一时刻的损伤状态完全由初始状态和每一个任务循环概率转移矩阵决定。

这类裂纹扩展随机模型建立在随机过程理论基础上，可反映一般裂纹扩展的随机过程。但未能充分利用确定性断裂力学的研究成果，物理意义不明确；同时，在随机谱裂纹扩展中，由载荷顺序引起的迟滞和加速作用具有强烈的后效性，因而马尔可夫过程具有局限性，只适用于载荷历程影响较小、可以忽略的情况。

5. DFM 随机化模型

在确定性断裂力学（DFM）的基础上，将裂纹扩展速率 $\mathrm{d}a/\mathrm{d}t$（或 $\mathrm{d}a/\mathrm{d}N$）表

达式中的参数随机化，统称为 DFM 随机化模型。

一般的裂纹扩展方程随机化可写为

$$\frac{\mathrm{d}a(t)}{\mathrm{d}t} = X(t)F(a,\sigma,C,T',\eta;t) \tag{6.8}$$

式中，a 为裂纹长度参数向量，σ 为应力水平参数向量，C 为材料参数向量，T' 为环境（温度、湿度等）参数向量，η 为其他因素如化学、内应力等参数向量，$X(t)$ 为随机过程，t 为广义时间。

研究表明，当 $X(t)$ 为对数正态随机变量时，理论结果与试验相吻合。这一模型已被美国空军"先进耐久性分析"计划推荐选用[12]。这类随机裂纹扩展模型建立在确定性断裂力学基础上，物理意义明确，能较好地反映裂纹扩展中的规律及随机特性。因此，在概率断裂力学上得到了广泛应用[13]。

6.1.3　镍基高温合金 GH4169 裂纹扩展概率模型

为了方便读者理解，本节采用形式最为简单的 Paris-Erdogan 模型作为确定性模型，用 DFM 随机化模型进行随机性表征。以航空发动机涡轮盘典型材料镍基高温合金 GH4169 为例，根据其在温度 T=550℃、应力比 R=0.1 条件下的裂纹扩展试验数据，建立基于 DFM 的裂纹扩展概率模型[14]。

（1）通过开展多子样高温低循环疲劳裂纹扩展试验，获得裂纹扩展过程中裂纹长度 a 与循环数 N 的试验数据，采用七点递增多项式处理（a, N）数据，分别得到原始数据（a, N）与处理结果（$\mathrm{d}a/\mathrm{d}N$, ΔK）如图 6.1 所示。

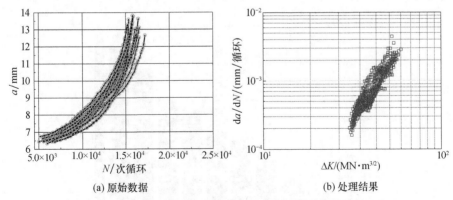

(a) 原始数据　　　　　　　　　　(b) 处理结果

图 6.1　GH4169 高温合金低循环疲劳裂纹扩展原始数据及处理结果

温度 T=550℃、应力比 R=0.1

（2）采用选定的确定性裂纹扩展模型（Paris-Erdogan 模型）对全部试验件所得（$\mathrm{d}a/\mathrm{d}N$, ΔK）数据进行拟合，作为该试验条件下确定性裂纹扩展的试验结果。

对于图 6.1 所示的试验数据，采用 Paris-Erdogan 公式的裂纹扩展模型为

$$\frac{\mathrm{d}a}{\mathrm{d}N} = 9.39 \times 10^{-10} (\Delta K)^{3.66} \tag{6.9}$$

（3）在裂纹扩展确定性模型的基础上引入寿命分散因子 X_L，以表征各个试验件相对于确定性裂纹扩展试验结果的偏离程度（即分散性），此处假定 X_L 在裂纹扩展过程中保持不变，从而得到

$$\frac{\mathrm{d}a}{\mathrm{d}N} = \frac{1}{X_L} 9.39 \times 10^{-10} (\Delta K)^{3.66} \tag{6.10}$$

根据每个试验件的（$\mathrm{d}a/\mathrm{d}N$, ΔK）数据对式（6.10）进行拟合，确定各个试验件的寿命分散因子，记为 $X_{L,i}$，i 为试验件编号，如表 6.1 所示。

表 6.1　各试验件寿命分散因子计算结果

i	1	2	3	4	5	6	7	8	9
$X_{L,i}$	1.21	1.00	1.11	1.07	0.91	0.91	1.00	1.15	1.12
i	10	11	12	13	14	15	16	17	18
$X_{L,i}$	1.24	0.89	1.11	1.18	0.82	0.74	0.82	0.85	0.99

（4）通过假设概率分布并经过 K-S 假设检验，最终确定寿命分散因子 X_L 的概率分布模型。此处假设 X_L 服从正态分布 $N(\mu, \sigma)$，通过累积概率分布函数确定正态分布参数 μ 和 σ。拟合结果如图 6.2 所示。累积概率分布函数拟合相关系数 0.92>0.9，满足精度要求。

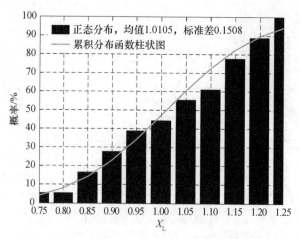

图 6.2　寿命分散因子 X_L 概率分布模型拟合结果

6.2　缺陷等效理论及检出概率模型

6.2.1　缺陷等效理论

缺陷的形状一般比较复杂，计算分析时一般将其等效为初始裂纹。缺陷通常被等效成两种类型的裂纹：圆形和椭圆形。圆形缺陷对基体材料的损伤及裂纹扩展性能是最保守的形状；对于椭圆形缺陷，硬缺陷在椭圆短轴方向受力较为安全，而软缺陷则相反，其在椭圆长轴方向受力对基体的损伤更小，缺陷与基体间的界面不产生开裂，基体材料的损伤及微裂纹源集中于切口区域，且有最小值。当缺陷从基体上沿界面逐渐脱落时，基体损伤及微裂纹源集中于缺陷周围区域，且在界面拉伸强度等于基体材料的屈服强度时，基体损伤最小。

以粉末高温合金 FGH95 为例，文献[15]表明，对于粉末高温合金 FGH95，硬缺陷是比较危险的，软缺陷是不危险的，而粉末高温合金中的主要缺陷是 Al_2O_3 和 SiO_2，其弹性模量均小于合金的弹性模量，即均为软缺陷，因此可将这类缺陷等效为初始裂纹来估算裂纹扩展寿命，这将大大简化含缺陷粉末高温合金涡轮盘的裂纹扩展寿命的计算。

文献[16]指出，依据同位置同尺寸的缺陷疲劳寿命相等的原则，可将内部缺陷、亚表面缺陷和表面缺陷分别等效为内部圆形裂纹、亚表面圆形裂纹和半圆形表面裂纹。对于内部缺陷和亚表面缺陷，等效的圆形裂纹半径与缺陷半径相同；对于表面缺陷，确定等效的裂纹半径需要引入如图 6.3 所示的角度 θ（$0 \leqslant \theta \leqslant \pi$），则半径为 a_i 的缺陷形成的缺陷面积 S 由下式给出：

$$S = a_i^2 \left[\theta - \frac{1}{2}\sin(2\theta) \right] \tag{6.11}$$

式中，$\theta = \arccos(-b_i / a_i)$。按照面积相等的原则，等效的半圆形裂纹半径 a_{eq} 为

$$a_{eq}^2 = \frac{2}{\pi} a_i^2 \left[\theta - \frac{1}{2}\sin(2\theta) \right] \tag{6.12}$$

在对含初始裂纹涡轮盘进行损伤容限设计时，可假定亚表面缺陷在扩展过程中裂纹始终保持圆形，当裂纹扩展到与自由表面相交后，等效为半圆形表面裂纹扩展直至断裂。在由亚表面裂纹转变为表面裂纹时的处理方法一般有两种：一种是等深度准则，即等效后的半圆形裂纹半径 R 与临界状态时的亚表面裂纹半径的 2 倍相等；另一种是等面积准则，等效前后的裂纹面积相等，由此可得 $R = \sqrt{2}r$。前一种准则偏于安全，但过分保守；相比之下，后一种准则更接近实际情况[17]。

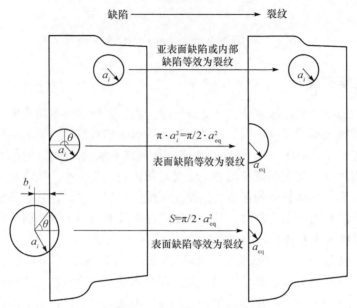

图 6.3　缺陷半径与裂纹半径的等效转化

6.2.2　缺陷位置对应力强度因子的影响

缺陷所处的应力状态、缺陷的位置、缺陷的尺寸等均影响应力强度因子。在缺陷等效理论的基础上，可研究由缺陷引起的裂纹扩展行为。对于相同尺寸的缺陷等效裂纹，所处的应力状态也相同时，表面裂纹与内部裂纹的扩展特性可能会有差别，有必要分别进行分析。如图 6.4 所示等厚空心圆盘，其材料为粉末高温合金 FGH95，在圆盘半径为 40mm 处分别存在表面半圆形裂纹和内部圆形裂纹时，通过有限元软件 MSC.MARC 中的 J 积分方法计算得到的应力强度因子如图 6.5 所示[18]。

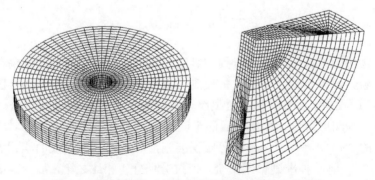

图 6.4　旋转等厚空心圆盘有限元模型及裂纹尖端网格

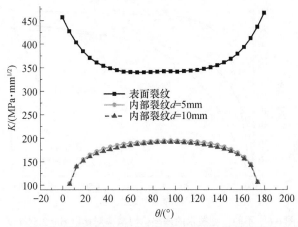

图 6.5　不同位置裂纹引起的裂纹尖端 K 值（d 为等效裂纹直径）

由图 6.5 可见，对于缺陷引起的表面裂纹，裂纹尖端应力强度因子 K 值约为 $350\mathrm{MPa \cdot mm}^{1/2}$，对于同尺寸缺陷引起的内部裂纹，其裂纹尖端应力强度因子值约为 $210\mathrm{MPa \cdot mm}^{1/2}$。因此，缺陷尺寸相同且位于表面时，由缺陷引起的裂纹尖端应力强度因子值更大，即表面缺陷更容易引起材料的疲劳失效，所以工程上对于涡轮盘的表面质量应给予足够的重视[19]。

6.2.3　缺陷检出概率模型

在发动机使用过程中，必须设定合理的检修周期以降低结构的失效风险。在返厂检修过程中，通常采用荧光、超声波、X 射线等无损检测技术对缺陷进行检测，对无损检测技术的量化评价，是概率损伤容限评估的关键技术之一。在工程上，一般采用缺陷检出概率（probability of detection，POD）表征无损检测方法的精度。通过试验及理论研究，形成完备的缺陷检出概率曲线数据库，对提高发动机结构概率损伤容限的评估精度具有重要的作用。

1. 缺陷检出概率的影响因素

1）检测技术

由于适用范围及检测精度的差异性，不同检测技术对于相同缺陷的缺陷检出概率是不同的。图 6.6 为超声波、X 射线、电涡流三种检测技术对材料内部缺陷的检测结果。可以看出，超声波检测和 X 射线检测总体上性能优于电涡流检测；对于小尺寸缺陷，X 射线检测效果优于超声波检测，电涡流检测效果最差；随着缺陷尺寸增大，超声波检测效果开始优于 X 射线检测；当 POD≥90%时，超声波可检测的缺陷尺寸最小，X 射线次之，电涡流可检测的缺陷尺寸最大。

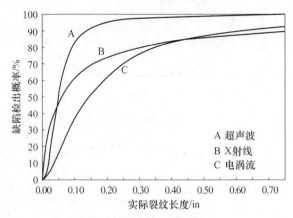

图 6.6 不同检测技术的缺陷检出概率对比（1in=2.54cm）

2）材料

由于材料组织特征及微观结构差异，其对于缺陷检出概率也将产生明显影响。例如，对于荧光检测，不同材料对于荧光液的渗透能力各不相同，因而影响检测效果；对于超声波检测，某些材料的微观组织同样影响超声波的反馈信号，当缺陷反馈信号与之相近时，将显著降低该检测技术的缺陷检出概率。图 6.7 为采用荧光检测对铝合金和钛合金平板试件表面缺陷进行检测的对比图。两种试件均采用同样的表面蚀刻预处理方法，可以看出，由于钛合金对渗透液的灵敏度更高，相同缺陷尺寸范围内对于钛合金的缺陷检出概率始终高于铝合金。

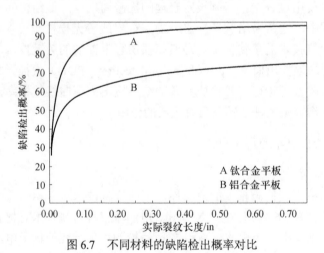

图 6.7 不同材料的缺陷检出概率对比

3）结构

不同检测技术的检测机制不同，对于检测对象的结构也有明确要求，如荧光检测对于试件表面平整度的要求、超声波检测对于试件纵厚比的要求等。图 6.8

为超声波检测对于不同深度内部缺陷的缺陷检出概率对比。材料预处理方式为表面蚀刻，由图可以看出：对于缺陷距离试件表面较远的情况，超声波检测的缺陷检出概率低于缺陷距离试件表面较近的情况，其原因在于超声波在进入材料内部后信号强度将逐渐衰减，因此对于距离试件表面较远的缺陷，其反馈信号衰减程度较大，从而影响检测精度。

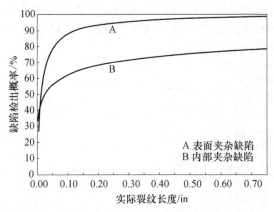

图 6.8　不同深度内部缺陷的缺陷检出概率对比

4）预处理方式

即使检测手段完全相同，预处理方式的不同也会对缺陷检测结果造成很大差异。目前主要应用的预处理方式主要有预加工、表面蚀刻、载荷校准以及各种组合的方法等。对于不同的检测手段，最优的预处理方式往往不同。图 6.9 是检测环境相同时，针对不同的预处理方式采用荧光检测获得的缺陷检出概率曲线。检查对象为进行相同条件下低循环疲劳试验后 4040 合金钢平板试验件的表面裂纹。由图可以看出，针对荧光检测手段采用表面蚀刻的预处理方式比预加工方法更有效，

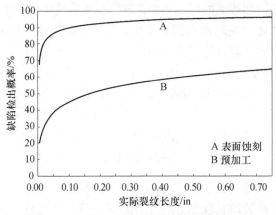

图 6.9　不同预处理方式的缺陷检出概率对比

所以相同缺陷尺寸范围内表面蚀刻后的缺陷检出概率更高。

5）检测人员

无损检测过程中，最为随机的因素就是人为因素。图 6.10 是两个操作员针对同种材料，在同样的检测环境下采用超声波检测方法获得的缺陷检出概率曲线。检查试样为铝合金平板试验件，预处理采用表面蚀刻。由图可以看出，两条缺陷检出概率曲线十分接近，操作员 A 的检测效果略优于操作员 B。事实上，对于超声波检测，由于试验中人工直接参与的环节较少，所以相对其他检测手段，其受人为因素的影响更小。

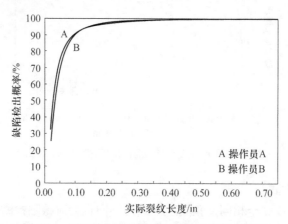

图 6.10　不同检测人员得到的缺陷检出概率曲线

2. 缺陷检出概率模型

目前，主要采取 Hit/Miss 方法处理缺陷检出数据，进而建立缺陷检出概率模型。该方法认为检出缺陷样本的 POD 值为 1，未检出缺陷样本的 POD 值为 0，在此基础上构成缺陷检测数据的样本点集，即样本缺陷尺寸与样本缺陷检出概率值，并采用合适的模型建立缺陷检出概率模型。目前，常采用对数机率分布模型和累积对数正态分布模型，其具体形式如下。

1）对数机率分布模型

Berens[20]通过对大量的无损检测数据分析，提出了基于对数机率分布的缺陷检出概率模型

$$P_i = \frac{\exp(\alpha + \beta \ln a_i)}{1 + \exp(\alpha + \beta \ln a_i)} \tag{6.13}$$

式中，P_i 为对于缺陷样本 i 的缺陷检出概率，a_i 为缺陷尺寸，α、β 为拟合参数。

将检测数据按照裂纹长度划分为 t 个区间。在每个区间，缺陷检出概率按照

被检出缺陷数量与缺陷总数量的比值进行计算，即在区间 i 内的缺陷检出比例为 P_i（$i=1,\cdots,t$）。为了计算拟合参数 α、β，将缺陷检出概率 P_i 与裂纹长度 a_i 转换至对数坐标系中，定义变量

$$X_i = \ln a_i, \quad Y_i = \ln\left(\frac{P_i}{1-P_i}\right) \tag{6.14}$$

因此，对数机率分布模型可表示为

$$Y = \alpha + \beta X \tag{6.15}$$

根据所得缺陷检出概率 P_i 与裂纹长度 a_i 数据，通常采用范围区间法（range interval method，RIM），也称为回归分析法，求解拟合参数 α、β。该方法假定缺陷检出概率在给定区间内变化小且服从二项分布。

2）对数正态分布模型

Petrin 等[21]提出了基于标准正态残存函数的对数正态模型

$$P_i = 1 - Q(z_i), \quad z_i = \frac{\ln a_i - \mu}{\sigma} \tag{6.16}$$

式中，$Q(z_i)$为标准正态分布存活方程，z_i 为标准正态分布变量，μ、σ 为缺陷检出概率曲线的位置及尺度参数。

3）两种缺陷检出概率模型的对比

工程上，通常采用缺陷检出概率为 50% 和 90% 时可检出的缺陷尺寸作为衡量检测技术的重要指标；采用缺陷检出概率为 90% 或 95% 时可检出的缺陷尺寸作为设计准则[20]。因此，在较高缺陷检出概率水平的模型精度就显得至关重要。

表 6.2 为采用两种缺陷检出概率模型的检测结果，可以看出，当 POD=50% 时，两种模型对应的缺陷尺寸基本一致；当 POD=90% 时，两种模型对应的缺陷尺寸存在明显偏差，如表 6.2 所示，对数正态模型在 90% POD 条件下对应缺陷尺寸均大于对数机率模型。

表 6.2　两种缺陷检出概率模型对于不同检测技术的评价结果对比

检测技术	50% POD 对应缺陷尺寸/in		90% POD 对应缺陷尺寸/in	
	对数机率模型	对数正态模型	对数机率模型	对数正态模型
ECI-A,P	0.39	0.38	0.75	0.79
ECI-M	0.39	0.39	0.74	0.77
UTI	1.13	1.13	1.54	1.67
LPI	2.25	2.29	3.45	3.94

注：ECI-A,P 代表自动电涡流检测；UTI 代表超声波检测；ECI-M 代表人工电涡流检测；LPI 代表表面荧光检测。

6.3　含缺陷粉末高温合金涡轮盘的概率损伤容限分析

对于含缺陷结构的疲劳寿命评估，从断裂力学的角度，可以认为材料中存在的一个初始裂纹尺寸为 a_0 的等效缺陷，由 Paris-Erdogan 公式计算含有初始缺陷的结构疲劳寿命，同时在寿命预测中考虑缺陷的分布及其概率特点。

$$N_0 = \int_{a_0}^{a_c} \frac{\mathrm{d}a}{C(\Delta K)^n} \tag{6.17}$$

式中，C、n 为材料常数，ΔK 为应力强度因子范围，a_c 为材料的临界裂纹尺寸。

式（6.17）中循环数 N_0 实际上就是含缺陷材料的剩余寿命，当存在的缺陷尺寸大于 a_0 时，材料将在 N_0 次循环之前失效，尺寸 a_0 即可定义为达到临界循环数 N_0 时的缺陷临界尺寸。确定尺寸大于 a_0 的缺陷在材料中存在的概率即建立概率寿命预测模型的出发点[22,23]。下面结合粉末高温合金缺陷的实际特点对模型进行修正，考虑亚表面缺陷和内部缺陷的影响。

（1）计算时缺陷形状、大小以及数量的选取应同材料中缺陷的真实情况一致。对粉末高温合金的相关研究进行调研后发现，缺陷以非金属陶瓷夹杂和疏松气孔较为常见，通常为片层状，片层法向与盘的轴向接近；缺陷尺度大都集中在 50～150μm，且在材料中出现的位置是随机的，但出现在表面或亚表面时对破坏的影响最为显著；缺陷数量越多，越容易产生裂纹萌生导致疲劳破坏。

鉴于缺陷的这些特点并考虑到计算的简便性，将任意形状的非金属缺陷片层按照面积大小等效为片状的圆形或半圆形（均为表面缺陷），同时以尺寸同数量的关系式给出缺陷的分布规律。此外，还应考虑片层法向与外载的方向问题，这里主要考虑外载方向与片层法向一致的情况，这是因为该状态较危险，且对粉末高温合金在疲劳试验后的断口分析多是基于断口平面上的缺陷面积，其法向与外载方向一致。

（2）在确定了采用圆形、半圆形的缺陷形式的基础上，给出亚表面位置的定义，并对缺陷在不同位置时引起不同的失效概率予以分析[24]。

建立概率损伤容限评估的步骤为：①根据材料实际情况统计缺陷信息，并给出缺陷尺寸同数量的函数关系；②计算表面、亚表面及内部等不同位置处缺陷的临界尺寸；③计算缺陷在不同位置出现的概率，进而得到由缺陷引起的失效概率。

6.3.1　粉末高温合金涡轮盘的缺陷分布形式

粉末高温合金的冶金工艺包括制粉、粉末筛分、静电分离去除非金属缺陷等过程，上述工艺过程的差异性将引起缺陷的分散性。钢铁研究总院、航空材料研究院等借助超声探伤对粉末合金缺陷进行研究，得到 1kg FGH95 粉末中缺陷的含量如表 6.3 所示[18]。

表6.3 缺陷物含量

尺寸/μm	50～100	100～150	150～200	总数
含量/个	20	14	7	41

可以看出，缺陷尺寸主要集中在 50～100μm、100～150μm 这两个范围内。进行粉末高温合金盘概率损伤容限分析时采用指数、韦布尔等函数描述缺陷的分布规律，并对比缺陷的分布函数对疲劳寿命可靠性的影响。

（1）假设缺陷服从指数分布，分布函数为

$$F(x) = 1 - e^{-\lambda x}, \quad x > 0 \tag{6.18}$$

其拟合得到的指数形式概率密度函数曲线如图 6.11 所示。

（2）假设缺陷服从三参数韦布尔分布，分布函数为

$$F(x) = 1 - \exp\left[-\left(\frac{x-v}{\beta}\right)^{\alpha}\right] \tag{6.19}$$

假设最小缺陷尺寸 v 分别为 0、5μm 和 10μm，拟合得到的韦布尔分布概率密度曲线如图 6.11 所示，对应的参数如表 6.4 所示。

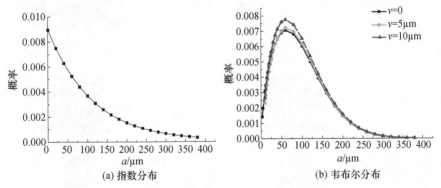

(a) 指数分布　　　　　　　　　(b) 韦布尔分布

图6.11 不同形式的缺陷分布概率密度曲线

表6.4 缺陷物尺寸分布和含量拟合结果

缺陷分布函数	分布函数的参数	每千克粉末中缺陷个数
指数分布	$\lambda = 0.00892$	87
韦布尔分布	$v = 0\mu m$, $\alpha = 1.6572$, $\beta = 109.171$	59
	$v = 5\mu m$, $\alpha = 1.6181$, $\beta = 105.824$	58
	$v = 10\mu m$, $\alpha = 1.5789$, $\beta = 102.824$	57

6.3.2　缺陷临界尺寸

由式（6.17）可以看出，确定缺陷临界尺寸其实就是已知 N_0，求积分下限 a_0。为此，首先需要计算涡轮盘的应力强度因子[18]。

1.　涡轮盘不同部位应力强度因子

某型粉末高温合金涡轮盘的有限元模型及温度场分布分别如图 6.12 和图 6.13 所示。根据涡轮盘的工作载荷，得到的涡轮盘应力分布如图 6.14 所示。

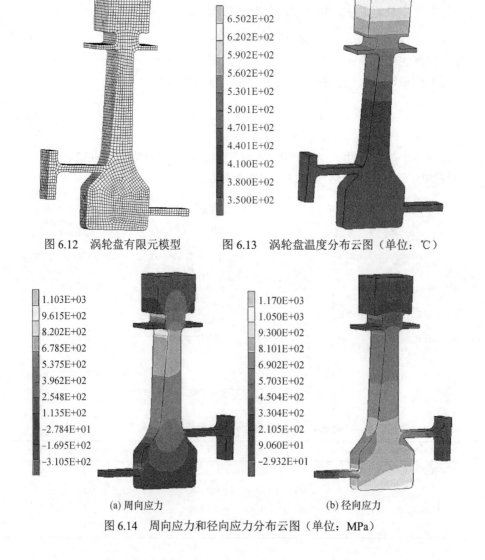

图 6.12　涡轮盘有限元模型　　　图 6.13　涡轮盘温度分布云图（单位：℃）

(a) 周向应力　　　　　　　　　(b) 径向应力

图 6.14　周向应力和径向应力分布云图（单位：MPa）

轮盘结构复杂，涉及角裂纹、孔边裂纹、表面浅裂纹、内部裂纹等多种裂纹形式，因此轮盘不同位置处的缺陷临界尺寸也不同，且与所在位置的应力强度因子密切相关。考虑粉末高温合金FGH95涡轮盘的中心孔和辐板圆角两个危险区域，分别为孔边角裂纹和表面裂纹。

（1）对于中心孔边角裂纹，假设初始缺陷等效的初始裂纹为 1/4 圆弧，在模拟中心孔边缺陷角裂纹扩展时，以垂直于周向应力的轮盘子午面作为裂纹扩展面，即把周向应力作为影响裂纹扩展的主要因素。通过有限元程序 MCS.MARC 采用三维 J 积分方法计算不同裂纹长度下应力强度因子。

当裂纹半径分别为 0.02mm、0.06mm、0.1mm、0.2mm、0.3mm、0.4mm、0.5mm、0.6mm、0.7mm、0.78mm（工程可检长度）时，计算得到的裂纹尖端应力强度因子结果如图 6.15 所示。

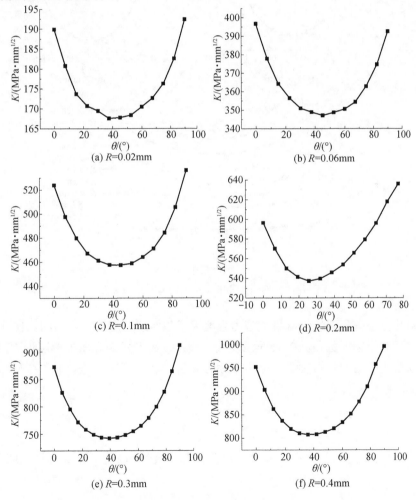

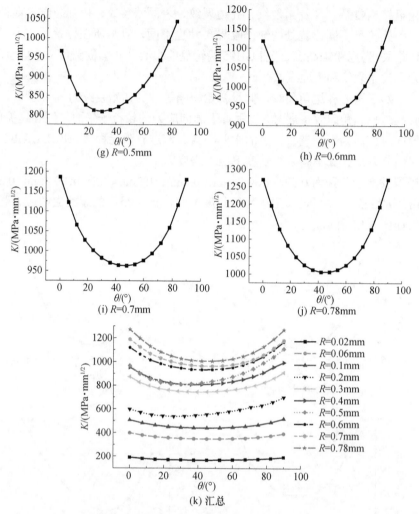

图 6.15　不同尺寸下裂纹尖端各节点的 K 值

　　由此拟合得到裂纹尖端最大应力强度因子与裂纹长度的关系如图 6.16 所示。

　　（2）对于辐板圆角处的表面浅裂纹，假定裂纹形式为表面半椭圆形裂纹，同时可以改变椭圆的长短轴之比来近似模拟各种形状的真实缺陷。裂纹尖端应力强度因子根据经验公式

$$K_I = F \cdot \frac{2}{\pi} \cdot \sigma \sqrt{\pi b_0} \qquad （6.20）$$

式中，F 为裂纹强度因子位置系数，b_0 为椭圆形裂纹的半短轴，σ 为周向应力。

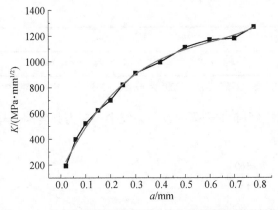

图 6.16　中心孔边应力强度因子最大值随裂纹尺寸变化

如图 6.17 所示，对于粉末高温合金涡轮盘，夹杂出现的区域大致可以分为以下几类：①涡轮盘中心孔端面及榫槽底部（区域 1）；②轮盘表面区域（区域 2）；③轮盘亚表面区域（区域 3）；④轮盘内部区域（区域 4）；⑤中心孔边（区域 5）。不同部位的位置系数 F 取值如表 6.5 所示。

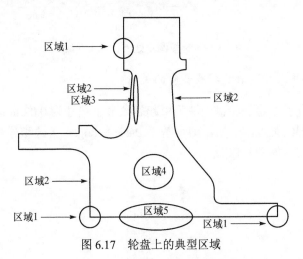

图 6.17　轮盘上的典型区域

表 6.5　轮盘不同位置处的应力强度因子

区域	描述	裂纹形式	F 值
1	中心孔端面及榫槽底部	1/4 椭圆角裂纹，均匀拉伸	1.73
2	轮盘表面区域	半椭圆表面浅裂纹，均匀拉伸	1.75
3	轮盘亚表面区域	近边椭圆裂纹，均匀拉伸	1.71
4	轮盘内部区域	椭圆裂纹，法向均匀拉伸	1.51

续表

区域	描述	裂纹形式	F 值
5	中心孔边	半椭圆表面浅裂纹，均匀拉伸	1.75

注：准确描述缺陷形状，选择合适的应力强度因子形式，依赖于无损检测数据及微裂纹扩展试验结果。

对于辐板处缺陷引起的表面裂纹，裂纹尖端应力强度因子与裂纹尺寸之间的关系如图 6.18 所示。

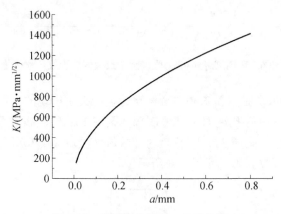

图 6.18　辐板圆角处 K-a 关系曲线

2. 缺陷临界尺寸与裂纹扩展寿命的关系

假设粉末高温合金涡轮盘中缺陷引起裂纹最小尺寸为 0.02mm，在获取了不同裂纹长度下的裂纹强度因子后，即可基于 Paris-Erdogan 公式积分得到不同裂纹长度下的扩展寿命，如图 6.19 所示。

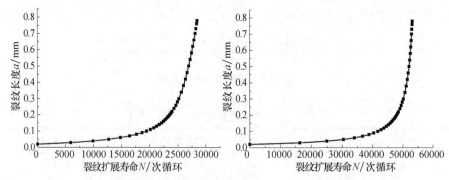

图 6.19　中心孔边和辐板圆角处 N-a 关系曲线

对上述裂纹扩展的计算结果进行分析处理，即可得到缺陷临界尺寸和寿命的关系，如图 6.20 所示。

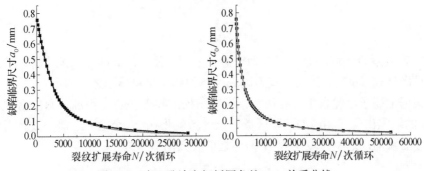

图 6.20　中心孔边和辐板圆角处 N-a_0 关系曲线

6.3.3　粉末高温合金涡轮盘概率寿命分析

含缺陷粉末高温合金涡轮盘的概率寿命分析过程如图 6.21 所示，其主要分为两部分：

（1）基于断裂力学的裂纹扩展确定性分析，即在给定载荷谱、温度场、裂纹的初始尺寸和位置、材料属性等初始条件的情况下，根据断裂力学的理论分析不同位置处裂纹的扩展特性，得到裂纹扩展寿命等；

（2）考虑粉末高温合金中缺陷尺寸、位置、分布等特性，采用概率模型将缺陷的特征引入确定性分析中，得到裂纹扩展的概率寿命。

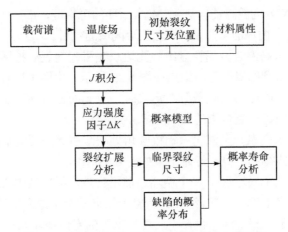

图 6.21　粉末高温合金涡轮盘概率寿命分析流程

对整个涡轮盘进行可靠度分析时，首先分析各危险区域的可靠度，根据涡轮盘中缺陷的分布形式，将缺陷按尺寸分为 i 类。对于第 i 类缺陷，缺陷尺寸为 a_i，缺陷数目为 n_i。危险区域的失效概率与缺陷出现在该危险区域的概率密切相关，任何一种缺陷出现在该区域的概率可以表示为

$$p_i = \frac{S_e}{S_t} \qquad (6.21)$$

式中，S_e 为危险区域的面积，S_t 为轮盘子午面的面积。此处为二维分析，三维分析时只需将式（6.21）改写为危险区域的体积和轮盘总体积之比即可。

根据上述求出轮盘中心孔边和辐板圆角处的临界缺陷尺寸 a_{0i}，只要有尺寸大于 a_{0i} 的缺陷出现在相应的危险区域，该区域就将在 N_0 个循环之前失效。考虑所有尺寸的缺陷，危险区域在 N_0 个循环之前失效的概率为

$$P_E(N < N_0) = 1 - \prod_{a_i > a_{0i}} (1 - p_i)^{n_i} \qquad (6.22)$$

该区域能达到 N_0 个循环的概率为

$$R_E(N \geqslant N_0) = 1 - P_E(N < N_0) = \prod_{a_i > a_{0i}} (1 - p_i)^{n_i} \qquad (6.23)$$

式（6.23）表示的概率意义为：要使危险区域能达到 N_0 个循环，应保证超过临界缺陷尺寸 a_{0i} 的缺陷都分布在其他区域。将各危险区域作为一个串联系统，要使整个轮盘能够达到 N_0 个循环，则各危险区域都不能在 N_0 个循环之前失效，轮盘的可靠度为

$$R_D(N \geqslant N_0) = \prod_{i=1}^{n} R_{Ei}, \quad N \geqslant N_0 \qquad (6.24)$$

式中，$R_D(N \geqslant N_0)$ 为轮盘能够达到 N_0 个循环的可靠度，$R_{Ei}(N \geqslant N_0)$ 为危险区域 i 能够达到 N_0 个循环的可靠度，n 为危险区域的数目。

（1）对于粉末高温合金涡轮盘中心孔边缺陷引起的裂纹扩展概率寿命，不同的缺陷分布形式得到的概率寿命结果如图 6.22 所示。由图可以看出，对于同一个裂纹扩展寿命，缺陷分布为指数分布形式时，得到的寿命的可靠性较小，这可能是因为指数分布中每千克粉末的缺陷更多。

（2）对于粉末高温合金涡轮盘辐板圆角处缺陷引起的裂纹扩展概率寿命，不同的缺陷分布形式得到的概率寿命结果如图 6.23 所示。

（3）要保证整个涡轮盘在 N 个循环之前不失效，需保证中心孔边和辐板圆角区域在 N 个循环之前都不失效，经计算后整个轮盘的概率寿命结果如图 6.24 所示。不同的缺陷分布下，整个涡轮盘在不同可靠度下的寿命如表 6.6 所示。

表 6.6　不同缺陷分布模型和不同可靠度下涡轮盘裂纹扩展寿命

分布形式 ＼ 可靠度	50%	99.5%	99.87%	99.9%
指数分布	8540	1565	982	891
韦布尔分布	13383	4430	3815	3712

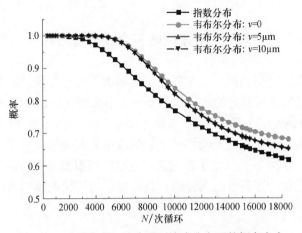

图 6.22 涡轮盘中心孔边不同缺陷分布下的概率寿命

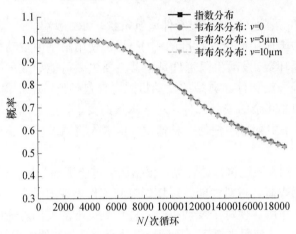

图 6.23 涡轮盘辐板圆角处不同缺陷分布下的概率寿命

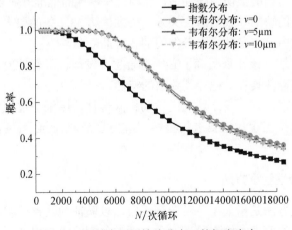

图 6.24 涡轮盘不同缺陷分布下的概率寿命

6.4　涡轮盘适航符合性验证方法

为使我国自主研制的民用航空发动机顺利进入国际市场，发动机在设计定型后必须通过适航条款所规定的各项验证要求。中国民航规章（China Civil Aviation Regulations，CCAR）33 部中的 70 条款（以下简称 CCAR-33.70 条款）针对发动机限寿件，明确指出在航空发动机的设计阶段申请人必须针对发动机进行损伤容限评估。CCAR-33.70 条款规定了在适航审定过程中需要考查的各种工况及相应指标，但未给出在设计过程中的具体流程及要求，为了保证发动机结构满足适航审定要求，必须开展适航符合性验证方法的相关研究工作。

6.4.1　CCAR-33.70 条款介绍

CCAR-33.70 条款（发动机限寿件适航条款）（R2 版新增）[25]具体内容如下：

必须通过中国民用航空局批准的程序，指定使用限制中发动机每个限寿件的最大允许飞行循环数。发动机限寿件是指其主要失效可能导致危害性发动机后果的转子和主要静子结构件。典型的发动机限寿件包括但不限于盘、隔圈、轮毂、轴、高压机匣和非冗余的安装部件。对于本条的要求，危害性发动机后果包括适航规章第 33.75 条中列举的任何一种情况。申请人将通过以下各项确定每个限寿件的完整性：

（1）工程计划。通过执行该计划，根据已经过验证的分析、试验或使用经验，充分了解或预测载荷、材料性能、环境影响和工作条件的组合，包括对这些参数有影响的零件的作用，使每个发动机限寿件达到批准的使用寿命时，在危害性发动机后果发生前，从使用中拆下。还应通过执行该计划，始终保持符合上述要求。申请人必须进行适当的损伤容限评估，以确定在零件的批准寿命期内，由于材料、制造和使用引起的缺陷导致的潜在失效。必须按第 33.4 条的要求在持续适航文件的适航限制条款中公布发动机限寿件明细和批准寿命。

（2）制造计划。该计划明确了必须符合生产发动机限寿件要求的具体制造过程，使发动机限寿件具有工程计划要求的特性。

（3）使用管理计划。该计划规定发动机限寿件使用维护过程和修理限制，使发动机限寿件保持工程计划要求的特性。这些过程和限制必须包含在持续适航文件中。

6.4.2　适航符合性验证方法

符合性验证方法是指采用各种验证手段，以验证的结果证明所验证的对象是否满足适航条例的要求，检查验证对象与适航条例的符合程度，它贯穿于民用航空发动机研制的全过程[26]。适航审定基础是符合性验证的基础，即适用于民用航空发动机型号设计的适航条款（包括豁免条款的考虑）以及为该型号设计增加的专用条件。在审查民用航空发动机型号过程中，为了获得所需的证据资料以向审查方表明产品对于适航条款的符合性，需要采取不同的方法进行说明和验证，这些方法统称符合性验证方法。

常用的符合性验证方法如表 6.7 所示。

表 6.7　常用符合性验证方法

代码	英文名称	名称
I	inspection	检查
ST	specimen test	抽样试验
RT	rig test	台架试验
CT	component test	部件试验
ET	engine test	整机试验
FT	flight test	飞行试验
D	document	文件说明
S	similarity	相似分析
A	analysis	分析
M	modeling	模型
SA	safety analysis	安全分析
R	review-engineering judgment	回顾-工程判断

为保证设计目标安全性的可重复实现，必须对符合性验证方法中所有环节制定详细的流程，实现设计过程的可控性，确保实际产品的可追溯性。实际上，具体设计活动的流程化过程，是其"适航六要素"的具体实现过程。"适航六要素"即在开展适航研究过程中的必备要素，包括输入、工具、数据库、判定准则、过程控制、输出六个方面，深入研究六要素的功能和要求，能够更好地理解适航条款技术内涵，完善研究过程，并为符合性验证方法研究提供思路。表 6.8 从功能和要求两个方面解析了六要素的内涵。在保障适航六要素要求之后，就能够实现设计活动的流程化。

表 6.8　适航六要素

要素	功能	要求
输入	执行功能分析时所需的上游设计数据	预期运行条件，考虑实际运行时的影响，并能够表明数据的合理性以及可追溯性
工具	执行功能分析时所采用的计算程序、试验设备及相应的方法	通过试验或者其他可接受的方法加以验证，表明工具的适用性

要素	功能	要求
数据库	执行功能分析时所需的不依赖上下游设计的基础数据	数据库充分、完备和适用
判定准则	判断分析有效性的指标	与评价指标相区别，后者适用于判断部件设计是否满足设计需求，而判定准则主要用于判断分析所得的结果是否正确
过程控制	对设计活动的流程要求	流程标准化，并具备可追溯性，保障设计的重复性和一致有效性
输出	执行功能分析所获得的结果	用于部件/系统设计的功能评价以及其他部件/系统的设计输入数据

6.4.3　符合性验证对象及要求

1. 工程计划

航空发动机寿命限制件的工程计划包括零部件批准寿命的建立、认证和维持等过程，其中批准寿命的建立包括估计寿命限制件预期运行寿命的一系列分析、计算和试验流程，本节主要确定对工程计划整体进行验证的要求。

1）验证对象

寿命限制件工程计划的验证对象包括：

（1）部件寿命估计所涉及的寿命限制件定寿的方法、分析程序、试验流程与数据，所确定的部件寿命以及包括有效的支持数据。

（2）寿命限制件批准寿命的认证所涉及的零部件寿命以及有效的支持数据、安全系数、认证流程以及最终确定的零部件批准寿命。

（3）寿命限制件批准寿命的维持所涉及的零部件批准寿命清单、实际使用情况与工程计划假设的符合性、实际使用情况记录与反馈方法、定期审查流程、限制生产规划和使用管理计划活动的假设。

2）验证要求

（1）零部件寿命估计相关的验证要求包括：

① 寿命限制件应依据咨询通告 AC 33.75 安全性分析结果加以确定；

② 建立零部件批准寿命时所采用的理论分析、数值计算和试验方法应经过以往型号认证或台架试验进行校准；

③ 零部件批准寿命建立过程中应制定具有可追溯性的文档体系。

（2）零部件批准寿命认证相关的验证要求包括：

① 以零部件寿命估计的结果及其可追溯性文档为依据；

② 需要对寿命管理的整个流程进行评估；

③ 建立合理的认证流程；

④ 确定包括所有寿命限制件并标注其批准寿命的清单。

（3）零部件批准寿命维持相关的验证要求包括：

① 以零部件寿命估计的结果及其可追溯性文档为依据；

② 建立合理的零部件批准寿命维持的相关流程；

③ 为各寿命限制件建立相关的限制性文档。

2. 制造计划

1）验证对象

寿命限制件制造计划的验证对象主要是零部件制造过程中所采用的方法，以及与工程计划中对制造计划所作出的假设的符合程度。

2）验证要求

（1）为寿命限制件所建立的制造计划应包括以下验证要求：

① 零部件材料，包括要求不同材料特性的区域划分；

② 规范的加工方法；

③ 加工的步骤；

④ 切削参数和容许的散度；

⑤ 检测方法和灵敏度；

⑥ 特殊的零部件加工或精加工方法；

⑦ 旨在改善疲劳性能或者最小化诱发缺陷的方法；

⑧ 变更加工方法对零部件寿命性能影响的合格工艺验证；

⑨ 材料微观结构要求；

⑩ 表面抛光；

⑪ 残余应力；

⑫ 确保零部件保持一致和重复生产的加工控制；

⑬ 零部件的可追溯记录；

⑭ 不合格零部件的复查，以确保其偏差不会对零部件寿命造成负面影响。

（2）制造计划应由具备如下技能的工程和制造人员进行复查和验证：

① 工程（设计和定寿）；

② 材料工程；

③ 无损检测；

④ 质量保证；

⑤ 制造工程（完善和生产）。

这些人员应评估并批准工艺验证、控制改变规则、不合格产品的处理以及改正措施，以确保制造的产品与工程计划中的设计假设保持一致。目的是保证：

① 在一定级别的监督下完善和应用制造工艺，以确保能持续达到工程计划所

要求的零部件寿命性能；

② 具体方案与前期保持一致，并作为工艺验证的一部分来执行；

③ 制造工艺和手段的更改是显著的，并且通过跨职能复查和批准施行；

④ 不合格产品在处理前要由具有混合技能型的相关人员进行复查；

⑤ 针对检测出来的不合格品执行纠正措施。

3. 使用管理计划

使用管理计划是工程中保持发动机限寿件在其使用期间的完整性的一部分。工程计划包括限寿件制造、使用和维护所用的所有假设，其中每个假设都对零部件寿命有影响，因此有必要确保假设的有效性。使用管理计划针对使用期间的修理、维护和大修进行约束，使得工程计划中的假设保持一致。

1）验证对象

寿命限制件使用管理计划的验证对象主要是零部件维修过程中所采用的方法，以及与工程计划中对零部件维修所作出的假设的符合程度。

2）验证要求

规定的零部件使用管理计划应考虑零部件属性，这些属性经工程确认对零部件寿命起重要作用，不应在零部件使用期间发生改变。使用管理计划应包括监视限寿件使用的方法，以确保使用假设持续有效。

（1）为寿命限制件所建立的使用管理计划应包括以下要素：

① 维护和大修限制；

② 修理工艺限制；

③ 营运人遵照局方规章条例要求，具有保存特定发动机和零部件可追溯使用记录的职责；

④ 检查间隔（如有要求）；

⑤ 检查程序（如有要求）；

⑥ 监测使用飞行剖面；

⑦ 损伤和可修理限制；

⑧ 针对使用和相关经验的定期技术审查。

（2）使用管理计划应由具备如下技能的工程和制造人员进行复查和验证：

① 工程（设计和定寿）；

② 材料工程；

③ 无损检测；

④ 质量保证；

⑤ 产品支持工程；

⑥ 修理研发工程。

　　使用管理计划的跨职能审查所需技能与评估制造计划所需的技能是一致的。审查与验证应包括工艺验证、控制变化、不合格产品的审查及纠正措施，以确保所有的修理、维护或大修工艺与工程计划要求相一致。以实现以下目的：

　　① 在一定级别的监督下完善修理、维护和大修的工艺和手段，并考虑其对零部件寿命的可能影响，承认验证程序在先，并作为工艺验证的一部分来执行；

　　② 制造工艺和手段的更改是透明的，并且通过跨职能的审查和批准施行；

　　③ 不合格产品在处理前要由具有合适的综合技能型的人员进行审查；

　　④ 针对检测出来的不合格品执行纠正措施。

　　（3）静子件使用管理。由于静子件寿命的确定方法可能会有所不同，尤其是在有压力载荷作用的情况下，所以发动机制造商应进行如下符合性验证：

　　① 定期检查间隔；

　　② 使用的检查方法；

　　③ 检查区域的详细描述；

　　④ 与检查结果相关的接收和拒收标准；

　　⑤ 可接受的修理方法（如适用）；

　　⑥ 其他有必要的、确保检查正确执行的说明；

　　⑦ 要求的维护和与维护相关的限制。

6.4.4　条款的符合性验证方法分析

　　在适航规章第 33.75 条中规定的危害性发动机后果为以下七种：

　　（1）非包容的高能碎片；

　　（2）客舱用发动机引气中有毒物质浓度足以使机组人员或乘客失去能力；

　　（3）与驾驶员命令的推力方向相反的较大的推力；

　　（4）不可控火情；

　　（5）发动机安装系统失效，导致非故意的发动机脱开；

　　（6）如果适用，发动机引起的螺旋桨脱开；

　　（7）完全失去发动机停车能力。

　　为预防发动机涡轮盘等限寿件产生故障导致上述七种情况发生，需提供对应的寿命管理流程。在该寿命管理流程的工程规划中，采用适航性审查的六个要素，对寿命分析进行符合性方法审查。针对 CCAR-33.70 条款，要满足其符合性方法的完备性，应对每个寿命限制件建立完整的工程规划、制造规划、维护规划，使设计、加工与维修过程形成完整的闭环系统，采用表 6.7 中所列出的符合性方法，保障部件设计的安全性，针对 CCAR-33.70 条款的符合性验证方法说明如表 6.9 所示。

表 6.9 CCAR-33.70 条款的符合性验证方法说明

主题	适用		方法	简述
	是	否		
工程规划: 寿命限制件的确定 部件寿命的确定 批准寿命的认证 批准寿命的维持	√		D	提交关于完整工程规划的报告
	√		A, M, D	提交关于发动机型号设计寿命限制件的分析报告
	√		I, ST, RT, CT, ET, A, M	对所有寿命限制件进行分析并确定其寿命
	√		D	提交认证报告
	√		I, D	定期提交关于确定批准寿命的运行条件持续适用性的报告
制造规划: 制造规划的制定 制造规划的审查 制造规划的认证	√		D	提交最终产品完整的加工规划
	√		I, ST, CT	根据工程规划所做的制造假设与当前加工条件,制定符合工程规划假设的制造规划
	√		R, ST	审查已制定的制造规划是否满足工程规划的假设
	√		D	提交经认证的制造规划的报告
维护规划: 维护规划的制定 维护规划的审查 维护规划的认证	√		D	提交制定并认证的产品完整的维修规划,并形成持续适航的适航限制的一部分
	√		I, ST, ET	根据工程规划所做的维修假设制定符合工程规划假设的制造规划
	√		R, ST	审查已制定的维护规划是否满足工程规划的假设
	√		D	提交经认证的维护规划的报告

发动机申请人必须通过工程经验(E)、分析(A)、整机试验(ET)、台架试验(RT)相结合的方法来表明发动机对 CCAR-33.70 条款的符合性。对于发动机失效风险评估可采用概率失效风险分析工具(A),通过与设计目标风险比较,验证涡轮盘等限寿件的失效风险是否满足要求。

表 6.9 中涉及的符合性验证方法说明如下。

1. A 分析

作为对于整机试验或者其他验证方法的替代,要求通过试验结果校核,可以应用在研制过程的各个阶段进行验证。包括性能参数、气动、传热、强度及寿命分析等。对于航空发动机中存在的某些特殊情况,可能会影响精度,需要对这种影响做出恰当的评估。

在使用 A 类符合性验证方法时,尤其需要注意保证方法适航六要素的分析与确定,即在输入可信度方面必须说明初始与边界条件假设依据及与实际的差异性。在分析过程中,对所采取的任何数据与模型,必须表明其来源及置信分析,保障数据库的完备性,如采用的零部件属性中的材料特性,应当在数据库中反映设计活动的后续规划如加工、装配、修理等过程对其的影响。能够依据不同的分析目的与实际分析水平形成相应的判定准则,并且能够利用其他方法进行验证,如对于采用不同方法进行低循环疲劳寿命分析时，应选取不同的安全裕度保障疲劳寿命的可靠性。通过输入置信度、工具验证置信度与数据库置信度分析给出最终输出数据的置信区间，并通过过程可控性的保证，与上下级流程形成闭环设计系统，例如，对于部件设计的输出，应对加工、维修等计划对部件设计特征提出明确的要求。

2. M 模型

作为对于整机试验或者其他验证方法的替代，要求通过试验结果校核，可以应用在研制过程的各个阶段进行验证。通常，计算具有较好的精度，但是，对于航空发动机中存在的某些特殊情况，可能会影响计算的精度。在这种情况下，需要对这种影响做出恰当的评估。

在使用 M 类符合性验证方法时，对于所采用的软件或工具的适用性基础与置信空间，应通过理论分析和试验验证相结合的方法进行校验。在整个计算活动中，应形成流程化和标准化的设计体系，在流程的重要步骤设置质量控制点，确保分析的可复现性及可追溯性，如对于应力分析技术，应包括轴对称情况鉴别、网格质量要求、网格无关解、误差分析等来保障应力分析的精确结果的获得。

3. ST 抽样试验

在不能对全部取证对象进行试验的情况下采用，所提供的数据表明一种统计规律，经过仔细的分析与计算即可采用该试验方法。通过随机抽取一定量的取证对象作为试验件，以实际部件所涉及的数据、假设作为试验边界条件，使用合理的计算和试验方法，并在保证试验中所需的材料属性等信息完备的条件下进行试验。试验中需采用合理的判断依据及流程化的试验过程以保证试验过程可控以及试验结果数据真实可信，从而对全部取证对象寿命的确定或寿命评估工具和方法的正确性做出验证。包括静力和疲劳试验等，试验可能在零部件、组合件上进行。

4. RT 台架试验

在利用部件试验不能验证符合性的情况下采用，试验所涉及的数据、假设及结果能够在台架试验的级别取得。台架试验以工程计算、数值仿真为参考，采用合理的试验方案、经校准的试验台，通过结合部件特性数据，研判工程计算、数值仿真及设计中所做假设的合理性。为了保证试验过程可控，试验需被流程化，并要做到现象可复现，在输出结果时应进行完备的误差分析。

5. ET 整机试验

在某些不能由其他低一级的试验验证符合性的情况下，应采用发动机整机试验的方法验证其符合性。整机试验以工程计算、数值仿真为参考，采用合理的试验方案、经校准的试验台，通过结合部件特性、子系统特性数据，研判工程计算、数值仿真及设计中所做假设的合理性。为了保证试验过程可控，试验需被流程化，并要做到现象可复现，在输出结果时应进行完备的误差分析。包括发动机整机性能、点火性能等试验。

6. CT 部件试验

经过分析与验证，表明试验涉及的数据、假设与结果能够在部件试验中获得。即采用实际部件所涉及的数据、假设作为试验边界条件，使用合理的试验和分析方法，并保证试验中所涉及的数据完备的条件下进行试验。试验中需采用合理的参考依据及流程化的试验过程，以保证试验过程可控以及试验结果的正确性，从而可以实现符合性验证或对设计工具与方法的正确性验证。包括涡轮特性等试验验证方法。

7. D 文件说明

根据已确定的流程、方法与数据，制定报告或说明性的文档，表明所描述的活动的符合性。文档的类型包括但不限于技术说明、设计图纸、安装图纸、计算方法、证明方案、发动机手册等。在采用此方法时，由于其输入为各个规划中大量的分析、计算与试验的结果与数据，为保证其输入可信度，应对其输入的数据来源进行详细的记录，表明来自于某几个具体的输入输出，具备输入的可追溯性。文档中应给出工具验证性的详细说明。注明所选取数据库的来源及其完备性的评价。给出所有判定准则的详细形式与判定依据。对规划中所采用的各个方法应在文档中实现流程化的描述，指出可追溯性的质量监控点，从而最终保障文档输出的可信度和完备性。

8. R 回顾-工程判断

采用工程判断的方法复审各个应提交的报告，通常在规划的审查阶段使用，作为符合性方法的一个重要组成部分。各个待认证的报告作为输入条件，其可信度由版本号与记录进行控制，要求采用该方法的人员必须具备经适航取证部门认证的知识结构与技能等级，保障其工程判断的正确性。

6.4.5　涡轮盘概率损伤容限评估的符合性验证

关于 CCAR-33.70 条款的符合性验证主要针对工程计划中的设计项目执行。限寿件的设计项目主要包括飞行剖面、性能分析、空气系统分析、热分析、应力分析以及概率损伤容限评估。以下将基于几何尺寸、载荷、材料、缺陷四类随机变量作为输入，简要介绍航空发动机涡轮盘概率损伤容限评估方法。评估过程主要分为五个模块：随机变量表征、代理模型分析、裂纹扩展分析、POD 获取、失效风险评估。具体分析流程如图 6.25 所示，下面针对各模块逐一进行介绍。

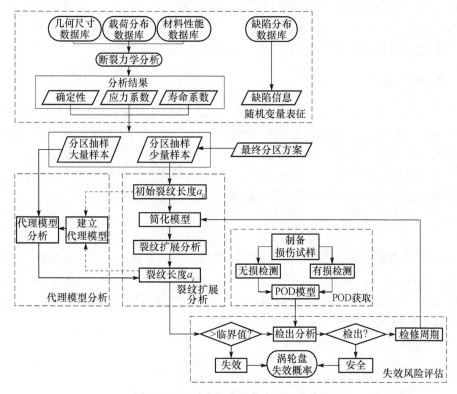

图 6.25　涡轮盘概率损伤容限评估流程

1. 随机变量表征

首先通过尺寸计量、载荷统计、材料试验、缺陷检测建立几何尺寸、载荷分布、材料性能、缺陷分布数据库，并以几何尺寸、载荷、材料三类变量作为输入，获得涡轮盘在考核工况下的确定性强度分析结果，并将随机性通过应力系数和寿命系数进行表征，与缺陷信息共同构成三类随机变量，以备抽样分析。

2. 代理模型分析

基于确定性分析结果及应力、寿命、缺陷三类随机变量，在假定初始裂纹长度 a_0（一般为 0.2mm）条件下，基于少量抽样开展裂纹扩展分析，以计算各个样本在每个检修间隔的裂纹长度 a_i，直至最终断裂。通过代理模型，建立随机变量与裂纹长度 a_i 的函数关系，以备失效风险评估。

3. 裂纹扩展分析

此分析过程主要是为了确定长度为 a_i 的裂纹在经过一个检修周期之后的裂纹长度 a_{i+1}。裂纹扩展分析过程中可以采用裂纹扩展模型、有限元、扩展有限元或无网格等数值模拟方法。由于此部分计算过程成本较高，在后续失效风险评估中将以基于代理模型的抽样方式进行代替，以降低计算成本。

4. POD 获取

为了准确评估缺陷检测技术的检测能力，需要开展必要的检测试验以建立POD 模型。POD 模型的建立主要针对涡轮盘在返厂检修过程中主要采用的无损检测技术，检出判断标准基于缺陷真实分布。因此，在建立 POD 模型的试验中，可以在无损检测之后采用有损检测对材料进行更高精度的检测分析，并将此结果作为缺陷的真实分布，从而据此计算各缺陷样本的 POD。

5. 失效风险评估

基于所构建的代理模型，通过满足可靠性分析数据量要求的大量抽样，获取各个抽样样本在每个检修间隔的裂纹长度 a_i，并依据图 6.25 中方法模拟涡轮盘的服役-返厂检修过程，以确定各抽样样本的安全/失效分析结果，并基于该结果确定涡轮盘失效概率。

6.5　小　　结

本章以涡轮盘概率损伤容限为主要内容，首先介绍了裂纹扩展的确定性模型及概率模型，然后基于缺陷等效理论，分析了缺陷位置对应力强度因子的影响，还对影响缺陷检出概率的典型因素进行了分析，并对比了不同缺陷检出概率模型的结果。在此基础上，对含缺陷的涡轮盘进行了概率损伤容限评估，得到了不同可靠度下的涡轮盘裂纹扩展寿命。最后，对 CCAR-33.70 条款进行了分析，建立了涡轮盘概率损伤容限符合性验证流程。

参 考 文 献

[1] Paris P C, Gomez M P, Anderson W E. A rational analytic theory of fatigue. The Trend in Engineering, 1961, 13: 9-14.

[2] Walker K. The Effect of Stress Ratio During Crack Propagation and Fatigue for 2024-T3 and 7075-T6 Aluminum. Provo: ASTM Special Technical Publication, 1970.

[3] 高镇同. 疲劳应用统计学. 北京: 国防工业出版社, 1984.

［4］　刘文珽, 郑旻仲, 费斌军. 概率断裂力学与概率损伤容限/耐久性. 北京: 北京航空航天大学出版社, 1999.

［5］　Alawi H. Designing reliability for fatigue crack growth under random loading. Engineering Fracture Mechanics, 1990, 37(1): 75-85.

［6］　Lost A. The effect of load ration on the m-$\ln C$ relationship. International Journal of Fatigue, 1991, 13(1): 25-33.

［7］　Sinclair G B, Pieri R V. On obtaining fatigue crack growth parameters from the literature. International Journal of Fatigue, 1990, 12(1): 57-62.

［8］　Varanasi S R, Whittaker I C. Structural Reliability Prediction Method Considering Crack and Residual Strength. Provo: ASTM Special Technical Publication, 1976.

［9］　邹小理, 樊蔚勋, 等. 疲劳裂纹扩展寿命的随机模型. 固体力学学报, 1997, 18(2): 167-172.

［10］　Sobczyk K, Spencer B F. Random Fatigue: From Data to Theory. Calgary: Academic Press Inc., 1992.

［11］　Bogdanoff J L, Kozin F. Probabilistic Models of Cumulative Damage. New York: John Wiley & Sons, 1985.

［12］　航空航天工业部《AFFD》系统工程办公室. 美国空军耐久性设计手册. 2 版. 北京: 航空工业出版社, 1991.

［13］　Hu D, Wang R, Fan J, et al. Probabilistic damage tolerance analysis on turbine disk through experimental data. Engineering Fracture Mechanics, 2012, 87: 73-82.

［14］　Hu D, Mao J, Song J, et al. Experimental investigation of grain size effect on fatigue crack growth rate in turbine disc superalloy GH4169 under different temperatures. Materials Science and Engineering: A, 2016, 669: 318-331.

［15］　赵勇铭. 夹杂物对粉末冶金涡轮盘应力强度因子及裂纹扩展寿命的影响研究. 南京: 南京航空航天大学硕士学位论文, 2004.

［16］　刘成立, 吕震宙, 徐有良, 等. 粉末冶金涡轮盘裂纹扩展可靠性分析方法. 稀有金属材料与工程, 2006, 35(2): 232-236.

［17］　秦银雷. 涡轮盘损伤容限分析方法研究. 北京: 北京航空航天大学硕士学位论文, 2010.

［18］　丁雪成. 含夹杂粉末合金的概率疲劳寿命. 北京: 北京航空航天大学硕士学位论文, 2013.

［19］　曹冠杰. 粉末冶金涡轮盘的概率寿命方法研究. 北京: 北京航空航天大学硕士学位论文, 2012.

［20］　Berens A P. Probability of detection (POD) analysis for the advanced retirement for cause (RFC)/engine structural integrity program (ENSIP) nondestructive evaluation (NDE) system—Volume 1: POD analysis. No. UDR-TR-2000-00007. Dayton: University of Dayton, 2000.

［21］　Petrin C, Annis C, Vukelich S I. A recommended methodology for quantifying NDE/NDI based on aircraft engine experience. AGARD Lecture Series 190, 1993: 1-86.

［22］　Busse D A, Lautridou J C. A probabilistic model for prediction of LCF surface crack initiation in PM alloys. Fatigue and Fraeture of Engineering Materials and Structures, 1993, 16: 861.

［23］　Busse D A. Prediction of the competition between surface and internal fatigue crack initiation in PM alloys. Fatigue and Fracture of Engineering Materials and Structures, 2007, 17(11): 1319-1325.

［24］　李其汉, 王延荣, 等. 航空发动机结构强度设计问题. 上海: 上海交通大学出版社, 2014.

［25］　中国民用航空局. 航空发动机适航规定. 北京: 中国民用航空局, 2011.

［26］　曹继军, 张越梅, 赵平安. 民用飞机适航符合性验证方法探讨. 民用飞机设计与研究, 2008, 4: 37-41.

第7章　基于可靠性的涡轮叶/盘多学科优化设计

涡轮叶/盘由涡轮叶片、榫接结构和涡轮盘等部件组成，其设计涉及气动、传热、结构强度等诸多学科，且学科之间相互耦合，是典型的多学科、多部件的复杂结构。同时，材料、载荷等随机因素导致涡轮叶/盘结构可靠性指标日益受到关注。因此，以气-热-结构的多学科耦合为基础，充分考虑各种随机因素的影响，多学科优化和可靠性设计相结合，建立基于可靠性的涡轮叶/盘结构多学科优化设计方法，为我国先进航空发动机热端关键件的设计提供技术支持。

本章首先以涡轮盘为对象，介绍复杂结构的可靠性优化方法，以解决可靠性优化双循环的计算灾难问题。然后，在涡轮盘可靠性优化基础上，介绍涡轮叶/盘结构的基于可靠性的多学科优化方法，利用学科自治和组件自治的特点以及并行计算优势，确定合适的多学科优化策略，实现基于可靠性的涡轮叶/盘复杂结构的一体化设计。

7.1　涡轮盘可靠性优化设计

与涡轮叶片相比，涡轮盘的气-热-结构耦合特性相对较弱，在不考虑复杂盘腔内的气体流动与换热时，涡轮盘的结构可靠性更加受到人们的关注。因此，以涡轮盘为对象研究复杂结构的可靠性优化方法，尽可能地减少随机变量的维数，降低可靠性优化的规模，提高结构可靠性分析的精度，使计算效率和精度被工程分析所接受，从而为后续的涡轮叶/盘结构可靠性优化设计奠定基础。

7.1.1　可靠性优化算法

1. 双循环单向量优化

基于可靠性的设计优化（RBO）是一个以概率形式表示的可靠性约束的优化问题，设 X 为设计变量，Z 为随机变量，则一个典型的可靠性优化问题可以描述为

$$\min f(X)$$
$$\text{s.t. } P(g_i(X,Z) \leqslant 0) \geqslant P_{\text{f}}^*, \quad i = 1, \cdots, n \tag{7.1}$$

式中，$f(X)$ 表示目标函数；$g_i(X,Z) = 0$ 为极限状态方程；$P(g_i(X,Z) \leqslant 0) \geqslant P_{\text{f}}^*$ 表示概率约束条件；P_{f}^* 为目标可靠度。该模型又可以写为可靠性指标的形式如下：

$$\min f(X)$$
$$\text{s.t. } \beta_{gi} \geqslant \beta_{di}, \quad i = 1, \cdots, n \tag{7.2}$$
$$\beta_{gi} = \Phi^{-1}(P(g_i(X, Z) \leqslant 0))$$
$$\beta_{di} = \Phi^{-1}(P_f^*)$$

式中，$\Phi^{-1}(\cdot)$ 为标准正态函数的反函数。

RBO 本身为双循环过程（DLP），外循环为优化、内循环为可靠性分析。这一过程通常被处理成一个搜索最可能失效点（MPP）的迭代数值分析过程。常用的方法为双循环单向量（DLSV）法，它使用一个嵌套的优化循环，首先确定每个极限面上的 MPP 位置，然后进行优化，相应的数学模型可表示为以下两种形式。

(a) 外循环：

$$\min f(X)$$
$$\text{s.t. } \beta_{gi} \geqslant \beta_{di}, \quad i = 1, \cdots, n$$

内循环：

$$\beta_{gi} = \min \|U\|$$
$$\text{s.t. } g_i(X(U)) \leqslant 0$$
$$U = (X - \mu_X) / \sigma$$

(b) 外循环：

$$\min f(X)$$
$$\text{s.t. } g_i^* \leqslant 0, \quad i = 1, \cdots, n$$

内循环： $\tag{7.3}$

$$g_i^* = \max g_i(X(U))$$
$$\text{s.t. } \|U\| = \beta_{di}$$
$$U = (X - \mu_X) / \sigma$$

其中，(a) 为可靠性指数方法（RIA）[1]，(b) 为性能测量方法（PMA）[1,2]。由于内循环包含等式约束，所以通常认为 PMA 比 RIA 的收敛性更好、更稳健。

2. 单循环单向量优化

单循环单变量优化（SLSV）[3]方法是把可靠性约束转化为确定性约束，进而把可靠性优化转化为一般性的确定性优化的一种策略，该方法利用了设计点与 MPP 之间的固有关系，其数学模型如下

$$\text{find } X$$
$$\min f(X) \tag{7.4}$$
$$\text{s.t. } g_i(X^{(k)} - \beta_{di}\sigma_X\alpha_i^{(k-1)}) \leqslant 0, \quad i = 1, \cdots, n$$

式中，$X^{(k)}$ 表示第 k 次循环的设计变量，β_{di} 表示第 i 个约束的目标可靠性指标，$\alpha_i^{(k-1)}$ 表示第 $k-1$ 次循环时得到的方向余弦，也可以用第 k 次的方向余弦 $\alpha_i^{(k)}$ 代替，则式（7.4）中的约束表示为 $g_i(X^{(k)} - \beta_{di}\sigma_X\alpha_i^{(k)}) \leqslant 0$ $(i = 1, \cdots, n)$。

可以看出，对任意的一个约束，该方法都不需要计算可靠性指标，这样就消除了双循环方法中的内循环，使该方法的收敛特性接近于确定性优化算法。但是由于在计算 $\alpha_i^{(k-1)}$ 时需要约束每个随机变量的导数，所以与确定性优化算法相比，

该方法计算量会稍有增加。

3. 一阶均值方法

一阶均值方法（MVM）[4]基于将功能函数在随机变量的均值点进行一阶 Taylor 展开，即

$$g_i(x) = g(x_0) + \sum_{j=1}^{n} \frac{\partial g_i}{\partial x_j} \left(x_j - x_{0j} \right) \tag{7.5}$$

则 g_i 在 x_0 处的均值和方差分别是

$$\mu_{g_i} = g(x_0)$$

$$\sigma_{g_i}^2 = \sum_{j=1}^{n} \left(\frac{\partial g_i}{\partial x_j} \right)^2 \sigma_{x_j}^2 \tag{7.6}$$

采用一次二阶矩的均值点法，可得可靠性指标为

$$\beta_{g_i} = \frac{\mu_{g_i}}{\sigma_{g_i}} \tag{7.7}$$

因此，MVM 将结构的可靠性优化问题转化为确定性优化问题，其数学表达式为

$$\begin{aligned}
&\text{find } X \\
&\min f(X) \\
&\text{s.t. } \beta_{g_i} \geqslant \beta_{di}, \quad i = 1, 2, \cdots, n \\
&\beta_{g_i} = \frac{\mu_{g_i}}{\sigma_{g_i}}
\end{aligned} \tag{7.8}$$

由于 MVM 采用了一阶 Taylor 展开，对于线性程度较强的问题能够保持一定的精度，但对于复杂的非线性问题误差较大。

7.1.2　涡轮盘可靠性优化方法

以涡轮盘为研究对象的复杂结构可靠性优化方法，需要尽可能地把可靠性约束转化为确定性约束，消除可靠性优化的双循环过程，降低涡轮叶/盘可靠性优化的设计难度和计算规模。本节针对几种适合涡轮盘复杂结构的可靠性优化方法进行介绍。

1. 基于均值的单循环单向量优化方法

假设 X、Z 分别为服从正态分布的随机设计变量和随机参数，设 $V = [X, Z]^T =$

$[x_1, x_2, \cdots, x_m, z_1, z_2, \cdots, z_q]$，均值和方差分别是 $\mu_V = [\mu_X, \mu_Z]^{\mathrm{T}}$ 和 $\sigma_V = [\sigma_X, \sigma_Z]^{\mathrm{T}}$。首先进行如下形式的变换：

$$u_j = \frac{v_j - \mu_j}{\sigma_j}, \quad j = 1, 2, \cdots, m, m+1, \cdots, m+q \tag{7.9}$$

则 $U = [u_1, u_2, \cdots, u_j] \sim N(0,1)$。设 $g(d, V)$ 为极限状态函数，其中 d 为状态参数，设 $g(V) \leqslant 0$ 的概率为

$$P(g(V) \leqslant 0) = P(g(U) \leqslant 0) = \int_{g(U) \leqslant 0} \cdots \int F_U(U) \mathrm{d}U \tag{7.10}$$

式中，$F_U(U)$ 是随机变量和随机参数的联合概率密度函数，写为可靠性指数的形式：

$$\beta_S = \Phi^{-1}\left(\int_{g(U) \leqslant 0} \cdots \int F_U(U) \mathrm{d}U \right) \approx \frac{-\sum\limits_j u_j^* (\partial g / \partial u_j)_*}{\sqrt{\sum\limits_j (\partial g / \partial u_j)_*^2}} \tag{7.11}$$

式中，$(\partial g / \partial u_j)_*$ 是指在 $\mathrm{MPP}(u_1^*, u_2^*, \cdots, u_{m+q}^*)$ 处计算的；$\Phi^{-1}(\cdot)$ 是标准正态分布反函数。在 U 空间中，失效面上的 MPP 为

$$u_j^* = \frac{-(\partial g / \partial u_j)_*}{\sqrt{\sum\limits_j (\partial g / \partial u_j)_*^2}} \beta_S \tag{7.12}$$

代入式（7.9），得

$$v_j^* = \mu_j - \beta_S \sigma_j^2 \frac{(\partial g / \partial v_j)_*}{\sqrt{\sum\limits_j (\sigma_{v_j} \partial g / \partial v_j)_*^2}} \tag{7.13}$$

式中，v_j^* 中的*表示在标准正态空间中的 MPP 对应于原来设计空间 V 中的点，该点常被称作反 MPP。使用可靠性指标表示目标失效概率 $P_f^* = \Phi(\beta_d)$，则 $\beta_d = \Phi^{-1}(P_f^*)$，可靠性约束可以表示为

$$\beta_d \leqslant \beta_S \tag{7.14}$$

令

$$\alpha_j = \frac{\sigma_j (\partial g / \partial v_j)_*}{\sqrt{\sum\limits_j (\sigma_{v_j} \partial g / \partial v_j)_*^2}} \tag{7.15}$$

则 $v_j^* = \mu_j - \beta_S \sigma_j \alpha_j$。为了满足可靠性要求，用 β_d 代替 β_S，有

$$v_j^* = \mu_j - \beta_d \sigma_j \alpha_j \quad \text{或} \quad \mu_j = v_j^* + \beta_d \sigma_j \alpha_j \tag{7.16}$$

可以看出，在设计点 μ_V 处计算可靠性约束等价于在 V^* 处计算确定性约束，此时 $g(V^*) = 0$，即对于给定的 β_d，无论 μ_V 如何改变，V^* 都处于失效面上。使用 $(\partial g / \partial \mu_j)$ 代替式（7.15）中的 $(\partial g / \partial v_j)_*$，就可以使用均值点 μ_j 的方向余弦近似代替 v_j^* 的方向余弦，即

$$v_j^* \approx \mu_j - \beta_d \sigma_j^2 \frac{\partial g_i / \partial \mu_j}{\sqrt{\sum_j (\sigma_{v_j} (\partial g_i / \partial \mu_j))^2}} \tag{7.17}$$

这样，涡轮盘的可靠性优化问题就可以转化为确定性优化问题：

$$\begin{aligned} &\min_{\mu_x} f(\mu_X, \mu_Z) \\ &\text{s.t. } g_i(\mu_X, \mu_Z) > 0, \quad i = 1, \cdots, n \\ &\mu_X^{\mathrm{L}} \leqslant \mu_X \leqslant \mu_X^{\mathrm{U}} \end{aligned} \tag{7.18}$$

比较式（7.4）可以看出，该方法的本质就是在每次可靠性优化的循环中直接利用在随机变量均值点的方向余弦代替 SLSV 方法中前次循环中的设计点或者当次循环中设计点的方向余弦。值得注意的是，当随机变量本身为设计变量时，均值点即当次循环设计点。因此，该方法称为基于均值的单循环单变量（MV-SLSV）方法。

2. 名义极限因子法

MV-SLSV 方法需要在每次循环中使用一阶可靠性方法（FORM）获得当前设计点的函数信息与导数信息。由于复杂结构一般不存在显式的函数关系，导数的计算过程比较烦琐。因此，常考虑极限状态函数的另一种形式，设性能函数 $g(Z, X)$ 对应的界限函数为 S，则其极限状态函数可以定义为 $R(Z, X) = g(Z, X)/S$，相应的失效域为 $F = \{(X, Z): R(X, Z) > 1\}$，可靠性约束可以改写为下面的形式：

$$P(F \mid X) = P(R(X, Z) > 1 \mid X) \leqslant P_f^*, \quad \forall X \in D \tag{7.19}$$

式中，D 表示设计变量 X 的可行设计空间，其含义为对于任一可行设计 X，必须保证设计的失效概率不大于要求的目标概率约束。如果存在一个函数 $\eta(X)$，满足

$$P(R(X, Z) - \eta(X)R_n(X) > 0 \mid X) = P_f^*, \quad \forall X \in D \tag{7.20}$$

则可以证明下面两种表述是等价的：

$$P(R(X, Z) > 1 \mid X) \leqslant P_f^* \tag{7.21}$$

$$\eta(X)R_n(X) \leqslant 1 \tag{7.22}$$

$R_n(X)$ 称为名义极限状态函数；$\eta(X)$ 称为名义极限状态因子，又称名义极限因子或者安全系数[5,6]。所以，式（7.20）又可以写为下面的形式：

$$P\left(\frac{R(X,Z)}{R_n(X)} > \eta(X) \mid X\right) = P_f^*, \quad \forall X \in D \tag{7.23}$$

数值试验证明，如果选择一个恰当的名义极限状态函数 $R_n(X)$，尽管 $R(X,Z)$ 和 $R_n(X)$ 都是 X 的函数，但是 $R(X,Z)/R_n(X)$ 并不随 X 发生显著变化，即可以近似认为 $\eta(X)$ 为一个常数，记为 η。这样，基于可靠性优化问题中的概率约束式（7.21）就可以转化为不包含随机参数 Z 的确定性约束式（7.22）的形式，从而使可靠性优化问题可以按照普通的确定性优化方法进行处理。

设 $M = R(X,Z)/R_n(X) - \eta(X)$，则方程（7.20）又可以写为下面的形式：

$$P(M > 0 \mid X) = P_f^*, \quad \forall X \in D \tag{7.24}$$

直接求出目标失效概率所对应的 η 比较困难。实际计算中，一般可以通过式（7.24）得到一组 (η, P_f^*) 样本，然后通过最小二乘法等数学手段得到给定目标概率下的名义极限因子[7]。

对于一个经典的弹簧优化问题，其数学模型为

$$\text{find} \quad n, D, d$$
$$\min \quad f = (n+2)Dd^2$$
$$\text{s.t.} \quad P(g_i \geqslant 1) \leqslant 0.0013 (i = 1, \cdots, 4)$$
$$g_1 = \frac{7.1875 \times 10^4 d^4}{D^3 n}$$
$$g_2 = \frac{4D^2 - dD}{1.2566 \times 10^4 (Dd^3 - d^4)} + \frac{1}{5.108 \times 10^3 d^2} \tag{7.25}$$
$$g_3 = \frac{D^2 n}{140.45 d}$$
$$g_4 = \frac{D+d}{1.5}$$
$$\text{where:} \quad d \geqslant 0.05, D \geqslant 0.1, n \geqslant 1$$

分别选取 (n, D, d) 为确定性优化结果 $X_1 = (11, 0.052, 0.365)$ 和可靠性优化结果 $X_2 = (5, 0.07, 0.853)$ 时，名义极限因子和失效概率的对应关系如表 7.1 所示。从表中可以看出，约束 g_1 和 g_3 的名义极限因子对应的失效概率完全相同，而约束 g_2 和 g_4 则不存在明显的对应关系。因此，在使用该方法之前首先需要针对可靠性约束，确定对于给定的失效概率其名义极限因子是否是恒定的。

表 7.1　名义极限因子 η 与失效概率对应表

	η	1.1	1.2	1.3	1.4	1.5	1.6	1.7
X_1	P_1	0.30178	0.16287	0.08072	0.03759	0.01675	0.00725	0.00308
	P_2	0.01042	2.62×10^{-6}	0	0	0	0	0
	P_3	0.2465	0.0913	0.02580	0.00569	0.00101	0.00015	1.76×10^{-5}
	P_4	0.0111	2.44×10^{-6}	0	0	0	0	0
X_2	P_1	0.30178	0.16287	0.08072	0.03759	0.01675	0.00725	0.00308
	P_2	0.01713	1.42×10^{-5}	0	0	0	0	0
	P_3	0.2465	0.0913	0.02580	0.00569	0.00101	0.00015	1.76×10^{-5}
	P_4	0.0152	7.56×10^{-6}	0	0	0	0	0

　　总之，名义极限因子方法通过一个可靠性预分析过程，不需要任何导数计算就可以把满足条件的可靠性约束转化为确定性约束，使可靠性优化转化为一般的确定性优化。与 MV-SLSV 方法相比，名义极限因子方法虽然存在一定的局限性，但是转化过程更加方便、快捷。因此，在复杂结构的可靠性优化中，首先采用名义极限因子方法减少概率约束的个数，然后对剩余的概率约束利用 MV-SLSV 方法进行转化，这样能够最大限度地提高可靠性优化的效率。

7.1.3　基于 MPP 降维方法的涡轮盘可靠性分析

　　名义极限因子法的可靠性预分析过程，一方面是为了确定符合条件的可靠性约束，另一方面则是为了求得对应约束的名义极限因子，并且名义极限因子的精确度将直接决定可靠性优化结果的精确度，而这将由所采用的可靠性分析方法决定。对于复杂结构的可靠性分析，通常不存在显式的函数关系，无论是解析方法还是抽样仿真方法，普遍采用代理模型来近似，因此计算结果依赖于近似模型的精确性。又因为复杂结构的可靠性问题通常都具有高度的非线性特征，所以近似模型一般都是复杂的非线性函数，这样就造成 FORM 的求解误差较大。基于 MPP 搜索的降维方法（DRM）[8-10] 利用 FORM 得到的 MPP 和一阶偏导信息，仅仅通过数值积分，并不需要过多的计算就可以达到更高的精度。设 Z 为随机变量，X 为设计变量，d 为状态变量，$M(Z)=M(Z,X\,|\,X^*,d_0)$ 表示设计点 X^* 处 $d=d_0$ 时的性能函数。设 $Z=\{z_1,z_2,\cdots,z_n\}$，其中 $z_i\sim N(\mu_i,\sigma_i^2)(i=1,\cdots,n)$，$n$ 表示随机变量的维数，$N(\mu,\sigma^2)$ 表示正态分布空间。

　　令 $u_i=(z_i-\mu_i)/\sigma_i$，则 $u_i\sim N(0,1)$。设 $U=\{u_1,u_2,\cdots,u_n\}$，则 $H(U)=M(Z(U))$ 表示在 U 空间中的性能函数。设由 FORM 获得的 MPP 为 $U^*=\{u_1^*,u_2^*,\cdots,u_n^*\}$，对应在 Z 空间的点为 $z^*=\{z_1^*,z_2^*,\cdots,z_n^*\}$，则 $\beta=\|U^*\|$ 为使用 FORM 得到的可靠性指标。

设 V 空间为 U 空间旋转后的空间，则 V 空间仍为标准正态空间，即 $V = \{v_1, v_2, \cdots, v_n\} \sim N(0,1)$，并使得 u^* 对应在 V 空间中的坐标为 $v^* = \{v_1^*, v_2^*, \cdots, v_n^*\} = \{0, 0, \cdots, \beta\}$，设 $y(V) = H(U(V)) = M(Z(U(V)))$，则 $y(V)$ 为性能函数在 V 空间的表述。

为了求得 V 空间，首先需要求出旋转矩阵 R，使得 $V = RU$。令 $\alpha = \{\alpha_i\} = \{u_i^*/\beta\}$ $(i = 1, \cdots, n)$，$R = [R_1 \alpha]$，其中 R_1 是 $n \times (n-1)$ 阶矩阵，满足 $\alpha^T R_1 = 0$。需要说明的是，该转换矩阵并不唯一，可以通过 Gram-Schmidt 正交化过程获得。但是在数值计算中，Gram-Schmidt 正交化是不稳定的，计算中累积的舍入误差会使最终结果的正交性变得很差。在数学上可以使用 Household 变换或者 Givens 旋转进行正交化，其中 Household 变换计算过程比较烦琐，而 Givens 旋转要简便很多。Givens 旋转可以表示为如下形式的矩阵：

$$G(i, k, \theta) = \begin{bmatrix} 1 & \cdots & 0 & \cdots & 0 & \cdots & 0 \\ \vdots & & \vdots & & \vdots & & \vdots \\ 0 & \cdots & c & \cdots & s & \cdots & 0 \\ \vdots & & \vdots & & \vdots & & \vdots \\ 0 & \cdots & -s & \cdots & c & \cdots & 0 \\ \vdots & & \vdots & & \vdots & & \vdots \\ 0 & \cdots & 0 & \cdots & 0 & \cdots & 1 \end{bmatrix} \qquad (7.26)$$

式中，$c = \cos\theta$ 和 $s = \sin\theta$ 出现在第 i 行和第 k 行与第 i 列和第 k 列的交叉点上。即 Gives 旋转矩阵是带有如下代换的单位矩阵：

$$\begin{cases} g_{ii} = c \\ g_{kk} = c \\ g_{ik} = s \\ g_{ki} = -s \end{cases} \qquad (7.27)$$

乘积 $G(i, k, \theta)^T X$ 表示向量 X 在 (i, k) 平面中逆时针旋转 θ 弧度。Givens 旋转可以在向量或矩阵中介入 0，因此可以很直观地得到

$$R_1 = \begin{bmatrix} \alpha_2 & 0 & \cdots & 0 \\ -\alpha_1 & \alpha_3 & \cdots & 0 \\ 0 & -\alpha_2 & \ddots & 0 \\ \vdots & \vdots & & \vdots \\ 0 & 0 & \ddots & \alpha_n \\ 0 & 0 & \cdots & -\alpha_{n-1} \end{bmatrix} \qquad (7.28)$$

在确定旋转矩阵 R 之后，对 V 空间中的性能函数考虑一种单变量分解形式：

$$y(V) \equiv y(v_1, v_2, \cdots, v_n)$$

$$= \sum_{i=1}^{n} y(v_1^*, \cdots, v_{i-1}^*, v_i, v_{i+1}^*, \cdots, v_n^*) - (n-1)y(v^*) \tag{7.29}$$

令 $y(v_i) = y(v_1^*, \cdots, v_{i-1}^*, v_i, v_{i+1}^*, \cdots, v_n^*)$，则式（7.29）可写为

$$y(V) \equiv y(v_1, v_2, \cdots, v_n) = \sum_{i=1}^{n} y(v_i) - (n-1)y(v^*) \tag{7.30}$$

取 $y(v_n)$ 在 v^* 处的线性 Taylor 展开，得

$$y(v_n) = y(v^*) + \left. \frac{\partial y}{\partial v_n} \right|_{v^*} (v_n - \beta) \tag{7.31}$$

将式（7.30）代入式（7.29）中，并令 $b = \partial y / \partial v_n |_{v^*}$ 得

$$y(V) \equiv y(v_1, v_2, \cdots, v_n)$$

$$= \sum_{i=1}^{n-1} y(v_i) + b(v_n - \beta) - (n-2)y(v^*) \tag{7.32}$$

又 $V \sim N(0,1)$，则

$$P\{M(Z) > 0\} = P\{y(V) > 0\}$$

$$= P\left\{ \sum_{i=1}^{n-1} y(v_i) + b(v_n - \beta) - (n-2)y(v^*) > 0 \right\}$$

$$= P\left\{ v_n < -\beta + \frac{1}{b}\left[\sum_{i=1}^{n-1} y(v_i) - (n-2)y(v^*) \right] \right\}$$

$$= \Phi\left\{ -\beta + \frac{1}{b}\left[\sum_{i=1}^{n-1} y(v_i) - (n-2)y(v^*) \right] \right\} \tag{7.33}$$

根据文献[10]的推导，按照 Gauss-Hermite 求积分公式对式（7.33）进行数值积分，可得

$$P_F^{\mathrm{DRM}} = \frac{\displaystyle\prod_{i=1}^{n-1}\sum_{j=1}^{m} w_j \Phi\left(-\beta + \frac{y(v_i^j)}{b} \right)}{\Phi\left(-\beta + \frac{y(v^*)}{b} \right)^{n-2}} \tag{7.34}$$

式中，v_i^j 为积分点，w_j 为加权值，m 为积分点的个数。按照 Gauss-Hermite 求积分公式，选择求积节点（v_i^j）和求积系数（w_j）可计算 P_F^{DRM}。

7.1.4　涡轮盘可靠性优化设计实例

1. 涡轮盘结构可靠性分析

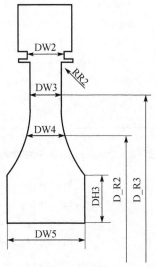

某涡轮盘子午面示意图如图 7.1 所示，该涡轮盘结构参数如表 7.2 所示，下面对涡轮盘的最大径向应力 $\sigma_{x\_\max}$、平均周向应力 $\sigma_{\bar{y}}$、辐板最大周向应力 $\sigma_{sy\_\max}$ 和盘心最大周向应力 $\sigma_{y\_\max}$ 进行可靠性分析。随机参数取材料密度 ρ、最大转速 n、施加在榫槽上的离心载荷 P 以及对应的应力准则值详见表 7.3。图 7.2 给出了涡轮盘上与盘心径向距离为 DIST 的温度分布曲线，其中盘心温度为 620K；根据计算可知，辐板最大周向应力处温度约为 870K；涡轮盘最大径向应力和辐板最大周向应力的位置比较接近，其温度也取 870K；平均周向应力的温度取 800K。涡轮盘材料为 GH4169 镍基高温合金，其材料参数可查阅材料手册获得。

图 7.1　某涡轮盘子午面示意图

表 7.2　涡轮盘结构参数

设计参数	初始结构（A1）	可行结构（A2）	变量区间
DW2/mm	19.60	21.38	[16.0，24.0]
DW3/mm	14.50	13.63	[12.0，18.0]
DW4/mm	17.00	15.00	[15.0，19.0]
DW5/mm	52.00	51.49	[45.0，60.0]
DH3/mm	30.00	25.00	[25.0，40.0]
D_R2/mm	195.00	180.00	[180.0，210.0]
D_R3/mm	225.00	210.0	[210.0，235.0]
$\sigma_{x\_\max}$/MPa	837.8	849.26	≤1003.1
$\sigma_{y\_\max}$/MPa	1077.5	996.88	≤1043.6
$\sigma_{\bar{y}}$/MPa	651.13	719.15	≤1017.9
$\sigma_{sy\_\max}$/MPa	831.16	809.04	≤1003.1
总体积/m³	1.47×10^{-4}	1.380×10^{-4}	—

注：变量区间的设定以不改变涡轮盘的截面形状为准。

表 7.3　随机参数

随机参数	均值	标准差	变化系数	分布特征
$n/(\text{r/min})$	10300	515	0.05	正态分布
$\rho/(\text{g/cm}^3)$	8240	41.2	0.005	正态分布
P/MPa	385.6	38.56	0.10	正态分布
σ_1/MPa	1003.3	100.3	0.10	正态分布
σ_2/MPa	1043.6	104.4	0.10	正态分布
σ_3/MPa	1017.9	101.8	0.10	正态分布
σ_4/MPa	1003.3	100.3	0.10	正态分布

注：σ_1、σ_2、σ_3、σ_4 分别为 σ_{x_max}、σ_{y_max}、$\sigma_{\bar{y}}$、σ_{sy_max} 的应力约束边界，应力均值取材料在该温度下的屈服极限 $\sigma_{0.2}$，该表中的值为表 7.1 的插值结果。

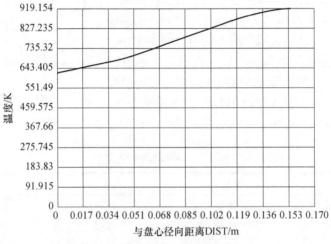

图 7.2　涡轮盘径向温度分布曲线

R_1、R_2、R_3、R_4 的定义如下：

$$\begin{cases} R_1 = \sigma_{x\_max}/\sigma_1 \\ R_2 = \sigma_{y\_max}/\sigma_2 \\ R_3 = \sigma_{\bar{y}}/\sigma_3 \\ R_4 = \sigma_{sy\_max}/\sigma_4 \end{cases} \tag{7.35}$$

以 R_1 为例，取其名义极限状态函数为 $R_{n1} = R_1(E(Z), X)$，其中 $E(Z)$ 表示随机变量 Z 的均值，X 为模型的几何参数变量，则 $M_1 = R_1/R_{n1} - \eta_1 = \sigma_{x\_max}/(\tilde{\sigma}_{x\_max} \cdot s) - \eta_1$，其中 $\tilde{\sigma}_{x\_max}$ 为表 7.3 中的随机变量取均值时的涡轮盘最大径向应力；$s = \sigma_1/\tilde{\sigma}_1$，$\tilde{\sigma}_1$ 表示 σ_1 的均值，则 s 表示服从正态分布 $N(1, 0.1^2)$ 的随机变量。类

似可得

$$
\begin{cases}
M_1 = R_1/R_{n1} - \eta_1 = \sigma_{x\_max}/(\tilde{\sigma}_{x\_max} \cdot s) - \eta_1 \\
M_2 = R_2/R_{n2} - \eta_2 = \sigma_{\tilde{y}}/(\tilde{\sigma}_{\tilde{y}} \cdot s) \ - \eta_2 \\
M_3 = R_3/R_{n3} - \eta_3 = \sigma_{sy\_max}/(\tilde{\sigma}_{sy\_max} \cdot s) - \eta_3 \\
M_4 = R_4/R_{n4} - \eta_4 = \sigma_{y\_max}/(\tilde{\sigma}_{y\_max} \cdot s) - \eta_4
\end{cases}
\tag{7.36}
$$

通过式（7.36），系统随机变量的个数减少为 4 个（ρ, n, p, s），使可靠性分析的规模减少。按照式（7.36），选择对涡轮盘的初始结构（A1 模型）和另一可行结构（A2 模型）进行可靠性分析，可以得到不同概率对应的极限因子 η 值，见表 7.4。

表 7.4　(P,M) 的样本计算结果比较（MCS, 10^6 次抽样）

概率 P	M_1		M_2		M_3		M_4	
	A1	A2	A1	A2	A1	A2	A1	A2
0.5	0.994177	0.99109	0.995607	0.993362	1.00098	1.00087	1.0005	0.997193
0.6	1.0238	1.02109	1.0271	1.02315	1.03365	1.03351	1.03425	1.02847
0.7	1.05715	1.05465	1.06225	1.05663	1.07004	1.06986	1.06802	1.06345
0.8	1.09832	1.09568	1.10563	1.09804	1.11471	1.11452	1.1117	1.10632
0.9	1.15929	1.15568	1.16911	1.15937	1.18074	1.18052	1.17592	1.16952
0.91	1.16788	1.16415	1.17797	1.16795	1.19007	1.18982	1.18487	1.17832
0.92	1.17726	1.1733	1.18767	1.17741	1.20031	1.20002	1.19472	1.18809
0.93	1.18764	1.18348	1.19855	1.18797	1.21157	1.2113	1.20571	1.19894
0.94	1.1995	1.19512	1.2108	1.19993	1.22419	1.22389	1.21802	1.21101
0.95	1.21315	1.20863	1.22516	1.21362	1.23903	1.23876	1.23234	1.22504
0.96	1.22959	1.22464	1.2421	1.22999	1.25644	1.25616	1.24947	1.24206
0.97	1.24992	1.24468	1.26312	1.25047	1.27783	1.27754	1.27029	1.26265
0.98	1.27728	1.27167	1.29145	1.27804	1.30708	1.30678	1.29832	1.29025
0.99	1.32224	1.31519	1.3377	1.32323	1.35573	1.35533	1.34524	1.33663
0.992	1.33596	1.32882	1.35195	1.33711	1.3703	1.36994	1.35972	1.35074
0.994	1.35332	1.34563	1.36999	1.35449	1.38859	1.38823	1.37718	1.36797
0.996	1.37757	1.36882	1.39477	1.37873	1.41379	1.4133	1.40179	1.39276
0.998	1.41596	1.40741	1.43434	1.41745	1.45572	1.45521	1.44174	1.4318
0.9982	1.42185	1.41318	1.44024	1.42376	1.46183	1.4614	1.44788	1.43767
0.9984	1.42935	1.4196	1.44697	1.43088	1.46859	1.46826	1.45466	1.44433
0.9986	1.43693	1.42723	1.45459	1.43877	1.47717	1.47683	1.46221	1.45257
0.9987	1.4409	1.43143	1.45868	1.44302	1.4819	1.48157	1.46646	1.45692

表 7.5 是 A1 与 A2 两个模型相同概率结果对应的 η 值的差值，该表反映了一个基本趋势，即差值相对较大的部分都出现在高概率区域。对应 M_3 的两组数据，其相对误差非常小，大体都在 10^{-4} 量级，考虑到由于采用 MCS（Monte Carlo Simulation）方法所带来的误差，尤其是在高概率区域 MCS 方法的误差相对更大，可以认为对于 A1 和 A2 模型，在相同概率下 M_3 对应的两组 η 是相等的。

表 7.5　A1、A2 模型对应结果相对误差

概率 P	M_1	M_2	M_3	M_4
0.5	0.003087	0.002245	0.00011	0.00331
0.6	0.00271	0.00395	0.00014	0.00578
0.7	0.00250	0.00562	0.00018	0.00457
0.8	0.00264	0.00759	0.00019	0.00538
0.9	0.00361	0.00974	0.00022	0.00640
0.91	0.00373	0.01002	0.00025	0.00655
0.92	0.00396	0.01026	0.00029	0.00663
0.93	0.00416	0.01058	0.00027	0.00677
0.94	0.00438	0.01087	0.00030	0.00701
0.95	0.00452	0.01154	0.00027	0.00730
0.96	0.00495	0.01211	0.00028	0.00741
0.97	0.00524	0.01265	0.00029	0.00764
0.98	0.00561	0.01341	0.00030	0.00807
0.99	0.00705	0.01447	0.00040	0.00861
0.992	0.00714	0.01484	0.00036	0.00898
0.994	0.00769	0.01550	0.00036	0.00921
0.996	0.00875	0.01604	0.00049	0.00903
0.998	0.00855	0.01689	0.00051	0.00994
0.9982	0.00867	0.01648	0.00043	0.01021
0.9984	0.00975	0.01609	0.00033	0.01033
0.9986	0.00970	0.01582	0.00034	0.00964
0.9987	0.00947	0.01566	0.00033	0.00954
max	0.0098	0.0169	5.1×10^{-4}	0.0103
min	0.0025	0.0022	1.1×10^{-4}	0.0033

虽然 A1 和 A2 模型几何参数的变化没有改变涡轮的拓扑关系和几何形状，即涡轮盘的整体应力分布状态没有发生明显的改变，但是并不排除所要考察的应力点位置会发生改变。图 7.3 给出了 A1、A2 模型的径向和周向应力云图，由图可以

看出，盘心处最大周向应力出现的位置并不相同，但是二者非常接近，计算结果也表明基本可以忽略这种位置上的变化。而对于 M_3，它表征的是涡轮盘的平均周向应力，并不是一个具体位置上的应力，因此可以认为其误差主要是计算误差。所以，可以认为在相同概率下，不同模型的 M_3 对应的名义极限因子 η 是一个常数。

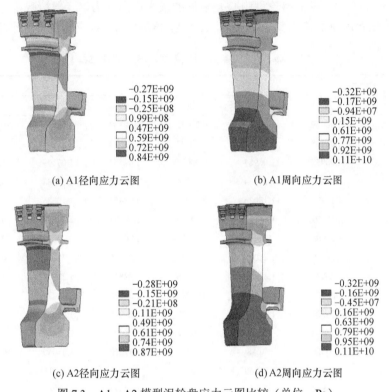

(a) A1径向应力云图

(b) A1周向应力云图

(c) A2径向应力云图

(d) A2周向应力云图

图 7.3 A1、A2 模型涡轮盘应力云图比较（单位：Pa）

与 M_3 不同，M_1、M_2、M_4 的两组 η 的误差大概在 10^{-2} 与 10^{-3} 之间，由于 M 为无量纲的比值，这样的误差显得比较突出。因此，对于 M_1、M_2、M_4，表 7.5 中没有强有力的证据支持"相同概率下的 η 是常数"这一结论。从计算结果可知，M_1 中的最大径向应力 σ_{x_max} 和 M_4 中的涡轮盘辐板处的最大周向应力 σ_{sy_max} 出现在同一部位（图 7.1 中的圆角半径 RR_2 处），此处轮盘厚度变化梯度较大，产生了明显的应力集中。为了考察应力集中对名义极限因子结果的影响，对 A1 和 A2 模型添加两个考察对象 M_5、M_6，具体定义如下：

$$\begin{cases} M_5 = R_5/R_{n5} - \eta_5 = \sigma_x \cdot s/\tilde{\sigma}_x - \eta_5 \\ M_6 = R_6/R_{n6} - \eta_6 = \sigma_y \cdot s/\tilde{\sigma}_y - \eta_6 \end{cases} \tag{7.37}$$

式中，σ_x 为排除可能发生应力集中部位的涡轮盘最大径向应力，σ_y 为辐板部位避开应力集中区域（$x \in [0.190, 0.230]$）的最大周向应力，其他符号的意义与前面相同。

计算结果如表 7.6 所示。可以看出，二者差别很小，误差在 10^{-4} 数量级，因此可以认为，在可靠性要求相同的情况下，A1、A2 模型中 M_5、M_6 对应的 η 是常数。另外，由于 M_2 表征涡轮盘中心孔附近的最大周向应力，一般情况下，该区域也产生了比较严重的应力集中，所以 A1、A2 模型中 M_2 对应的 η 值也不相等。

表 7.6　M_5、M_6 计算结果比较（MCS, 10^6 次抽样）

概率 P	M_5			M_6		
	A1	A2	误差	A1	A2	误差
0.5	1.00069	1.00091	0.00022	1.00262	1.00213	0.00049
0.6	1.03318	1.03341	0.00023	1.03574	1.0351	0.00064
0.7	1.06952	1.06983	0.00031	1.07253	1.07179	0.00074
0.8	1.1141	1.11454	0.00044	1.1178	1.11683	0.00097
0.9	1.17978	1.18026	0.00048	1.18454	1.18335	0.00119
0.91	1.18897	1.18945	0.00048	1.19393	1.19272	0.00121
0.92	1.19905	1.1996	0.00055	1.20425	1.203	0.00125
0.93	1.2103	1.21078	0.00048	1.21565	1.21432	0.00133
0.94	1.2229	1.22346	0.00056	1.22842	1.22702	0.0014
0.95	1.23754	1.23803	0.00049	1.24338	1.242	0.00138
0.96	1.25503	1.25562	0.00059	1.26096	1.25953	0.00143
0.97	1.27648	1.2772	0.00072	1.2826	1.28103	0.00157
0.98	1.30526	1.3058	0.00054	1.31212	1.31049	0.00163
0.99	1.35295	1.35369	0.00074	1.3609	1.35918	0.00172
0.992	1.36802	1.36866	0.00064	1.37579	1.374	0.00179
0.994	1.38605	1.38662	0.00057	1.39436	1.3926	0.00176
0.996	1.41145	1.41228	0.00083	1.41976	1.41787	0.00189
0.998	1.45206	1.45268	0.00062	1.46202	1.45998	0.00204
0.9982	1.45827	1.45872	0.00045	1.46833	1.4662	0.00213
0.9984	1.46516	1.46548	0.00032	1.47529	1.47305	0.00224
0.9986	1.47343	1.47423	0.00080	1.4835	1.48148	0.00202
0.9987	1.47799	1.47901	0.00102	1.48805	1.48617	0.00188
max（平均值）	—	—	2.20×10^{-4}	—	—	2.20×10^{-3}
min（平均值）	—	—	1.02×10^{-3}	—	—	4.90×10^{-4}

通过上面的计算和分析，可以得到下面的结论。

（1）在不发生应力集中的部位，当涡轮盘几何参数发生变化时，同一约束在相同目标概率下的名义极限因子几乎是不变的，即当目标概率取值相同时，不同模型相同约束下的名义极限因子可以认为是个常数。

（2）在涡轮盘上发生应力集中的部位，与不发生应力集中的部位相比，相同目标概率下的名义极限因子相差较大。

对 R_1、R_2、R_3、R_4、R_5、R_6 进行灵敏度分析，结果如图 7.4 所示。由图可知，随机变量 s、外载荷和转速是主要因素，涡轮盘的材料密度影响很小，可以忽略不计。这样，随机变量的个数减为 3 个，可靠性分析的规模进一步减小。需要注意的是，R 的灵敏度与对应应力的灵敏度并不相同，R 是一个无量纲的比值，而对应应力的灵敏度分析结果如图 7.5 所示。由图可知，随机变量 s 并不影响涡轮盘的应力计算结果，而只影响可靠性结果，因此二者占支配地位的随机变量也不相同，只有外载荷与转速是影响应力的主要因素。式（7.36）表达的可靠性分析过程，本质上是 R 的另一种表述形式，因此可以根据 R 的灵敏度分析结果忽略材料密度 ρ 的影响。

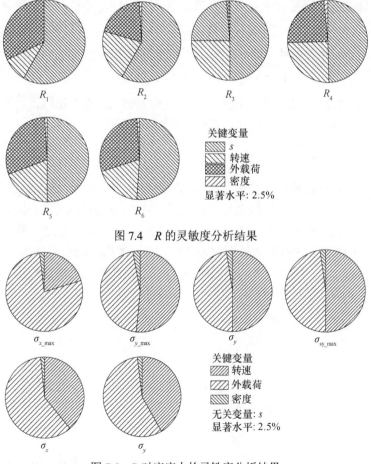

图 7.4　R 的灵敏度分析结果

图 7.5　R 对应应力的灵敏度分析结果

对于不满足"名义极限因子是常数"的约束，有

$$P\{\sigma_{max} \leqslant \sigma\} = P\left\{\frac{\sigma_{max}}{\sigma} \leqslant 1\right\} = P\left\{\frac{\sigma_{max}}{\sigma} \cdot \tilde{\sigma} \leqslant \tilde{\sigma}\right\}$$

$$= P\left\{\sigma_{max} \cdot \frac{\tilde{\sigma}}{\sigma} \leqslant \tilde{\sigma}\right\} = P\left\{\sigma_{max} \cdot \left(\frac{\sigma}{\tilde{\sigma}}\right)^{-1} \leqslant \tilde{\sigma}\right\}$$

$$= P\{\sigma_{max} \cdot s^{-1} \leqslant \tilde{\sigma}\} \text{ or } P\left\{\frac{\sigma_{max}}{s} \leqslant \tilde{\sigma}\right\} \tag{7.38}$$

式中，σ_{max} 为所考察的应力值；σ 为应力准则值；$\tilde{\sigma}$ 为 σ 的均值。设 $\sigma \sim N(\tilde{\sigma},(cof \cdot \tilde{\sigma})^2)$，cof 为变化系数，则易知 $s \sim N(1,cof^2)$。这种形式相当于对随机变量进行了压缩，减少了可靠性分析中随机变量的维数，非常有利于降低问题的复杂性。

考虑式（7.38）中的 $\sigma_{max}/s \leqslant \tilde{\sigma}$，可得 $s \geqslant \sigma_{max}/\tilde{\sigma}$。由于 $\tilde{\sigma}$、$s \sim N(1,cof^2)$ 均为已知，只有 σ_{max} 通过有限元进行计算，而 σ_{max} 是仅与随机变量 n 和 P 有关的应力结果。设 $s_1 = \sigma_{max}/\tilde{\sigma}$，假设其服从某一分布，则通过计算可以得到该分布的累积分布函数（CDF）曲线。因此，可靠性约束最终可以转化为

$$P\{\sigma_{max} \leqslant \sigma\} = P\{s_1 \leqslant s\} \geqslant P_f^* \tag{7.39}$$

对于式（7.39），即使每个应力边界的变化系数 cof 都不相同，也不影响把可靠性分析的后处理看成一个简单的数学计算。

2. 涡轮盘结构可靠性优化

对涡轮盘进行可靠性结构优化，优化变量取表 7.2 中列出的涡轮盘几何参数。通过前面的灵敏度分析，材料密度（ρ）的变化对结果的影响可以忽略，因此随机参数选择涡轮盘外载荷、最大转速和压缩因子 s。优化目标为最小化涡轮盘的体积（V），首先考虑对涡轮盘最大径向应力（σ_{x_max}）、平均周向应力（σ_y）、辐板最大周向应力（σ_{sy_max}）和盘心最大周向应力（σ_{y_max}）都施加可靠性约束，则该涡轮盘可靠性优化的数学模型可以表示为

$$\begin{aligned} &\min V \\ &\text{s.t. } P(R_i \leqslant 1) \geqslant P_f^*, \quad i=1,2,3,4 \\ &\quad R_1 = \sigma_{x\_max}/\sigma_1 \\ &\quad R_2 = \sigma_{y\_max}/\sigma_2 \\ &\quad R_3 = \sigma_{\tilde{y}}/\sigma_3 \\ &\quad R_4 = \sigma_{sy\_max}/\sigma_4 \end{aligned} \tag{7.40}$$

式中，目标可靠度 P_f^* =99.87%，用可靠性指标表示为 β =3.0，即其失效概率为

0.0013。根据对涡轮盘结构的可靠性分析可知，对于约束 R_3，在任意两个不同的设计点（如 A1、A2），相同失效概率（可靠度）对应的名义极限因子近似为常数。设 η_3 是 R_3 对应目标可靠度 P_{f}^* 的名义极限因子，则对应的式（7.40）中的 R_3 可靠性约束可以转换为确定性约束；把约束 R_1、R_2 和 R_4 可以写成式（7.38）的形式。则该优化问题的可靠性约束可以写为

$$
\begin{aligned}
&P\{\sigma_{\max\_i} \cdot s^{-1} \leqslant \tilde{\sigma}_i\} \geqslant P_{\mathrm{f}}^*, \quad i=1,2,4 \\
&\eta_3 R_{n3} \leqslant 1 \\
&\sigma_{\max\_1} = \sigma_{x\_\max} \\
&\sigma_{\max\_2} = \sigma_{y\_\max} \\
&\sigma_{\max\_4} = \sigma_{sy\_\max} \\
&R_{n3} = \tilde{\sigma}_{\tilde{y}} / \tilde{\sigma}_3
\end{aligned}
\tag{7.41}
$$

首先需要通过可靠性分析求出式（7.41）中 R_3 对应的名义极限因子 η_3。FORM 和 DRM 都是以解析计算为基础的可靠性分析方法，结果稳定性好。对于线性化程度较高的问题，二者得到的结果基本一致，但是涡轮盘的可靠性分析是一个复杂的非线性问题，FORM 可能会产生较大误差。表 7.7 是根据 FORM 和 DRM 两种方法通过样本插值得到可靠度 P_{f}^*=99.87%时 R_3 的概率约束对应的名义极限因子 η_3，可以看出，DRM 的结果更加接近 MCS（抽样 10^6 次）的结果，并且所需的计算次数和时间也小于 MCS 方法。

表 7.7　P_{f}^*=99.87%时的 η_3 值比较

参数	MCS(10^6)	FORM	DRM
花费时间 t/s	约 15	约 1	约 1
η_3	1.482	1.455	1.477

求得 η_3 之后，原来问题的可靠性约束减少为 3 个。把式（7.41）代入式（7.40），则该涡轮盘的可靠性优化模型可以表示为

$$
\begin{aligned}
&\min V \\
&\text{s.t. } P(\sigma_{\max\_i} \cdot s^{-1} \leqslant \tilde{\sigma}) \geqslant P_{\mathrm{f}}^*, \quad i=1,2,4 \\
&\quad\ \ 1.477\tilde{\sigma}_y \leqslant \tilde{\sigma}_3
\end{aligned}
\tag{7.42}
$$

在该涡轮盘的优化中，随机变量 $Z = \{z_1, z_2, z_3\} = \{n, s, p\}$ 都不是设计变量。设性能函数 $g_i = \sigma_i \cdot s^{-1} - \tilde{\sigma} = g_i(Z \mid X_0)(i=1,2,4)$，其中 X_0 表示某一个确定的设计变量值，则每个随机变量沿 z_i 的方向余弦为

$$\alpha_{ij} = \sigma_{z_j} \frac{\partial g_i}{\partial z_j} \bigg/ \sqrt{\sum_{m=1}^{4} \left(\sigma_{z_m} \frac{\partial g_i}{\partial z_m} \right)^2}, \quad i=1,2,4; j=1,2,3 \tag{7.43}$$

把式（7.43）代入式（7.16），可得随机参数相应的反 MPP 为

$$v_{i,z_j}^* \approx \mu_{z_j} - \beta_{d_i} \sigma_{z_j} \alpha_{ij}, \quad i=1,2,4; j=1,2,3 \tag{7.44}$$

式中，i 表示约束的序号，j 表示随机参数的序号。则该优化问题的可靠性约束可以表示为

$$\begin{aligned} &g_i = g_i(V_i^* \,|\, X_0), \quad i=1,2,4 \\ &V_i^* = \{ v_{i,z_1}^*, v_{i,z_2}^*, v_{i,z_3}^* \} \end{aligned} \tag{7.45}$$

这样，涡轮盘的可靠性优化问题就转化为确定性优化问题，其数学描述为

$$\begin{aligned} &\min V \\ &\text{s.t.} \ \ g_i = g_i(V_i^* \,|\, X_0) \leqslant 0, \quad i=1,4 \\ &\quad V_i^* = \{ v_{i,z_1}^*, v_{i,z_2}^*, v_{i,z_3}^* \} \\ &\quad g_2 = \sigma_{y\_\max} / \sigma_2 \leqslant 1 \\ &\quad g_3 = 1.477 \tilde{\sigma}_y / \tilde{\sigma}_3 \leqslant 1 \end{aligned} \tag{7.46}$$

3. 优化结果分析

一般情况下，可靠性要求越高，可靠性优化的计算花费就越大。为了简化计算，在式（7.46）表示的模型中取消对盘心和辐板的周向应力可靠性约束，并将盘最大径向约束的可靠性要求降低为 99.5%；平均周向应力采用名义极限因子方法，其可靠性要求保持不变。在优化过程中辐板尺寸的变化会较大幅度影响辐板处最大周向应力的位置，从而造成进行可靠性评判的应力边界值会发生较大变化，给可靠性优化过程造成极大的困难。所以为了研究方便，不将辐板的周向应力进行可靠性约束。这样，涡轮盘的可靠性优化模型可以写为

$$\begin{aligned} &\min V \\ &\text{s.t.} \ \ g_1 = g_1(V_1^* \,|\, X_0) \leqslant 0 \\ &\quad V_1^* = \{ v_{1,z_1}^*, v_{1,z_2}^*, v_{1,z_3}^* \} \\ &\quad g_2 = \sigma_{y\_\max} / \sigma_2 \leqslant 1 \\ &\quad g_3 = 1.477 \tilde{\sigma}_y / \tilde{\sigma}_3 \leqslant 1 \\ &\quad g_4 = \sigma_{sy\_\max} / \sigma_4 \leqslant 1 \end{aligned} \tag{7.47}$$

在涡轮盘的优化过程中，目标函数和约束函数对设计变量都没有清晰的显式

函数关系，在这种情况下依靠有限差分对函数进行求导计算的代价非常昂贵，因此本章采用代理模型进行涡轮盘的结构可靠性优化。为了获得函数对设计变量和随机变量的代理模型，将随机变量看成在区间 $[\mu-\sigma,\mu+\sigma]$ 上的均匀分布，与设计变量一起进行试验设计。采用 Kriging 模型对式（7.47）进行优化，优化结果如表 7.8 所示。

表 7.8　涡轮盘可靠性优化结果

设计参数	初始设计		确定性优化结果		DLP/PMA		MV-SLSV	
DW2/mm	19.60		24.6		16.0		16.0	
DW3/mm	14.50		10.875		16.1		16.21	
DW4/mm	17.00		12.75		18.0		18.0	
DW5/mm	52.00		65.0		65		65	
DH3/mm	30.00		22.5		20		20	
D_R2/mm	195.00		180.00		180		180	
D_R3/mm	225.00		235.0		235		235	
体积/m³	1.491×10^{-4}		1.475×10^{-4}		1.524×10^{-4}		1.525×10^{-4}	
σ_{x_max}/MPa	838.67	93.340%	969.33	64.97%	724.64	99.69%	730.69	—
σ_{y_max}/MPa	1068.6	42.98%	1025.1	57.54%	1035.75	56.32%	1035.9	—
$\sigma_{\bar{y}}$/MPa	640.91	99.95%	628.38	99.95%	613.16	99.98%	612.94	—
σ_{sy_max}/MPa	978.19	59.55%	907.33	77.74%	941.73	73.57%	941.12	—
迭代次数	—	—	5		8		5	
函数评估	—	—	35		52		35	

从表 7.8 中数据可以看出，确定性优化与初始设计相比，增大了盘心的厚度以降低盘心的最大周向应力；但同时为了减小体积使辐板处的厚度变小，伴随而来的是增加了辐板处的最大径向应力和最大周向应力，并使相应的每个考察点的可靠度也发生了变化。DLP/PMA 和 MV-SLSV 方法的可靠性的优化结果非常接近，但是 MV-SLSV 方法无论从迭代次数上还是函数计算次数上，都要少于 DLP 方法，表明该方法在进行涡轮盘可靠性优化时的优势。同时结果也表明，对平均周向应力约束采用的名义极限因子法也保证了其可靠度不低于 99.87%。

与确定性优化结果相比，由于对最大径向应力的可靠性要求提高，反映在结构上的就是增大最大径向应力部位尺寸，即图 7.1 中圆角半径 RR_2 处的辐板厚度；同时减少凸台上面与榫槽连接部位的厚度，从而降低该处的径向应力，减轻涡轮盘的质量。涡轮盘可靠性优化后的结构的应力云图如图 7.6 所示，可靠性约束 g_1 和 g_3 的累积概率密度函数（CDF）曲线如图 7.7 所示。

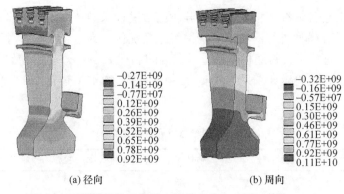

(a) 径向　　　　　　　　　　　　(b) 周向

图 7.6　可靠性优化结果径向和周向应力云图（单位：Pa）

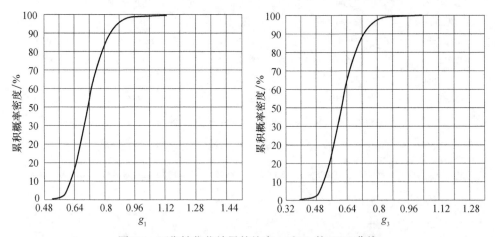

图 7.7　可靠性优化结果的约束 g_1 和 g_3 的 CDF 曲线

7.2　涡轮叶/盘多学科优化设计

涡轮叶/盘结构包括涡轮叶片、榫接结构和涡轮盘，涉及气动、传热和结构等学科耦合，是典型的多学科、多部件的复杂结构设计问题。对涡轮盘和涡轮叶片进行一体化设计更加接近二者的实际工作状态，并且对关键部位进行可靠性分析所要考虑的随机因素也不同于叶片和盘的单独设计，计算结果会更加准确。因此，涡轮叶/盘一体化设计是一个非常复杂的非线性问题，必须根据涡轮叶片和涡轮盘的相关计算和分析，结合叶/盘整体模型的特点，采用合适的可靠性分析方法和多学科优化策略，通过对问题进行恰当的分解与协调，完成基于可靠性的涡轮叶/盘结构多学科优化设计[11,12]。

7.2.1　多学科设计优化算法

1. 单层优化方法

1）多学科可行方法

多学科可行（MDF）方法是最常用的多学科优化方法，是在多学科分析（MDA）模块之上放置一个优化器得到的。MDF 通过在 MDA 模块中设置设计变量，并使变量在各个学科之间迭代直到耦合变量保持一致，得到可行设计值，确保了整个优化过程中每个设计点的多学科可行性。其数学表达式如下[13]：

$$
\begin{aligned}
&\text{find } z, x \\
&\min \ f(z, x, y(x, z)) \\
&\text{s.t. } \ c(z, x, y(x, z)) \leqslant 0
\end{aligned}
\tag{7.48}
$$

式中，z 为全局变量，x 为局部变量，y 为通过 MDA 得到的多学科耦合变量（下同）。MDF 的一个显著特点就是方程中没有出现学科状态变量。

2）单学科可行方法

单学科可行（IDF）方法可以看成 MDF 方法的解耦。IDF 方法仅要求单学科可行，即在每次迭代中仅满足各自学科的残差要求，不要求满足多学科之间的耦合变量的一致性要求。所以，IDF 对于整体系统是不可行的，没有满足一致的多学科状态。

IDF 方法为了解耦学科分析，把耦合变量引入 MDF 方法的优化变量中，由系统优化提供每个学科的设计变量和耦合变量的估计值。其数学描述如下：

$$
\begin{aligned}
&\text{find } z, x, y^* \\
&\min \ f(z, x, y^*) \\
&\text{s.t. } \ c(z, x, y(x, y^*, z)) \leqslant 0 \\
&\quad\ y_j^* - y_i(x, y_j^*, z) = 0 \\
&\text{where } R_i(x, y_j^*, z) = 0
\end{aligned}
\tag{7.49}
$$

式中，y_j 为耦合变量，$y_i(x, y_j^*, z)$ 为在 i 学科中给定 j 学科的耦合变量 y_j^* 时的估计值，$R_i(x, y_j^*, z) = 0$ 为学科控制方程。由于 IDF 方法消除了 MDA，所以学科分析可以并行进行。另外，IDF 方法的解耦性质要求在每个设计点进行一次学科分析，不需要进行迭代便可以计算优化目标和约束，计算花费显著降低。

3）同时分析与设计方法

同时分析与设计（SAND）方法通过把学科分析的残差看成等式约束，允许优化系统设计和解控制方程同时进行。其数学描述如下：

$$\begin{aligned}
&\text{find } z, x, u \\
&\min \ f(z, x, u) \\
&\text{s.t.} \quad c(z, x, y(x, z, u)) \leqslant 0 \\
&R(x, z, u, y(x, z, u)) = 0
\end{aligned} \tag{7.50}$$

式中，u 表示学科状态变量，$R(x,z,u,y(x,z,u))$ 表示控制方程的残差。由于要求 R 直到最优时才被满足，所以对于中间的设计点，无法保证多学科状态都是可行的。

2. 多层优化方法

1）并行子空间优化方法

并行子空间优化（CSSO）方法是一个两级的非层次型优化算法。在众多的变形中，应用最广泛的是基于响应面（RS）的 CSSO 方法。RS 针对 MDA 进行近似建模，在优化之前必须初始化响应面模型，由于对于构建响应面的每次分析都需要运行一次 MDA，所以一般 CSSO 方法适用于变量数不大于 20 的问题[14]。系统优化负责满足所有约束（全局约束和局部约束），由于目标和约束的计算可以通过访问响应面实现，所以系统优化可以非常快速地完成。CSSO 方法中的每个子空间优化也通过响应面获取非本地状态信息，各子空间可以自主优化同一个系统目标函数，所以其约束仍然是全部约束。其数学描述如下：

系统层：

$$\begin{aligned}
&\text{find } z, x \\
&\min f(z, x, y^a) \\
&\text{s.t.} \ c(z, x, y^a) \leqslant 0
\end{aligned}$$

子系统层： \tag{7.51}

$$\begin{aligned}
&\text{find } z_i, x_i \\
&\min \ f(z_i, z_0, x_i, x_0, y_i(z_i, z_0, x_i, x_0, y_j^a), y_j^a) \\
&\text{s.t.} \ c(z_i, z_0, x_i, x_0, y_i(z_i, z_0, x_i, x_0, y_j^a), y_j^a) \leqslant 0
\end{aligned}$$

式中，y^a 表示从响应面模型获得的耦合变量，y_j^a 表示从响应面模型获得的非本子系统的耦合变量，z_i 和 x_i 表示分配到子系统 i 的全局变量和局部变量，而 z_0 和 x_0 表示优化过程中保持为常数的全局变量和局部变量。

2）协同优化方法

协同优化（CO）方法是一种与现代工业组织具有相似结构的两层算法，其目的是期望保留每个学科的专家控制，并充分利用并行优化以及分布式计算等优势，把大规模的复杂工程系统的设计问题分解为较小规模的优化设计问题，以提高计算效率。

　　CO 方法的系统层优化变量由全局设计变量、耦合变量和任何对目标有明显影响的局部设计变量组成；系统层约束由全局约束和一个相容性约束组成。学科优化的任务是最小化局部相容性约束，其优化变量集由该子空间需要的所有变量组成，包括全局设计变量、局部设计变量和非本学科的耦合变量，约束集仅包括由学科局部设计变量或局部耦合变量决定的那些约束。CO 的数学描述如下：

　　系统层：

$$\text{find}\quad z,\ y,\ x_{\text{obj}}$$
$$\min\quad f(z,\ y,\ x_{\text{obj}})$$
$$\text{s.t.}\quad J_i^*(z_i^*,\ z_i,\ x_{\text{obj}},\ x_{\text{obj}}^*,\ y_{ji},\ y_{ji}^*,\ y_i,\ y_i^*(x_i^*,\ y_{ji}^*,\ z_i^*))=0$$

　　子系统层：　　　　　　　　　　　　　　　　　　　　　　　　　　　　　(7.52)

$$\text{find}\quad z_i,\ x_i,\ y_{ji}$$
$$\min\quad J_i=\sum(z_i-z_i^t)^2+\sum(x_{i\text{obj}}-x_{i\text{obj}}^t)^2+\sum(y_i-y_i^t)^2+\sum(y_{ji}-y_{ji}^t)^2$$
$$\text{s.t.}\quad c(x_i,\ z_i,\ y_i(x_i,\ y_{ji},\ z_i))\leqslant 0$$
$$\text{with}\quad R_i(z,\ x,\ y_{ji})=0$$

式中，x_{obj} 表示仅与系统目标相关的局部变量，J_i 表示相容性约束，上标*表示从子系统获得的最优值，上标 t 表示从顶层分配给子系统的目标，y_{ji} 表示耦合变量。CO 方法通常对于较低维度的耦合问题更加有效。

　　3）二级集成系统合成方法

　　二级集成系统合成（BLISS）方法的目的主要是处理大型的分布式系统，它的特征是拥有一个确保多学科可行的系统级协调的完全学科自治能力。BLISS2000 是 BLISS 的一个变型，BLISS2000 中，在系统层中引入近似模型代替学科优化，使得学科优化完全从系统优化和其他学科优化中解耦，同时引入权重因子来动态调整每个学科的局部优化目标。因此，系统优化变量集由权重变量、全局变量和那些需要输入另一个学科的耦合输出变量组成，系统约束集由全局约束和每个优化耦合变量的可行约束组成。其数学描述如下：

　　系统层：

$$\text{find}\quad z,\ y^*,\ w$$
$$\min\quad y_s^a(z,\ y^*,\ w)$$
$$\text{s.t.}\quad y^*-y^a(z,\ y^*,\ w)=0$$
$$g\,(x^a(z,\ y^*,\ w),\ y^*,\ z)\leqslant 0$$
$$h\,(x^a(z,\ y^*,\ w),\ y^*,\ z)=0$$

子系统层：

$$
\begin{aligned}
&\text{given } z, y_j^*, w_i \\
&\text{find } x_i \\
&\text{min } \sum w_i y_i \\
&\text{s.t. } g(x_i, y_i(x_i, y_j^*, z), z) \leqslant 0 \\
&\qquad h(x_i, y_i(x_i, y_j^*, z), z) = 0
\end{aligned}
\tag{7.53}
$$

在 BLISS2000 的系统层中，w 为目标权重因子；y^a 表示从学科优化的近似模型中得到；y^* 表示从系统层的优化算法得到；y_s^a 表示系统优化目标（可以是一个学科的耦合变量输出，也可以是一个单独的函数的计算结果）；其中 $h = 0$ 为耦合变量可行约束；$y^* - y^a(z, y^*, w) = 0$ 为学科输出一致性约束。与 CO 方法相同，BLISS2000 方法非常适合系统变量较少而局部变量较多的问题。

4）解析目标传递方法

解析目标传递（analytical target cascading，ATC）方法[15]是针对具有多层结构的复杂工程系统提出的一种产品设计方法。在 ATC 方法中，顶层的设计目标被传递给较低的系统层，而较低层通过优化尽可能地满足这些目标，然后把结果返回给较高的层，通过迭代修正目标和设计，最终取得一致。ATC 方法的收敛性已经在数学上得到了证明[16]，其算法第 i 层第 j 个元素 P_{ij} 的优化问题的数学描述如下：

Element P_{ij}：

$$
\begin{aligned}
&\text{find } x_{ij}, y_{ij}, y_{(i+1)j}, R_{(i+1)j}, \varepsilon_R, \varepsilon_y \\
&\text{min } \left\| R_{ij} - R_{ij}^{U} \right\| + \left\| y_{ij} - y_{ij}^{U} \right\| + \varepsilon_R + \varepsilon_y \\
&\text{s.t. } \sum \left\| R_{(i+1)k} - R_{(i+1)k}^{L} \right\| \leqslant \varepsilon_R \\
&\qquad \sum \left\| y_{i(i+1)k} - y_{i(i+1)k}^{L} \right\| \leqslant \varepsilon_y \\
&\qquad g_{ij}(R_{ij}, x_{ij}, y_{ij}) \leqslant 0 \\
&\qquad h_{ij}(R_{ij}, x_{ij}, y_{ij}) = 0 \\
&\text{where } R_{ij} = r_{ij}(R_{(i+1)j}, x_{ij}, y_{ij})
\end{aligned}
\tag{7.54}
$$

式中，R_{ij} 为当层响应，y_{ij} 为关联变量，h_{ij} 表示控制方程，上标 U 表示上层目标，上标 L 表示下层反馈的目标，ε 表示误差容限。ATC 方法把系统分为多级，减少了整体问题的复杂性，可以针对各个元素进行并行设计，因此更适用于大规模多学科优化问题。

7.2.2　涡轮叶/盘结构可靠性分析

根据 7.2 节涡轮盘可靠性分析可知，盘的材料密度对涡轮盘结构可靠性影响很小，可以忽略；而外载荷和转速对涡轮盘结构可靠性影响很大。对于整体模型，涡轮盘所承受的外载荷的变化体现为涡轮叶片材料密度和转速的变化，因此取转速和涡轮叶片的材料密度作为涡轮叶/盘整体模型的随机变量，如表 7.9 所示。

表 7.9　随机参数定义

随机参数	均值	标准差	变化系数	分布特征
n/(r/min)	10300	206	0.02	正态分布
ρ/(kg/m³)	8480	42.4	0.005	正态分布

　　选取叶/盘关键区域的最大等效应力作为考察对象，包括叶冠、叶冠与叶身的连接处、叶身根部、叶片伸根、榫头榫齿、榫槽榫齿、轮盘盘心和轮盘辐板区等。在随机因素的影响下这些区域的最大等效应力位置也会发生变化，尽管有时变化并不显著。如果不考虑随机变量对温度场的影响，即所考察区域的温度场是恒定的，根据热分析的结果设定考察的关键区域的等效应力的应力边界值（表 7.10），叶片取材料在对应温度下的 $\sigma_{0.1}$，涡轮盘取材料在对应温度下的 $\sigma_{0.2}$。由于不考虑榫头和榫槽的接触传热，可以单独计算涡轮叶片和涡轮盘的温度场，所以二者的温度分布状况与前面相同。

表 7.10　考察点的结构分析结果

模型考察点	初始模型	上限值	区域温度/K
叶冠最大径向位移 dx_{np}/m	0.0055	0.010	—
叶冠最大等效应力 σ_{yg}/MPa	554.05	860.6	[1090,1100]
叶冠连接处最大等效应力 σ_{yglj}/MPa	265.88	860.6	[1070,1100]
叶身最大等效应力 σ_{yp}/MPa	419.96	929.3	[980,1010]
伸根最大等效应力 σ_{sg}/MPa	522.58	929.3	[990,1010]
榫头最大等效应力 σ_{st}/MPa	649.99	929.3	[990,1010]
榫槽最大等效应力 σ_{sc}/MPa	937.43	941.0	[910,920]
盘心最大等效应力 σ_{px}/MPa	960.23	1043.6	[600,620]
辐板最大等效应力 σ_{fb}/MPa	894.02	1003.3	[820,870]

　　图 7.8 是涡轮叶/盘模型进行接触分析的等效应力云图。图中显示榫槽部位的最大等效应力出现在第一榫齿的尖角，但是在工程中会对这里进行圆角处理，不会在此处发生强烈的应力集中，实际上的危险部位常常发生在第三榫齿与榫槽槽底的过渡圆角区域。因此，为了避开由于模型误差引起的应力集中，在计算中只考虑榫槽的榫齿齿根发生应力集中区的最大等效应力。

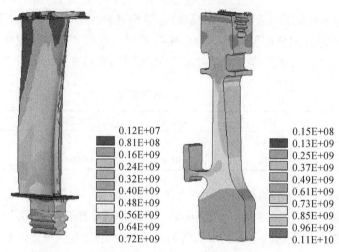

图 7.8　叶/盘模型整体分析等效应力云图（单位：Pa）

任取 A1 和 A2 两个不同的模型进行名义极限因子分析。取 σ_{max} 为考察点的最大等效应力，σ 为其所允许的最大值，设 $R = \sigma_{max}/\sigma$，取名义极限状态函数 $R_n = R(E(Z), X)$，其中 $E(Z)$ 表示随机变量 Z 的均值，X 为模型的几何参数变量。令 $M = R/R_n$，则对于给定 X 的可靠度为 P_f，对应的名义极限因子 η 满足 $P(M > \eta(X) \,|\, X) = P_f$，分析结果如表 7.11 所示。当涡轮盘和涡轮叶片装配在一起进行可靠性分析时，由于盘和叶片之间通过榫接结构连接在一起，而榫接结构之间的接触计算具有高度复杂的非线性特征，造成涡轮盘和涡轮叶片上的边界条件和载荷条件对模型参数极端敏感；并且由于所考察的部位基本都是应力集中较严重的区域，所以对于涡轮叶/盘整体模型，相同可靠度对应的名义极限因子并非一个常数，而是发生了较大的变化，即不能采用名义极限因子方法处理涡轮叶/盘整体模型可靠性优化中的概率约束。

表 7.11　涡轮叶/盘名义极限因子分析

P_f	0.90		0.95		0.99		0.995	
模型	A1	A2	A1	A2	A1	A2	A1	A2
dx_{tip}	1.0224	0.5635	1.0295	0.5675	1.0435	0.5756	1.0490	0.5783
σ_{yg}	1.0141	0.8714	1.0182	0.8759	1.0257	0.8826	1.0282	0.8858
σ_{yglj}	1.0486	0.5565	1.0624	0.5640	1.0891	0.5776	1.0993	0.5848
σ_{yp}	1.0567	0.6672	1.0732	0.6763	1.1060	0.6916	1.1190	0.6983
σ_{sg}	1.0802	0.7648	1.1004	0.7815	1.1353	0.8164	1.1511	0.8332
σ_{st}	1.0632	1.1796	1.0758	1.1799	1.0993	1.1800	1.1094	1.1905
σ_{sc}	1.0796	1.0875	1.1165	1.1078	1.2065	1.1581	1.2522	1.1839

续表

P_f	0.90		0.95		0.99		0.995	
模型	A1	A2	A1	A2	A1	A2	A1	A2
σ_{px}	1.0102	0.9112	1.0134	0.9132	1.0201	0.9172	1.0241	0.9191
σ_{fb}	1.0468	0.9174	1.0530	0.9279	1.0622	0.9471	1.0637	0.9573

7.2.3 涡轮叶/盘的可靠性多学科优化

1. 优化模型

涡轮叶/盘结构包括涡轮盘和涡轮叶片,二者通过榫接结构连接在一起,形成结构上的耦合关系。

涡轮叶片设计采用重心积叠方式,扫掠曲线表述了积叠点在流面上的轴向坐标沿叶展的分布规律,扫掠曲线采用三点控制的二阶贝塞尔曲线,如图 7.9 所示,其中 β_1 为在叶展为 0 处的控制曲线切线与径向的夹角,β_2 为在叶展为 1 处的控制曲线切线与径向的夹角。倾斜曲线表述了积叠点在流面上的周向坐标沿叶展的规律,为了方便,倾斜曲线也采用了三点控制的二阶贝塞尔曲线,如图 7.10 所示,其中 β_1 为在叶展为 0 处的控制曲线切线与径向的夹角,β_2 为在叶展为 1 处的控制曲线切线与径向的夹角。

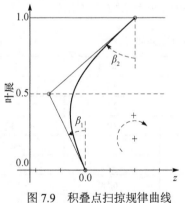
图 7.9 积叠点扫掠规律曲线

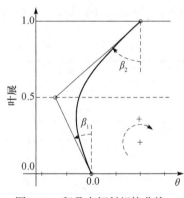
图 7.10 积叠点倾斜规律曲线

叶片的中弧线也采用一个简单的二阶贝塞尔曲线,第一个控制点选取叶型面的前缘点,第二个控制点选取叶型面的尾缘点,两个点的相对位置通过安装角 γ 进行定义,第三个控制点选取曲线在前缘点和尾缘点切线的交点,通过 β_1、β_2 进行度量,另外还需要选定一个参考长度,本例中选择中弧线的轴向长度(DZ)作为参考长度,如图 7.11 所示。定义中弧线之后,可以通过定义沿中弧线的厚度分布规律定义吸力面一侧和压力面一侧的曲线，该涡轮叶片采用沿中弧线对称的厚度分布规律，所以只对吸力面一侧的曲线进行定义，如图 7.12 所示，通过 4 个等距离的点实现对一个三次 B 样条曲线的控制，控制参数包括前缘半径 R_1、尾缘半径 R_t、前缘半楔角 θ_1、尾缘半楔角 θ_t、P_1 点和 P_2 点的半厚度 T_{P1} 和 T_{P2}。

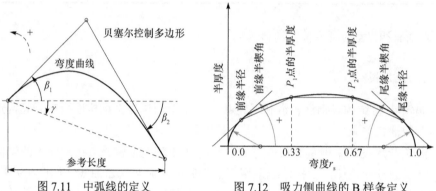

图 7.11　中弧线的定义　　　　　图 7.12　吸力侧曲线的 B 样条定义

最终，通过对叶根、叶中和叶尖三个位置的叶型进行定义，按照积叠点的扫掠规律和倾斜规律生成一个实心的涡轮叶片。通过前面的分析，选择上面提到的 10 个叶型参数（3 个截面）和 4 个积叠规律控制参数作为该涡轮叶片的多学科优化的设计参数，为了保证叶型不发生大的改变，暂令角度变化值不大于 3°，长度变化值不超过初始值的 50%；所有用到的参数已在表 7.12 中列出。

表 7.12　涡轮叶/盘优化参数

项目	几何参数	初始值	下限值	上限值
叶冠 X_1	a_1/mm	3.5	2.5	4.5
	b_1/mm	2.8	2.1	3.5
	DZ_1/mm	44.5	40	50
	DZ_2/mm	32.5	30	40
	DZ_3/mm	21.89	20	30
叶身 X_2	γ_1/(°)	−5.58	−6.58	−4.58
	γ_2/(°)	−22.0	−23.0	−21.0
	γ_3/(°)	−54.6	−55.6	−53.6
榫接 X_3	RS/mm	2.1	1.5	3
	RC_2/mm	2	1.5	2.5
	MIDDLE/(°)	53.5	52.5	54.5
盘身 X_4	DH_3/mm	30	25	40
	DW_5/mm	52	40	65

　　涡轮盘和涡轮叶片的结构在前面已经介绍。根据经验，在叶/盘的整体优化计算中，选择叶冠顶部封严齿的相对位置（a_1 和 b_1）作为叶冠的优化参数，榫接结构选择伸根圆角半径（RE）、齿形角（MIDDLE）和榫槽底部连接底面直线段的圆角半径（RC_2）作为榫接优化参数，涡轮盘选择 DH_3、DW_5 作为轮盘优化参数，叶片采用叶根、叶中和叶尖三个截面的轴向长度（DZ_1、DZ_2 和 DZ_3）和安装角（γ_1、γ_2 和 γ_3）作为叶片优化参数。各个参数的初始值和取值区间如表 7.12 所示。

　　为了简化计算，仅考虑静强度约束。对于涡轮叶片（包括叶身、叶冠和伸根），保证在所有正常工作条件下的等效应力不超过 $75\%\sigma_{0.1}$，其中叶冠与叶身连接处的最大应力不超过 $60\%\sigma_{0.1}$。对涡轮盘盘心和辐板区最大等效应力均要求不超过材料在该温度下的 $\sigma_{0.2}$；在榫接结构处，榫槽最大等效应力不大于 $75\%\sigma_{0.2}$；榫头最大等效应力不大于 $75\%\sigma_{0.1}$。流量（mf）仍然限制在[78.5，80.5](kg/s)范围内。由于所采用材料的限制温度远超过叶/盘的最高可能温度，此处不再进行温度约束。另外，还要求叶尖的径向伸长量不超过 0.01m。同时，考虑叶身、伸根、榫接以及盘身的可靠性约束，要求这些部位最大等效应力不大于其应力边界的可靠度不得低于 95%（$\beta=1.645$），具体如表 7.13 所示。

表 7.13　涡轮叶/盘可靠性优化约束

模型考察点	初始模型结果	可靠度要求	边界
dx_{tip}/m	0.0055	—	0.01
σ_{yg}/MPa	554.05	—	645.5
σ_{yglj}/MPa	265.88	—	516.4
σ_{yp}/MPa	419.96	95%	697.0
σ_{sg}/MPa	522.58	95%	697.0
σ_{st}/MPa	649.99	95%	697.0
σ_{sc}/MPa	937.43	95%	941.0
σ_{fb}/MPa	894.02	95%	1003.3
σ_{px}/MPa	960.23	95%	1043.6

　　目标函数取叶片的等熵效率和叶/盘总重的加权和如下：

$$F(X) = W_1/\eta(X) + W_2 \cdot m(X)/m_0(X)$$
$$m(X) = m_1(X) + m_2(X) \qquad (7.55)$$
$$m_0(X) = m_{10}(X) + m_{20}(X)$$

式中，$\eta(X)$ 为转子叶片的气动等熵效率函数；$m(X)$ 为叶/盘质量函数，$m_0(X)$ 为叶/盘的初始模型的体积，下标 1 表示叶片，下标 2 表示轮盘；W_1 和 W_2 为加权因子，分别取 0.7 和 0.3；设计变量 $X=\{X_1,X_2,X_3,X_4\}$，其中

$$X_1 = \{a_1, b_1\}$$
$$X_2 = \{DZ_1, DZ_2, DZ_3, \gamma_1, \gamma_2, \gamma_3\}$$
$$X_3 = \{RS, RC_2, MIDDLE\}$$
$$X_4 = \{DH_3, DW_5\}$$

(7.56)

则涡轮叶/盘结构的多学科优化模型可以写为

$$\text{find } X$$
$$\min \quad F(X) = W_1/\eta(X) + W_2 \cdot m(X)/m_0$$
$$\text{s.t. } g_1 = dx_{\text{tip}} - 0.01 \leqslant 0$$
$$g_2 = \sigma_{\text{yg}} - 645.5 \leqslant 0$$
$$g_3 = \sigma_{\text{yglj}} - 516.4 \leqslant 0$$
$$P\{g_i \leqslant 0\} \geqslant 95\%, \quad i = 4, \cdots, 8$$
$$g_4 = \sigma_{\text{yp}} - 697.0 \leqslant 0$$
$$g_5 = \sigma_{\text{sg}} - 697.0 \leqslant 0$$
$$g_6 = \sigma_{\text{st}} - 697.0 \leqslant 0$$
$$g_7 = \sigma_{\text{sc}} - 941.0 \leqslant 0$$
$$g_8 = \sigma_{\text{px}} - 1043.6 \leqslant 0$$
$$g_9 = mf \in (78.5, 80.5)$$

(7.57)

2. 优化策略

涡轮叶/盘的可靠性多学科优化既包含气-热-结构三个相互耦合的学科，也包含涡轮叶片与涡轮盘两个通过榫接结构相互耦合的子系统，是一个典型的具备多学科、多子系统的复杂多学科优化问题。虽然对于涡轮叶/盘的整体模型，名义极限因子方法并不适用，但是从涡轮盘的可靠性优化分析中可知，通过基于均值的单循环单变量（MV-SLSV）方法可以把可靠性约束转化为确定性约束，从而把基于可靠性的多学科优化转化为一个一般的确定性的多学科优化问题。因此，在选择涡轮叶/盘的多学科优化策略时可以不考虑可靠性的影响。

从学科耦合的角度上，可以把涡轮叶/盘的多学科优化分解为两层结构。其中顶层为系统层，负责整体目标和约束的优化；子系统层为气动学科与结构学科，分别负责学科相关的目标与约束的优化，如图7.13所示。选择BLISS2000策略进行分解，其算法结构如图7.14所示。

虽然按照学科耦合的分解原则实现了气动与结构的"学科自治"，但需要注意的是，在实际的工程设计中，涡轮盘和涡轮叶片通常由不同的设计小组负责。多学科优化的自治原则，不仅仅是狭义的、学科意义上的自治，还包括组件（子

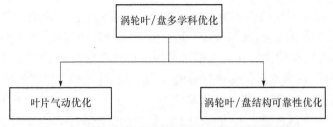

图 7.13　涡轮叶/盘的两层双子系统多学科优化结构

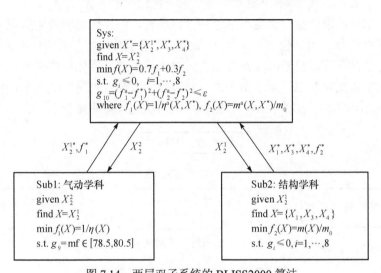

图 7.14　两层双子系统的 BLISS2000 算法

上标 a 表示该函数的近似模型，上标*表示子系统的最优解；X_2^1 为 X_2 中气动学科有关变量，
X_2^2 为结构学科有关变量；ε 为目标函数相容性准则，一般取 10×10^{-6}

系统）的自治，即应该尽力保证优化的组织方式与现代产品设计的组织形式相似，保证专业小组对子系统优化能够实现完全的自主控制，并且不需要过多关注不属于自己工作范围的事情。因此，在对涡轮叶/盘整体模型的多学科优化进行系统分解时，考虑涡轮叶片和涡轮盘的结构耦合特性，使两个组件能够实现并行的自主优化是非常必要的。

　　另外，由于榫接结构中的榫头和榫槽在很多设计参数上必须保持一致，并且在实际的设计中也是同步进行的，所以二者通常作为一个整体进行优化。为了方便，把榫接结构和涡轮盘作为一个单独的子系统，这样也可以在结构优化中避免引入耦合变量，减少了优化的复杂度。因此，按照学科耦合与结构耦合相结合的解耦方案，把涡轮叶/盘模型分解为两层三子系统结构，如图 7.15 所示。

　　一般情况下，对涡轮叶/盘这样复杂的结构进行多学科优化时，为了提高收敛速度，通常采用近似模型代替精确的流场分析和有限元分析，并且一些多学科优化策略的顶层系统也需要构建子系统层最优值的近似模型。为了保证这些模型的精确性，必须保证足够的样本量。以构建全二次响应面模型为例，具有 n 个变量所需的最小样本量为 $m=n(n+1)/2$。对于图 7.14 所示的算法，结构学科的设计变量个数为 $n=10$，构建全二次响应面所需的最小样本量为 55 个。如果按照图 7.15 的结构对涡轮叶/盘多学科优化进行分解，即把结构优化部分考虑为叶冠/叶身与榫接/轮盘的并行优化，第一部分优化参数为 X_1、X_2，同时由叶片的灵敏度分析结果可知，叶片中弧线的轴向长度（DZ）对结构的影响很小，在结构优化中可以不考虑 DZ 的影响，共 $n_1=5$ 个参数；第二部分优化参数为 X_3、X_4，共 $n_2=5$ 个参数。每个部分的设计参数都要小于总的设计参数，单独构建响应面所需要的最小样本计算总量为 30 个，也远小于图 7.13 的双子系统结构所需的样本计算量。并且由于每个部分可以只考虑与参数相关的对象的约束，优化规模进一步降低。按照 BLISS2000 策略对三子系统结构进行分解的算法结构如图 7.16 所示，可以看出，与图 7.14 所示的算法结构相比，该结构学科的优化规模明显变小[17]。

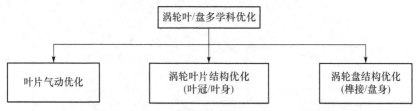

图 7.15　涡轮叶/盘的两层三子系统多学科优化结构

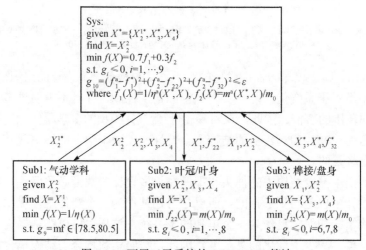

图 7.16　两层三子系统的 BLISS2000 算法

上标 a 表示该函数的近似模型，上标*表示子系统的最优解；X_2^1 为 X_2 中气动学科有关变量，
X_2^2 为结构学科有关变量；f_{22} 表示在 Sub2 中的 f_2，f_{32} 表示在 Sub3 中的 f_2

在两层三子系统的结构中，结构学科的两个子系统优化和气动的学科优化处

于同一个级别。为了更清晰地表达涡轮叶/盘多学科优化的层次关系，首先按照学科解耦方案，把叶/盘的气动-传热-结构多学科耦合简化为气动与结构的松散耦合，将叶片的气动优化和叶/盘的结构优化作为第一个子层；然后按照结构解耦方案，把叶/盘的结构优化按照两个子系统进行分解，即把叶冠/叶身与榫接/盘身的结构优化作为系统优化的第二个子层，形成如图 7.17 所示的三层结构，这种形式实质上是前面两种方案的有机融合。

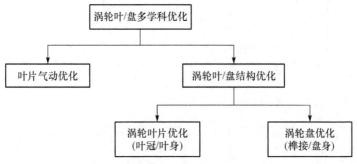

图 7.17　涡轮叶/盘多学科优化框架

处理如图 7.17 所示的多层结构的优化策略有 CO 算法、ATC 算法和 BLISS2000 算法等，但是一般认为 CO 算法和 BLISS2000 算法最好用于两层结构，虽然从理论上看它们也能够应用于多层结构，但是当进行多层拓展时，形式过于复杂。ATC 算法的设计目的就是处理具有多层结构的产品设计问题，因此能够用来处理多层结构的多学科优化问题，并且它是唯一一个收敛性得到理论证明的多学科优化策略，无疑是解决该问题的首选。但是另一方面，研究表明 BLISS2000 算法在收敛效率上优势明显，因此从理论上讲，如果在优化中采用或者在某个阶段采用 BLISS2000 算法应该能够提高该问题优化的收敛速度。基于此可以认为，除了 ATC 算法之外，采用 CO 算法和 BLISS2000 算法的混合策略来处理涡轮叶/盘整体模型的多学科优化也是一个不错的选择。两种方案的优化策略如图 7.18 和图 7.19 所示。

从两种优化策略的结构图中可以看出，ATC 算法的分解虽然比较直观，但是由于引入了辅助变量和关联变量，增加了优化参数的个数，在某种程度上使优化规模变大。对于涡轮叶/盘这样复杂的多学科优化问题，即使问题规模的少量增加都会带来大量的附加计算，非常不利于提高优化效率和降低计算开销。当使用 CO 与 BLISS2000 的混合算法时，需要首先采用 BLISS2000 算法来处理气动与结构的学科耦合，可以把气动学科的优化参数从总的设计参数中分离出来，从而使在进行叶/盘结构优化时的参数个数减小，否则如果采用 CO 算法首先处理学科耦合问题，会使原本与结构关系不大的一些气动变量在第一层仍然参与优化，并且可能需要引入辅助变量，反而使得优化的规模变大。CO 算法与 BLISS2000 算法的结合，充分利用 BLISS2000 算法针对函数目标分解和 CO 算法针对共享变量分解的优势，没有引入附加变量，从问题的规模来看明显要优于 ATC 算法。因此，就涡轮叶/盘的多学科优化问题，CO 与 BLISS2000 的混合算法显然比 ATC 算法更加适用于三层结构。

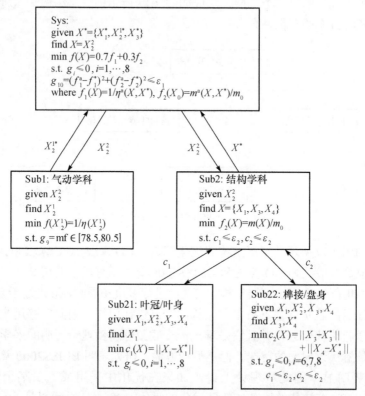

图 7.18　涡轮叶/盘的 CO 与 BLISS2000 的混合算法结构

上标 a 表示该函数的近似模型，上标 * 表示子系统的最优解；X_2^1 为 X_2 中气动学科有关变量，X_2^2 为结构学科有关变量；ε_1 为 BLISS2000 算法中的目标相容性约束，ε_2 为 CO 算法中的变量相容性约束

3. 优化结果及分析

通过前面分析，比较两层结构的 BLISS2000 算法和三层结构的 CO 与 BLISS2000 的混合算法，首先利用 MV-SLSV 方法把可靠性约束转化为确定性约束，优化过程中采用 Kriging 模型作为代理模型，按照以上三种方案对涡轮叶/盘进行多学科优化，所得结果如表 7.14 所示。对应的收敛历史曲线如图 7.20～图 7.22 所示。

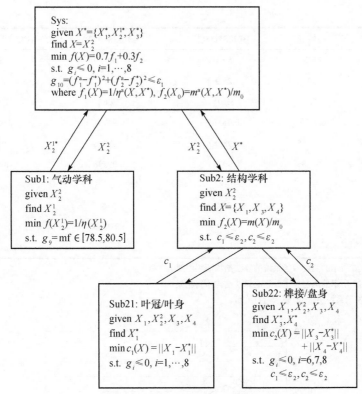

图 7.19　涡轮叶/盘的 ATC 算法结构

上标 a 表示该函数的近似模型，上标*表示子系统的最优解；X_2^1 为 X_2 中气动学科有关变量，
X_2^2 为结构学科有关变量；ε_1 为 BLISS2000 算法中的目标相容性约束，ε_2 为 CO 算法中的变量相容性约束

表 7.14　涡轮叶/盘基于可靠性多学科优化结果

几何参数	初始值	BLISS2000[①]	BLISS2000[②]	CO+BLISS2000
a_1/mm	3.5	3.988	4.0	3.983
b_1/mm	2.8	3.5	3.5	3.439
DZ_1/mm	44.5	40	40	40
DZ_2/mm	32.5	37.61	37.83	38.262
DZ_3/mm	21.89	20	20	20.0
γ_1/(°)	−5.58	−5.459	−5.59	−5.552
γ_2/(°)	−22.0	−22.06	−21.93	−21.81
γ_3/(°)	−54.6	−54.61	−54.56	−54.13
RS/mm	2.1	1.5	1.5	1.5
RC_2/mm	2.0	2.5	2.5	2.385

续表

几何参数	初始值	BLISS2000[①]	BLISS2000[②]	CO+BLISS2000
MIDDLE/(°)	53.5	52.5	52.5	53.27
DH_3/mm	30	25.9	27.18	30.24
DW_5/mm	52	52.04	52.68	59.96
m/kg	0.9577	0.94115	0.94733	0.99504
η	0.97555	0.98383	0.98348	0.98393
F	1.00485	0.99385	0.99596	1.00995
Sys/run[③]	—	38	34	33
空气动力	—	274	315	511
结构	—	902	203/656	1513
Sub1/Sub3	—	—	—	16687/68414

① 图 7.20 所示的两层双子系统的算法结构所得结果。

② 图 7.21 所示的两层三子系统的算法结构所得结果。

③ Sys 表示系统层，run 表示运行次数。

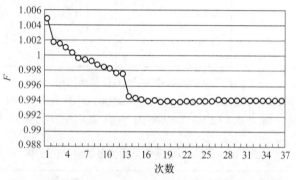

图 7.20　两层双子系统 BLISS2000 算法收敛历史曲线

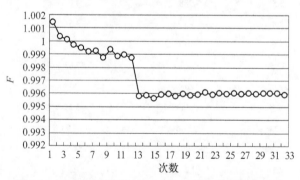

图 7.21　两层三子系统 BLISS2000 算法收敛历史曲线

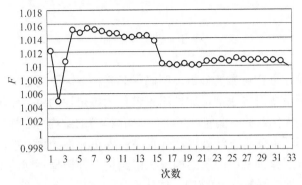

图 7.22　三层 CO 与 BLISS2000 混合算法收敛历史曲线

从表 7.14 中可以看出，两层双子系统与两层三子系统的优化结果比较接近，均优于三层结构的优化结果。但是，两层结构中的双子系统和三子系统的优化变量的最终结果并不完全一致，是因为在两层三子系统的结构中，除去存在和双子系统结构中相同的学科耦合变量之外，在子系统 Sub2（叶冠/叶身）与 Sub3（榫接/盘身）之间还存在额外的结构耦合变量以及三个耦合约束，由于并不能保证这些耦合变量和耦合约束在优化结束时完全一致，所以在某些耦合变量上存在差别是完全正常的。从优化结果看，两层双子系统和两层三子系统使用 BLISS2000 算法得到的优化结果都是可以接受的。

在三层结构中采用了 CO 与 BLISS2000 的混合算法，虽然由于 BLISS2000 算法直接对优化目标分解的特性使其误差较小，但是由于 CO 算法是针对设计变量的分解，需要在上级优化中采用相容性约束，通常都会造成较大的误差。并且，在混合策略中，两种误差的同时存在更加剧了优化结果与采用 BLISS2000 算法的两层结构优化结果的差别。

从三种结构的收敛历史曲线和优化结果表中可以看出，虽然三者顶层的迭代次数相近，但是在 CO 与 BLISS2000 的混合算法中，第三层的循环次数才是决定收敛速度的主要因素，因此两层结构的收敛速度比较接近，都明显快于三层结构。这是因为在三层结构的优化中，除 CO 算法本身的原因之外，层与层之间的交互迭代也会面临收敛速度慢和收敛困难等问题，对于涡轮叶/盘整体模型这样复杂的非线性问题矛盾会更加突出，因此尽可能地减少优化结构的层数是解决涡轮叶/盘多学科优化问题的关键。为了实现学科和组件的自治，尽可能把所有应该并行运行的子系统放在同一级别，这样有利于选择更加灵活的多学科优化策略，不但能够加快收敛速度，也有利于提高优化的精度。

7.3　小　　结

本章对涡轮盘进行可靠性分析，明确了名义极限因子的适用范围，并结合基于均值的单循环单变量方法把可靠性约束转化为确定性约束，使可靠性优化转化为一般的确定性优化。针对涡轮叶/盘的一体化模型的结构可靠性特点，确定使用基于均值的单循环单变量方法处理优化模型中的可靠性约束；按照学科耦合与结构耦合的不同分解原则采用两层结构或三层结构，并选择不同的多学科优化策略实现了基于可靠性的涡轮叶/盘结构一体化设计。

参 考 文 献

［1］ Lee J O, Yang Y S, Ruy W S. A comparative study on reliability-index and target-performance-based probabilistic structural design optimization. Computers and Structures, 2002, 80(3-4): 257-269.

［2］ AIAA. Enriched performance measure approach (PMA+) for reliability-based design optimization. The 10th AIAA/ISSMO Multidisciplinary Analysis and Optimization Conference, 2000: 1-16.

［3］ Shan S Q, Wang G G. Reliable design space and complete single-loop reliability-based design optimization. Reliability Engineering and System Safety, 2008, 93: 1218-1230.

［4］ Yang R J, Chuang C, Gu L, et al. Numerical experiments of reliability-based optimization methods. The 45th AIAA/ASME/ASCE/AHS/ASC Structures, Structural Dynamics and Materials Conference, 2004: 2032.

［5］ Ching J, Hsu W C. Approximate optimization of systems with high-dimensional uncertainties and multiple reliability constraints. Computer Methods in Applied Mechanics and Engineering, 2008, 198(1): 52-71.

［6］ Grooteman F. Adaptive radial-based importance sampling method for struct ural reliability. Structural Safety, 2008, 30(6): 533-542.

［7］ Ching J, Hsu W C. Transforming reliability limit-state constraints into deterministic limit-state constraints. Structural Safety, 2008, 30(1): 11-33.

［8］ Papadrakakis M, Lagaros N D. Reliability-based structural optimization using neural networks and Monte Carlo simulation. Computer Methods in Applied Mechanics and Engineering, 2002, 191(32): 3491-3507.

［9］ Rahman S, Xu H. A univariate dimension-reduction method for multi-dimensional integration in stochastic mechanics. International Journal for Numerical Methods in Engineering, 2004, 61(12): 1992-2019.

［10］ Rahman S, Wei D. A univariate approximation at most probable point for higher-order reliability analysis. International Journal of Solids and Structures, 2005, 43(9): 2820-2839.

［11］ 胡殿印. 涡轮盘疲劳-蠕变可靠性设计方法研究. 北京: 北京航空航天大学博士学位论文, 2009.

［12］ 裴月. 涡轮盘结构概率设计体系研究. 北京: 北京航空航天大学硕士学位论文, 2007.

［13］ Tedford N, Martins J. On the common structure of MDO problems: A comparison of architectures. The AIAA/

ISSMO Multidisciplinary Analysis and Optimization Conference, 2006: 1-22.

［14］ 尹泽勇, 米栋, 吴立强, 等. 航空发动机多学科设计优化技术研究. 中国工程科学, 2007, 9(6): 1-10.

［15］ Kim H M. Target cascading in optimal system design. Journal of Mechanical Design, 2001, 125(3): 474-480.

［16］ Michelena N, Park H, Papalambros P Y. Convergence properties of analytical target cascading. AIAA Journal, 2003, 41(5): 897-905.

［17］ 杨俊杰. 基于可靠性的涡轮盘叶多学科优化研究. 北京: 北京航空航天大学博士学位论文, 2010.

第8章 发动机典型结构可靠性试验

航空发动机可靠性试验是指发动机在设计、制造、使用过程中，为验证其可靠性水平而进行的试验。与一般机械结构相比，航空发动机结构复杂、载荷/环境等服役工况复杂多变。因此，航空发动机可靠性试验相对复杂和繁多，且试验项目难度大。涡轮叶/盘等热端结构作为航空发动机的核心部件，其结构可靠性是制约发动机研发的瓶颈。涡轮叶/盘结构长期处于高温、高载、氧化等交互作用的工作环境，失效模式多为复合疲劳失效（如高低周复合疲劳、疲劳-蠕变、热机械疲劳等）。针对涡轮叶/盘结构多失效模式的寿命试验是航空发动机可靠性试验的关键和难点。实验室条件下的标准件和模拟件难以描述多轴应力状态、应力梯度等对于真实结构损伤的影响；发动机整机试车试验存在裂纹不易检测、成本过高以及子样少等缺点，均不宜直接用于涡轮叶/盘结构寿命评估和可靠性设计。因此，应当着重模拟服役工况，开展涡轮叶/盘结构实验室条件下的寿命试验，为发动机结构可靠性设计提供数据支持。

本章对发动机可靠性试验以及分类进行简要介绍，并以热端关键结构可靠性寿命试验为重点，介绍涡轮叶/盘结构可靠性试验所涉及的高低周复合疲劳、疲劳-蠕变和热机械疲劳等试验技术以及相应的寿命预测方法。

8.1 发动机可靠性试验概述

发动机可靠性试验是保证发动机产品质量的重要环节。由于发动机结构复杂、工作条件恶劣，其可靠性试验更为复杂、繁多。从广义来讲，发动机可靠性试验包括为保证发动机安全和可靠性的所有试验。发动机可靠性试验贯穿于发动机设计、制造和使用的全过程中。

发动机可靠性试验可分为验证性试验、鉴定性试验、验收性试验以及可靠性增长试验。验证性试验是针对产品设计研制过程中所进行的对设计可靠性指标的考核试验，可分为可靠性寿命试验、等效加速性试验、零组件强度考核性试验、整机性能试验、整机振动试验及整机环境试验等。

可靠性寿命试验是可靠性试验的重要内容。通常可靠性试验是指寿命试验[1]。可靠性寿命试验分为完全寿命试验与不完全寿命试验两大类。完全寿命试验是指参加寿命试验的样品做到完全故障后终止试验。不完全寿命试验又分为定数截尾寿命试验和定时截尾寿命试验。试验前规定出参加试验样品的故障数目，试验进行中达到故障数目时为止，这样的试验称为定数截尾寿命试验。试验前规定出参加试验样品的故障时间值，试验进行中只要试验件达到该时间值，试验便停止，这样的试验称为定时截尾寿命试验。

对于一些高可靠性的产品，按正常工作条件进行可靠性寿命试验往往需要耗费很长的时间。因此，高可靠性的产品经常采用加速寿命试验。加速寿命试验就是用加大应力的办法，使试验件加速达到其本身寿命，从而缩短试验时间。加速寿命试验大致可分为恒定应力加速寿命试验、步进应力加速寿命试验以及序进应力加速寿命试验。将一定数量的试验件分成几组且每组固定在一个应力水平上进行的寿命试验称为恒定应力加速寿命试验。将一定数量的试验件分为几组且每组规定升高应力的时间的寿命试验称为步进应力加速寿命试验。如果一定数量的试验件在试验应力随时间按一定规律增大的条件下进行寿命试验，则该试验称为序进应力加速寿命试验。

由于航空发动机结构复杂、载荷/环境等服役工况复杂多变，其可靠性试验十分复杂。对于航空发动机典型的叶/盘结构，整机试车是最贴近实际的试验方法，但是其存在裂纹不易检测、成本过高以及子样数目少等缺点，不宜直接用于发动机典型结构设计中的定寿研究、故障分析和预防等。因此，在实验室条件下重现叶/盘结构在服役过程中的受力状态，开展高精度的可靠性试验是非常有必要的。发动机可靠性试验的核心是热端关键结构涡轮叶/盘的可靠性试验，而涡轮叶/盘结构的主要模式为高低周复合疲劳、疲劳-蠕变、热机械疲劳等。本章 8.2 节～8.4 节依次介绍针对上述三种典型失效模式的实验室试验方法。

8.2　涡轮榫接结构高低周复合疲劳试验

涡轮榫接结构同时承受叶片离心力、热载荷等构成的低周疲劳载荷和由气动载荷诱发叶片横向振动引起的高周疲劳载荷，即高低周复合疲劳载荷。多型在役航空发动机长期受涡轮榫接裂纹故障困扰[2-4]，严重威胁飞机的飞行安全。欧洲发动机涡轮结构复合疲劳研究计划（PREMECCY）[5]指出，涡轮榫接高低周复合疲劳失效占总故障的 40%以上。因此，特别需要开展涡轮榫接结构的高低周复合疲劳试验研究。

8.2.1　试验方法

作者课题组提出了一套真实涡轮榫接结构的高低周复合疲劳试验系统[6]，如图 8.1 所示。该试验系统包括加热子系统、低周载荷子系统、高周载荷子系统、冷却子系统、监控子系统等。

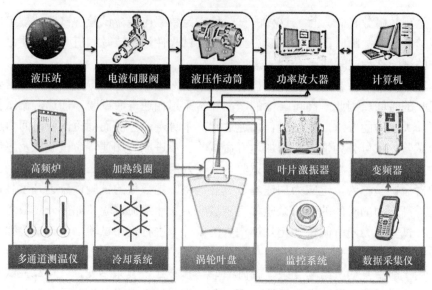

图 8.1　真实涡轮榫接结构的高低周复合疲劳试验系统[6]

1. 加载方案

　　航空发动机真实涡轮榫接试验不同于标准件和模拟件，主要体现在以下几个方面：①低周载荷大，试验件整体刚性越大，高周载荷施加难度也越大；②高周载荷振幅很小，极易因摩擦等原因耗散。因此，高低周载荷互不干涉施加是加载方案中的最大难题。为此，考虑涡轮榫接结构特点，设计了高低周复合疲劳加载方案，巧妙地解决了高低周载荷的相互干扰问题，并使轮盘榫槽榫齿上的振动应力分布趋于合理。具体包括：将低周载荷施力点通过一传力圆棒后移至榫槽后方，然后用一传力顶板从后方推至试验叶片夹具上的承力凸耳上。在保证低周载荷很好传递的同时，使承力凸耳上的滑动摩擦变为滚动摩擦，激振器产生的振动载荷可以基本上不受损失而顺利地传到轮盘榫槽榫齿上。为进一步减少高周激振力的传递阻力，在承力凸耳和传力圆棒上均套加滚动轴承。加载方案的另一个核心技术在于设计涡轮叶片的专用夹具，夹具的上下两片内侧分别按试验涡轮叶片叶盆和叶背型面数据进行精确的数控加工。试验时，依靠四个螺栓压紧两片夹板，从而夹紧叶片，通过这种摩擦夹持的方法实现低周拉力的施加。

　　高周载荷的施加是利用变频器和叶片激振器实现的，为防止高周载荷因摩擦而耗散，试验过程中利用数据采集仪对高周载荷的频率和振幅进行实时监测，保证了高周载荷的稳定性。

2. 加温方案

高低周复合疲劳采用高频感应加热炉进行加热，加热线圈的形状直接影响加热效果。为实现试验均温的要求，需要试验过程中加热效果的一致性；同时利用多通道测温仪对榫接结构的温度进行实时监控。为保证试验过程的稳定性，试验采用了诸多测控、测试技术，如多通道测温仪、高周振幅与频率数据采集仪、试验监控系统等。

3. 试验载荷谱确定

涡轮榫接复合疲劳试验涉及高温下的高周载荷和低周载荷，损伤叠加原理在处理不同载荷类型造成的损伤时具有一定的局限性。同时，建立试验寿命与外场寿命的换算关系是复合疲劳试验结果能够指导外场涡轮榫接检修的前提。为此，提出了一种结合外场数据、理论分析及试验试凑的高低周复合疲劳试验载荷谱推算方法，流程如图 8.2 所示。首先利用蠕变寿命曲线确定外场载荷谱的蠕变所占损伤比。然后采用雨流计数法将外场载荷谱转换为三角波，并利用 Goodman 曲线将三角波转换为脉动循环，进而得到外场载荷谱的低周疲劳所占损伤比。最后，基于损伤等效原则确定试验的低周载荷及其与外场载荷的换算关系。以某型发动机涡轮榫接为例，以试车载荷谱的蠕变损伤和低周疲劳损伤为依据，最终确定试验低周载荷谱的形式及其与外场载荷谱的换算关系：梯形波幅值为 100kN，保载时间为 98s，试验载荷谱与外场载荷谱的换算关系为 3.384:1。

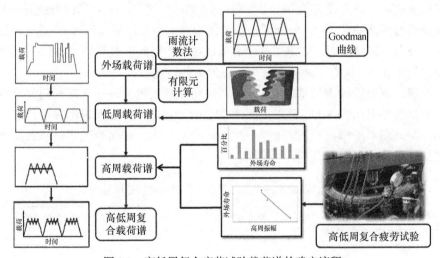

图 8.2　高低周复合疲劳试验载荷谱的确定流程

试验高周载荷频率为 23.8Hz。为确定高周载荷振幅，进行了不同高周振幅下的涡轮榫接高低周复合疲劳试验，试验得到了高周振幅对高低周复合疲劳寿命的影响（图 8.3），二者呈线性关系，相关系数 R^2=0.97。同时，对 1992～2011 年的 229 台发动机的涡轮榫接外场寿命进行统计，结果显示 750～850h 的外场故障相对集中，故以 800h 外场寿命作为确定高周振幅的依据。根据图 8.3 所示高周振幅与涡轮榫接寿命的拟合关系，当激振点高周振幅为 6mm 时，试验得到的涡轮榫接等效外场寿命为 800h。

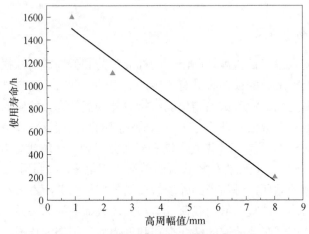

图 8.3　高周振幅对涡轮榫接寿命的影响

　　至此，完成了试验载荷谱的确定，依据外场损伤等效原则与数值分析结果确定了低周载荷（最大载荷 100kN，保载时间 98s），同时，建立了试验载荷谱与外场载荷谱的换算关系（3.384 个试验载荷谱相当于一个外场载荷谱）。结合外场寿命统计分布与试验结果，确定了试验高周载荷（高周激励频率为 23.8Hz，激励点的振幅为 6mm），保证了试验寿命与外场寿命的一致性。

　　在确定试验载荷谱的基础上，对 3 对涡轮榫接试验件进行了高低周复合疲劳试验，试验结果如表 8.1 所示，试验件如图 8.4 所示。3 对涡轮榫接平均寿命为 793h，与外场涡轮榫接平均寿命为 800h 的结论一致，从而验证了试验载荷谱的合理性。

表 8.1　涡轮榫接高低周复合疲劳载荷谱验证试验[7]

试验件编号	裂纹情况	等效外场时间/h
1	右 1、2 齿裂纹	486
2	左 2 齿裂纹并掉块	1017.2
3	左 1、2 齿掉块，3 齿裂纹	876

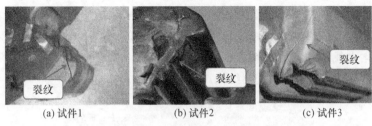

(a) 试件1   (b) 试件2   (c) 试件3

图 8.4 试件破坏形式及位置

8.2.2 试验结果

机械加工过程中，涡轮榫接各齿均处于一定的公差范围内，如某型发动机涡轮盘榫齿齿距公差为(6.504±0.008)mm，涡轮叶片榫齿齿距公差为(6.5+0.005/−0.015)mm。公差导致涡轮榫接呈现不同的初始接触状态。不同的接触状态严重影响了涡轮榫接各齿的载荷分配，因而对涡轮盘榫齿的裂纹扩展规律产生非常重要的影响。为此，试验设计了名义接触状态和极限接触状态的两种试验件，并对试验结果进行了对比分析。三齿两种接触状态的高低周复合疲劳裂纹扩展规律的对比如图 8.5 所示，100h 极限接触状态裂纹扩展速率为名义接触状态的 4.1 倍，300h 极限接触状态裂纹扩展速率为名义接触状态的 14.7 倍。可以认为，极限接触状态使裂纹扩展速率急剧增加。

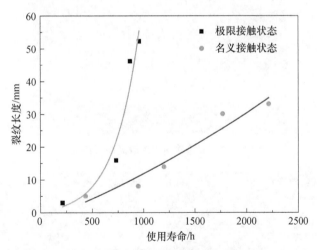

图 8.5 三齿不同接触状态的试验结果对比

对真实涡轮榫接试验件进行了断口分析，结果表明试验再现了涡轮盘榫槽高低周复合疲劳失效。源区宏观特征（图 8.6）显示起裂方式为多源起裂，即起裂由低周大载荷导致；源区微观特征（图 8.7）中疲劳条带较宽，表明起裂初期裂纹主要在低周大载荷下扩展；裂纹扩展区（图 8.8）内具有清晰的疲劳弧线，在疲劳弧线之间存在疲劳条带，疲劳弧线与疲劳条带的有规律分布说明循环载荷存在有规律的变化，大载荷循环之间包含多个小载荷循环，即高周载荷与低周载荷同时作用；图 8.9 为结构瞬断区的韧窝结构。

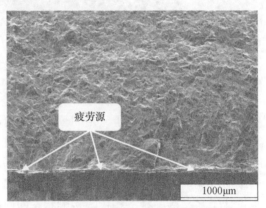

图 8.6　试验件断口的源区宏观特征

图 8.7　试验件断口的源区微观特征

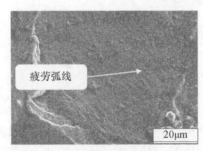 

(a) 裂纹稳定扩展区　　　　　　　　　　(b) 局部放大图

图 8.8　试验件断口裂纹扩展区微观特征

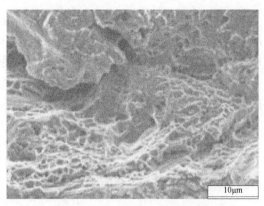

图 8.9　试验件断口的韧窝结构

8.2.3　寿命预测

涡轮榫接的裂纹扩展是一个动态的复杂过程。一旦某一榫齿通道出现裂纹，高周载荷的叠加就会加速裂纹扩展，这时，由于其结构特点，产生裂纹的通道榫头与榫槽接触区减小致使裂纹尖端应力降低，裂纹扩展将明显减缓甚至止裂，此时载荷将由其他通道承担从而导致剩余榫齿萌生裂纹并扩展，未起裂榫齿由于应力加大导致剩余强度不足引起破坏。因此，涡轮榫接裂纹扩展数值模拟必须考虑这一载荷重分配现象。为此，提出了图 8.10 所示的数值模拟方法，根据接触状态和接触表面粗糙度确定结构等效刚度和等效阻尼，利用谐响应分析方法确定涡轮

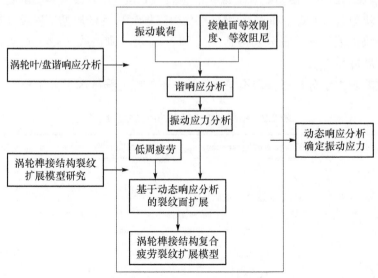

图 8.10　涡轮榫接复合疲劳数值模拟方法

榫槽各齿的振动应力。这种高周载荷的分析方法考虑了接触状态实时变化导致的高周载荷的变化，能够较精细地刻画涡轮榫接载荷重分配现象。

根据试验载荷谱，认为每一载荷块（用下标 B 表示）的裂纹扩展速率由低周循环（用下标 LCF 表示）以及高周振动循环（用下标 HCF 表示）两部分线性叠加得到，这时一个载荷块的裂纹扩展速率为

$$\left(\frac{\mathrm{d}a}{\mathrm{d}N}\right)_{\mathrm{B}} = \left(\frac{\mathrm{d}a}{\mathrm{d}N}\right)_{\mathrm{LCF}} + m \times \left(\frac{\mathrm{d}a}{\mathrm{d}N}\right)_{\mathrm{HCF}} \tag{8.1}$$

式中，m 为一个载荷块中高周振动循环数，$\left(\dfrac{\mathrm{d}a}{\mathrm{d}N}\right)_{\mathrm{LCF}}$ 与 $\left(\dfrac{\mathrm{d}a}{\mathrm{d}N}\right)_{\mathrm{HCF}}$ 的表达式分别为

$$\left(\frac{\mathrm{d}a}{\mathrm{d}N}\right)_{\mathrm{LCF}} = C_1(\Delta K_{\mathrm{LCF}})^{n_1} \tag{8.2}$$

$$\left(\frac{\mathrm{d}a}{\mathrm{d}N}\right)_{\mathrm{HCF}} = C_2(\Delta K_{\mathrm{HCF}})^{n_2} \tag{8.3}$$

式中，$\Delta K_{\mathrm{LCF}} = K_{\max(\mathrm{LCF})} - K_{\min(\mathrm{LCF})}$，$\Delta K_{\mathrm{HCF}} = K_{\max(\mathrm{HCF})} - K_{\min(\mathrm{HCF})}$，$K$ 为应力强度因子，可由 J 积分法[8]获得。

与式（8.1）相对应，线性损伤模型[9]的寿命表示式为

$$\frac{1}{N_{\mathrm{B}}} = \frac{1}{N_{\mathrm{LCF}}} + \frac{m}{N_{\mathrm{HCF}}} \tag{8.4}$$

式中，N_{B} 表示当裂纹由初始长度 a_0 扩展至裂纹长度 a 时，疲劳裂纹的复合扩展寿命（载荷块数）。而 N_{LCF} 和 N_{HCF} 则分别代表当榫齿只受低周循环以及高周循环作用时的裂纹扩展寿命。在分别得到 N_{LCF} 和 N_{HCF} 后，则由式（8.4）可求得疲劳裂纹复合扩展寿命 N_{B}。

通过断裂力学分析可获得不同裂纹长度下的应力强度因子，如表 8.2 所示。

表 8.2　不同裂纹长度下的应力强度因子

序号	裂纹长度 $a \times b$/(mm×mm)	ΔK_{LCF}/(MPa·m$^{1/2}$)	ΔK_{HCF}/(MPa·m$^{1/2}$)
1	1.0×1.0	20.55	0.119
2	2.0×2.0	22.46	0.128
3	2.0×3.0	25.12	0.138
4	2.0×7.0	30.40	0.183
5	2.0×12.5	37.81	0.254
6	2.0×15.2	42.38	0.292

续表

序号	裂纹长度 $a \times b$/(mm×mm)	ΔK_{LCF}/(MPa·m$^{1/2}$)	ΔK_{HCF}/(MPa·m$^{1/2}$)
7	2.0×25.0	54.12	0.442
8	2.0×30.0	60.75	0.523
9	2.0×34.0	65.25	0.587
10	2.0×50.0	70.53	0.820
11	2.0×65.0	85.40	0.992

结合前述高低周复合疲劳裂纹扩展分析流程,完成名义公差状态和极限公差接触状态下榫槽三齿寿命预测,结果如图 8.11 和图 8.12 所示,与试验结果相比,预测结果在 1.3 倍寿命分散带以内,如图 8.13 和图 8.14 所示。

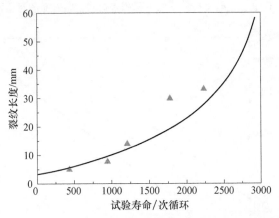

图 8.11　名义公差状态下高低周复合疲劳裂纹扩展寿命

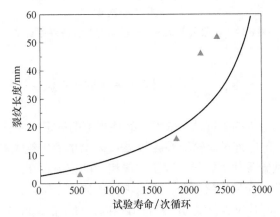

图 8.12　极限公差状态下高低周复合疲劳裂纹扩展寿命

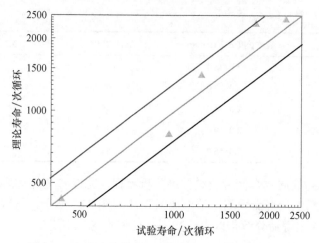

图 8.13　名义公差状态下预测寿命与试验寿命的对比

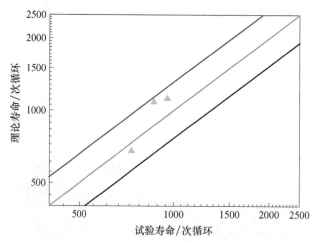

图 8.14　极限公差状态下试验寿命与预测寿命对比

8.3　涡轮结构疲劳-蠕变试验

涡轮结构是发动机的关键件，依据可靠性规范的规定，要对其疲劳-蠕变寿命进行评定。目前，国内外对涡轮结构疲劳-蠕变寿命的评定绝大多数是通过试验方法进行的，并在试验条件下施加与真实工况相同的应力场和温度场，用以反映结构的真实情况。基于叶片形状复杂、难以夹持的问题，国内外开展涡轮结构的试验时常采用简化的叶片试件，如与叶片材料相同带榫头的假叶片来模拟榫接受力。然而，一是试验结果很难保证模拟件和真实结构受力的一致性；二是专门设计加工带真实榫头假叶身的涡轮叶片成本高。为此，需要建立针对真实涡轮结构的疲劳-蠕变试验方法，为评定涡轮结构疲劳-蠕变寿命提供依据[10]。

8.3.1 试验方法

1. 加载方案

以某型发动机为例，介绍疲劳-蠕变的试验方案，其中高压转子最大转速为50000r/min，考虑高压涡轮叶片离心力和气动力等因素，试验时选用低循环峰值载荷为 32kN。

2. 加温方案

试验采用高频感应加热炉加热涡轮结构，利用热电偶配合测温系统监测试验件温度。由于试验过程中加温空间的限制，只能在榫头的端面测温，而温度基准点（750℃）在伸根中部，因此试验前要进行温度标定。标定结果为当榫头端面温度为735℃左右时，叶片伸根中部的温度即达750℃。试验中控制叶片榫头温度在735℃。

8.3.2 试验结果

根据实际工况，确定试验载荷谱如图 8.15 所示。该谱中，上升速率为 124kN/s，下降速率为 124kN/s，峰值为 32kN/s，谷值为 1kN/s。温度 T 在叶片伸根中部稳定在 750℃。

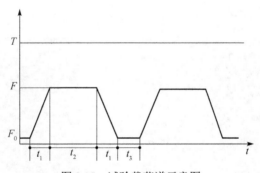

图 8.15 试验载荷谱示意图

试验进行了四个盘块两个叶片，均做至断裂。一个叶片靠两个盘块消耗。在叶片榫头端面测温。540℃和 640℃下进行高温近似纯低周疲劳试验，一个载荷块 2s，保载 1s。540℃下第一块盘榫槽第三齿根断，断口有明显的疲劳源和疲劳波纹，叶片未断。640℃下第二块盘第二对齿断裂失效，相应地，叶片榫头第三齿脱落。

735℃下进行疲劳-蠕变试验，保载时间为1h，则第三盘块进行34次以上循环，榫槽第三齿根断，断口有明显的疲劳源和疲劳波纹，叶片未断。因怀疑榫槽由于温度过高而先断，故尝试在榫槽两边打孔通水冷却，结果第四个盘块3个循环后即从榫槽第三齿根断，断口无明显疲劳源和疲劳波纹。说明通水冷却不合理，与枞树形榫接多通道承载原理相符（靠工况高温使各齿均载），人为冷却与实际工况不符，导致榫槽第三齿单独承力，很快脆断，这可从断口看出，与其他盘齿断口有很大区别。此时叶片榫头第三齿从中间出现很大裂纹。由此试验可以近似得出，轮盘低周-蠕变寿命为34h，叶片寿命为37h。试验数据总结见表8.3。

表8.3　试验结果

试件	试验温度	试验类型	循环数（时间）	备注
叶片1轮盘1	540℃	保载1s	68120	轮盘榫槽断裂
叶片1轮盘2	640℃	保载1s	11450	轮盘榫槽断裂，叶片第三齿断
叶片2轮盘3	735℃	保载1h	34h 20min	轮盘榫槽断裂
叶片2轮盘4	735℃	保载1h	3h 30min	盘上加冷却；轮盘榫槽断裂，叶片第三齿断

叶片1发生破坏时的总循环数为79570次，叶片2发生破坏时的总持久寿命为37h 50min。除轮盘2为第二榫槽断裂外，其余轮盘均为第三榫槽断裂，试验结果照片见图8.16～图8.23。由断口可以看出，盘块1的断裂齿块断口有明显的疲劳源和裂纹扩展波纹，呈现典型的疲劳断裂特征；盘块3的断裂齿块断口也有明显的疲劳源，但扩展带很小，体现蠕变破坏为主的特征；盘块4的断口没有疲劳源，呈脆断特征（图8.21）。

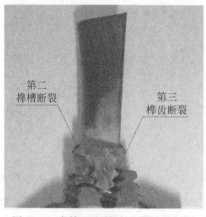

图8.16　盘块2和叶片1最后破坏图

图8.17　叶片2榫头第三齿出现大裂纹

图 8.18　盘块 1 齿块断裂

图 8.19　盘块 3 齿块断裂

图 8.20　盘块 4 齿块断裂

图 8.21　轮盘齿块断裂断口（从左到右分为盘块 1、3、4）

图 8.22　试件侧视图（断裂榫块复原）

图 8.23　试件俯视图

8.3.3　寿命预测

涡轮叶/盘结构复杂，建立整体模型求解的单元数和自由度数非常庞大，对计算机硬件要求较高；若考虑榫头连接对叶片伸根、叶片榫头以及轮盘榫槽的影响所建立的涡轮叶/盘模型几乎很难收敛。因此，对涡轮叶片和榫接处单独分析，施加与真实工况相同的疲劳-蠕变载荷谱（主要包括离心载荷和温度载荷）[11]。

图 8.24 为涡轮叶片的有限元模型，其中的离心载荷通过施加绕旋转轴线的转速

实现，在叶片榫头部位施加合理的位移边界条件（图 8.25）：将叶片旋转产生的离心力等效地施加在榫头榫槽接触面上，最下端的榫头施加法向约束，根据圣维南原理，该处对叶片伸根部分的应力影响不大。利用有限元方法完成涡轮叶片在离心载荷和温度场共同作用下的弹塑性分析，最大转速下的等效应力分布如图 8.26 所示。

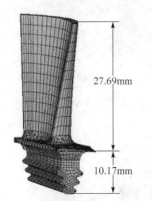

图 8.24　涡轮叶片有限元模型

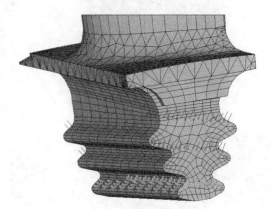

图 8.25　边界条件施加

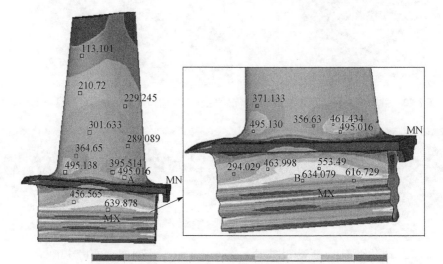

1.14　81.65　162.16　242.67　323.18　403.69　484.2　564.709　645.219　725.729

图 8.26　涡轮叶片等效应力（单位：MPa）

涡轮叶片的有限元分析结果表明：①叶身的最大等效应力出现在叶背处，这是由径向的拉应力引起的（图 8.26 中 A 点）；②叶片伸根处的最大等效应力出现在靠近榫头第一对榫齿的倒圆附近（图 8.26 中 B 点），主要由径向拉应力引起。且叶片伸根处的最大应力大于叶身处的最大应力。

涡轮叶片有限元分析得到榫接处的应力分布不准确，需采用接触单元计算榫头、榫槽部位的应力分布。将叶片简化成等效的质量块来模拟榫头受到的拉伸力，这样可以降低计算成本，而且对结果的精度影响很小，见图 8.27。线弹性分析计算结果显示，榫接部位局部最大应力超过了材料屈服应力，因此需进行弹塑性分析计算其在实际工况时的应力值。

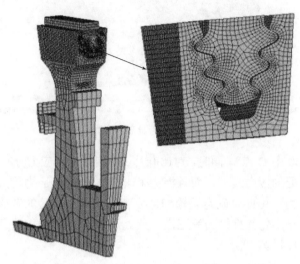

图 8.27　榫接部位有限元模型

图 8.28 为最大工作转速时榫接部位的等效应力分布，结果表明：①叶片榫头的大应力区出现在每个榫齿的根部倒圆处，并且越向轴心处，大应力区的范围越大，第三齿处的等效应力最大（图 8.29 中 C 点）；②每个榫槽的倒圆处是涡轮盘的大应力区，并且越向轴心处，大应力区的范围越大，涡轮盘第三榫齿的齿根处

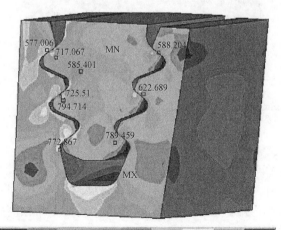

16.247　113.957　211.668　309.379　407.089　504.8　602.51　700.221　797.931　895.642

图 8.28　榫接部位等效应力分布（单位：MPa）

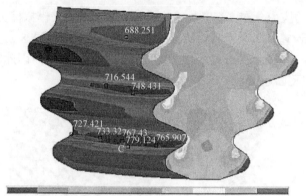

16.247　101.011　185.775　270.539　355.303　440.067　524.831　609.596　694.36　779.124

图 8.29　榫头等效应力分布（单位：MPa）

应力最大（图 8.30 中 D 点）。同时，对比叶片、榫接部位的应力分布情况可知：涡轮盘榫槽第三齿处的应力最大，而且榫头/榫槽部位的最大应力均大于涡轮叶身至伸根处的最大应力。由此可确定涡轮构件疲劳蠕变寿命试验的考核位置为榫接部位，其中最危险点为轮盘榫槽的第三齿（该处温度为 750℃）、次危险点为叶片榫头第三齿和轮盘榫槽第二齿。

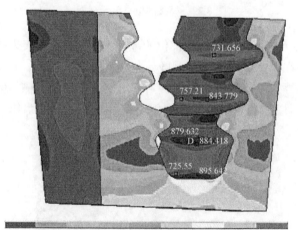

43.444　138.132　232.821　327.51　422.198　516.887　611.576　706.265　800.953　895.642

图 8.30　榫槽等效应力分布（单位：MPa）

表 8.4 列出了涡轮结构的有限元分析结果及应用线性累积损伤理论预测的疲劳-蠕变寿命（涡轮叶片和涡轮盘的材料分别为 K24、GH742），其中疲劳寿命的计算采用考虑平均应力影响的应变-寿命关系曲线，蠕变寿命预测采用工程常用的 Larson-Miller 持久方程。

表 8.4　涡轮叶/盘结构有限元分析结果

节点数	最大等效应力/MPa	总应变幅/(mm/mm)	寿命/h
3765	895.64	1.3606×10^{-2}	31.97

对比涡轮结构疲劳-蠕变寿命预测值与试验结果可得出以下结论：①涡轮结构疲劳-蠕变试验很好地模拟了工作状态下的离心载荷和温度，其寿命预测值与试验值非常接近，进一步验证了小结构大载荷、小空间高温度的试验方案的可行性；②××国家给出的涡轮盘寿命为 30h[12]，与长保载条件下的试验结果（接近实际使用状态）相符。若考虑寿命的分布，很可能涡轮结构的 -3σ 寿命就是 30h 左右。由此可推断××国家在研制时也进行了类似试验，并根据试验结果得出 30h 的结论。

8.4　涡轮叶片热机械疲劳试验

涡轮叶片通常为带有大量气膜孔和扰流柱的空心薄壁复杂结构。热机械疲劳（TMF）是其主要失效模式[13-15]，具体体现为复杂交变的温度-力-化学多场载荷耦合作用下疲劳、蠕变、氧化耦合失效。这种损伤与常见的低循环疲劳以及蠕变疲劳存在显著差异。因此，真实涡轮叶片 TMF 试验对于涡轮叶片可靠性设计具有重要意义。

8.4.1　试验方法

1. 加载方案

真实涡轮叶片受力情况极其复杂，由于电液伺服疲劳试验机只能提供沿主轴方向的拉伸/压缩载荷，所以需要采用自行研制的专用夹具（图 8.31）来固定涡轮叶片并且在考核截面产生所需的应力场。涡轮叶片专用夹具的上、下叉子座分别固定在疲劳试验机的上、下夹头上。为了便于机械载荷的可靠传递，对于不带叶冠的涡轮叶片，需要在叶尖部位浇铸异形叶冠，与叶片组合夹具的内孔相配合，将机械载荷传递到叶身上。涡轮叶片的榫头与涡轮盘近似件的榫槽相配合，用于模拟涡轮叶片在涡轮盘上的安装条件。

在试验条件下，涡轮叶片的应力场取决于疲劳试验机提供的机械载荷以及叶片与疲劳试验机主轴的夹角。通过改变各个销轴处垫片的组合（即改变间隙左右垫片的数目，如图 8.32 所示），可以调整涡轮叶片与疲劳试验机主轴的夹角，实现涡轮叶片的偏心拉伸，将单轴的拉伸载荷分解出使涡轮叶片产生弯曲、扭转变形的分量。利用上述方法，同时改变疲劳试验机的拉伸载荷，可以调整涡轮叶片的应力场，实现涡轮叶片考核截面工作应力场的模拟。

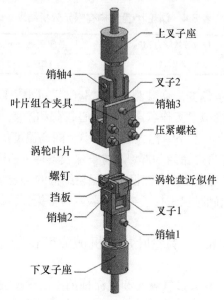

图 8.31　涡轮叶片专用夹具

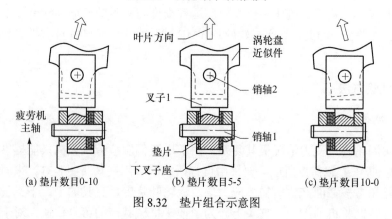

(a) 垫片数目0-10　　　　(b) 垫片数目5-5　　　　(c) 垫片数目10-0

图 8.32　垫片组合示意图

考察所有垫片极限状态（共 81 种）下的考核截面应力/应变分布，并选取与考核截面应力场误差较小的垫片组合进行试验。

2. 加温方案

涡轮叶片考核截面温度场的模拟是通过加热子系统和气冷子系统实现的。其中，加热子系统由高频感应加热炉和感应线圈组成，用于实现涡轮叶片高温环境的模拟；气冷子系统由空气压缩机、减压稳压阀、质量流量控制器和三通接头组成，用于提供涡轮叶片的冷却气流，模拟涡轮叶片的气冷过程。

在试验的峰值保载阶段，由于涡轮叶片内腔的冷却气流量恒定，考核截面的温度场取决于高频炉的加热功率以及感应线圈的形状和位置。通过改变感应线圈的形状以及感应线圈与涡轮叶片表面的距离，可以在不同区域产生不同的磁漏，在涡轮叶片表面产生所需的温度梯度。采用上述方法，同时改变高频炉监测点的目标温度（即改变高频炉的加热功率），可以调整涡轮叶片的温度场，实现考核截面工作温度场的模拟。为了降低感应线圈的绕制难度，采用新型的双管分半式感应线圈结构，如图 8.33 所示：将叶盆与叶背所对应的线圈分别进行绕制，在两根铜管对应叶片尾缘的部位用铜片进行连接，构成电流回路；在两根铜管出口用塑料水管进行连接，构成冷却水回路。

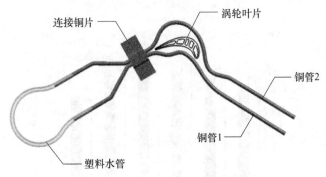

图 8.33　双管分半式感应线圈结构

8.4.2　试验结果

试验对象为某型发动机高压涡轮叶片（材料为 DD6 单晶高温合金），其具有复杂的冷却内腔以及大量的扰流柱和气膜冷却孔。通过外场试验与气-热-固多学科耦合数值模拟，确定该单晶涡轮叶片的考核截面为叶身中截面（温度最高的截面），如图 8.34(a)所示。为了便于在试验过程中对考核截面的应力场、温度场进行测量，在考核截面上选取 6 个点作为试验测试点（简称测点），测点位置如图 8.34(b)所示。通过传热分析和应力分析计算单晶涡轮叶片在服役条件下的温度场和应力场，并选取考核截面测点的循环峰值应力和循环峰值温度作为试验条件下应力场和温度场模拟的目标，如图 8.35 所示。可以看出，与其他测点相比，测点 3（应力最高）、4（温度最高）、5（应力和温度均较高）在 TMF 试验过程中可能承受更多的损伤，因此在考核截面服役条件的模拟过程中应尽量减小测点 3、4、5 的应力和温度与目标值的误差。

单晶涡轮叶片 TMF 试验所采用的载荷谱是由发动机的服役载荷谱简化得到的，形式为梯形波，应力与温度同相位变化，如图 8.36 所示，并要求测点谷值应力不高于峰值应力的 5%～15%，谷值温度不高于 200℃。

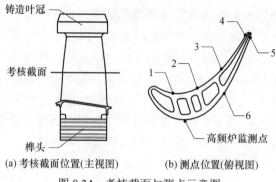

(a) 考核截面位置(主视图)　　　(b) 测点位置(俯视图)

图 8.34　考核截面与测点示意图

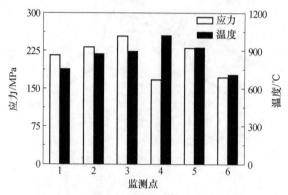

图 8.35　测点循环峰值应力/温度

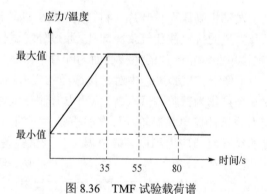

图 8.36　TMF 试验载荷谱

　　单晶涡轮叶片 TMF 试验过程中冷却气流的变化简化为两个阶段：内部冷却阶段（在加载和峰值保载阶段，冷却气流全部进入涡轮叶片内腔，进行内部冷却）和外部冷却阶段（在卸载阶段，约 1/2 的冷却气流直接吹到涡轮叶片前缘表面，进行外部冷却，用于模拟发动机停车时空气对涡轮叶片的强制冷却过程；其余冷却气流仍然进行内部冷却）。涡轮叶片的冷却气流为压强 0.1MPa、流量 8g/s 的冷却空气，折合体积流量为 371 标准升/min。

　　试验前应依次完成考核截面应力场、温度场以及载荷谱的模拟（模拟结果如图 8.37～图 8.39 所示），完成后利用图 8.40 所示的空心气冷涡轮叶片 TMF 试验系统在载荷控制模式下进行单晶空心气冷涡轮叶片 TMF 试验，如图 8.41 所示。

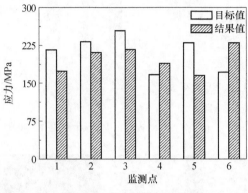

图 8.37　应力场模拟结果

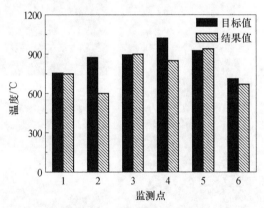

图 8.38　温度场模拟结果

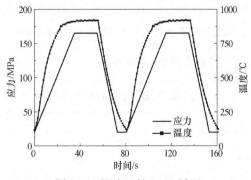

图 8.39　测点 5 的 TMF 循环

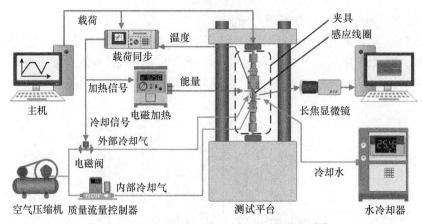

图 8.40 空心气冷涡轮叶片 TMF 试验系统[16]

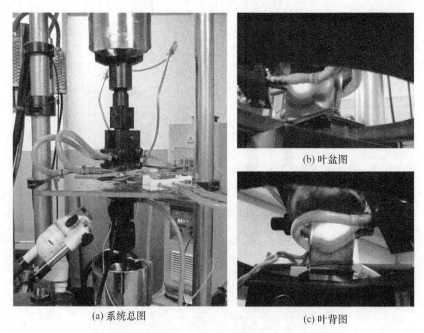

(a) 系统总图
(b) 叶盆图
(c) 叶背图

图 8.41 单晶空心气冷涡轮叶片 TMF 试验

单晶涡轮叶片 TMF 试验结果如表 8.5 所示。

表 8.5 单晶涡轮叶片 TMF 试验结果

涡轮叶片编号	1	2	3	4
试验寿命/次循环	524	466	769	295
平均寿命/次循环		513.5		
裂纹位置		考核截面叶背尾缘（测点 5 附近）		

8.4.3　寿命预测

利用文献[17]和[18]发展的基于滑移系的 Walker 黏塑性本构模型和基于临界平面的 CDA（循环损伤累积）模型，对单晶涡轮叶片 TMF 试验进行数值模拟，确定考核截面的理论危险部位并计算 TMF 寿命。

基于临界平面的 CDA 模型为

$$N_{\mathrm{f}} = 10^{A_\alpha + m_\alpha \lg\left|\pi_{\max}^\alpha\right| + n_\alpha \lg\left(\left|\dot{\gamma}^\alpha\right|_{\max}\right) + z_\alpha \lg\left|\Delta\gamma^\alpha\right| + a_\alpha\left(\pi_{\min}^\alpha / \pi_{\max}^\alpha\right)} \qquad (8.5)$$

式中，N_{f} 为低周疲劳寿命；$\pi_{\max}^\alpha$ 和 $\pi_{\min}^\alpha$ 分别为加载阶段的最大 Schmid 应力和卸载阶段的最小 Schmid 应力，由于滑移系上的 Schmid 应力与其宏观应力状态呈线性关系，所以 $\pi_{\max}^\alpha$ 为宏观应力最大时所对应的 Schmid 应力，$\pi_{\min}^\alpha$ 为宏观应力最小时所对应的 Schmid 应力，$\pi_{\min}^\alpha / \pi_{\max}^\alpha$ 为滑移系上的循环 Schmid 应力比；$\left|\dot{\gamma}^\alpha\right|_{\max}$ 和 $\Delta\gamma^\alpha$ 分别为滑移系上的绝对值最大滑移剪应变率和滑移剪应变范围；A_α、m_α、n_α、z_α 和 a_α 为与温度相关的材料常数。760℃和980℃条件下基于滑移系的 CDA 模型的材料常数如表 8.6 和表 8.7 所示。

表 8.6　760℃基于临界平面的 CDA 模型材料常数

材料常数	A_α	m_α	n_α	z_α	a_α
六面体	36.8374	−12.7578	1.6490	−1.9214	1.9748
八面体	42.4572	−12.8718	0.8840	−0.5225	5.6558

表 8.7　980℃基于临界平面的 CDA 模型八面体材料常数

材料常数	A_α	m_α	n_α	z_α	a_α
数值	12.0658	−3.6833	1.0320	−1.2324	1.0087

在单晶涡轮叶片 TMF 试验中，所采用的考核截面为叶身中截面，如图 8.42 所示，包含扰流柱（p1～p3）、气膜冷却孔（h1～h7）等结构特征。利用该截面建立简化的单晶涡轮叶片考核截面有限元模型如图 8.43 所示。

单晶涡轮叶片考核截面 TMF 数值模拟所采用的载荷谱为理想同相 TMF 载荷谱，如图 8.44 所示，其加载/升温、保载/保温、卸载/降温时间分别为 35s、20s、25s。考核截面的峰值温度分布由试验测定值进行拟合得到，如图 8.45 所示；峰值应力为试验的峰值机械载荷（40kN）在考核截面上所产生的平均压强，大小为223.08MPa，施加于模型的上表面。材料主轴[100]、[010]、[001]分别与叶片坐标系 X、Y、Z 轴一致。利用基于滑移系的 Walker 模型进行单晶涡轮叶片考核截面TMF 分析，得到扰流柱和气膜冷却孔部位的最大剪应变分布如图 8.46 所示，计算得到的相关参量如表 8.8 所示。

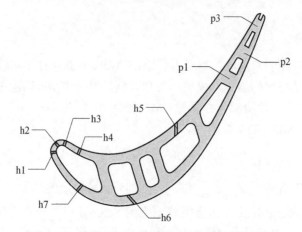

图 8.42　单晶空心气冷涡轮叶片考核截面示意图

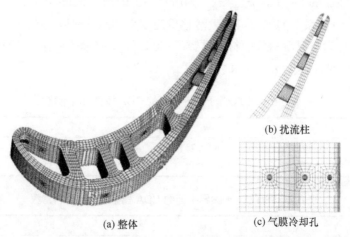

(a) 整体　　　　　　　(c) 气膜冷却孔

图 8.43　单晶涡轮叶片考核截面模型有限元网格

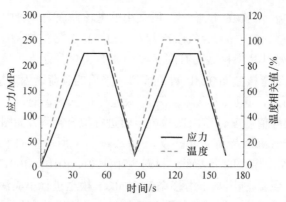

图 8.44　理想同相 TMF 载荷谱

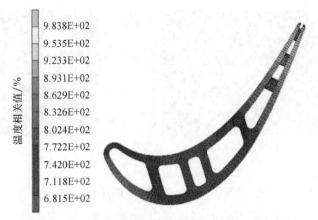

图 8.45　考核截面峰值温度分布（单位：℃）

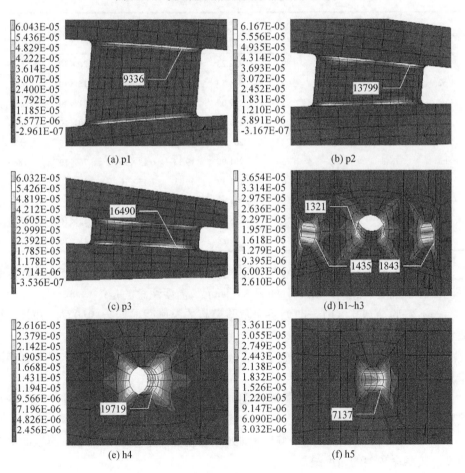

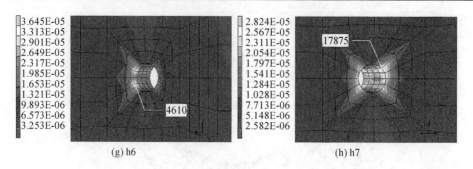

(g) h6　　　　　　　　　　　　(h) h7

图 8.46　扰流柱和气膜冷却孔最大滑移剪应变分布及危险节点

表 8.8　扰流柱和气膜冷却孔危险节点参量

结构编号	危险节点	临界滑移系	最高温度/℃	π_{max}^{α}/MPa	π_{min}^{α}/MPa	$\|\gamma\|_{max}^{\alpha}$/%	$\Delta\gamma^{\alpha}$/%	计算寿命/次循环
p1	9336	Oct9	895	222.28	17.79	8.17×10^{-5}	1.26×10^{-3}	613
p2	13799	Oct9	948	204.79	15.68	6.21×10^{-5}	1.15×10^{-3}	691
p3	16490	Oct10	978	189.05	13.52	6.15×10^{-5}	1.21×10^{-3}	850
h1	1435	Oct1	792	197.17	18.73	4.92×10^{-5}	4.70×10^{-4}	1990
h2	1321	Oct4	779	203.66	19.44	6.46×10^{-5}	5.60×10^{-4}	1890
h3	1843	Oct3	766	201.05	19.33	6.29×10^{-5}	5.76×10^{-4}	1866
h4	19719	Oct9	762	171.39	16.43	1.45×10^{-5}	2.20×10^{-4}	2378
h5	7137	Oct10	713	191.90	18.03	4.65×10^{-5}	4.15×10^{-4}	2413
h6	4610	Oct3	725	205.35	19.64	6.86×10^{-5}	5.42×10^{-4}	2038
h7	17875	Oct4	849	174.28	17.01	1.68×10^{-5}	3.11×10^{-4}	1696

　　采用基于临界平面的 CDA 模型对扰流柱和气膜冷却孔的危险节点进行寿命预测。各个危险节点的计算寿命如表 8.8 所示。需要注意的是：

　　（1）气膜冷却孔（h1~h7）各个危险节点的温度明显低于 980℃，并且还需要考虑临界距离修正，其计算寿命过于保守；

　　（2）扰流柱（p1~p3）各个危险节点的温度接近于 980℃，其计算寿命接近于真实值；

　　（3）扰流柱危险节点的计算寿命明显小于气膜冷却孔，即扰流柱比气膜冷却孔更容易发生破坏；

　　（4）扰流柱 p3 危险节点（编号 16490）的温度十分接近 CP-CDA 模型的给定温度，其寿命预测的精度最高；

　　（5）单晶涡轮叶片 TMF 试验结果表明，疲劳裂纹首先萌生于考核截面尾缘的扰流柱（即 p3）倒角处。

综上，最终选取扰流柱 p3 的危险节点 16490 作为单晶涡轮叶片考核截面的危险点进行寿命评估，其计算寿命为 850 次循环。单晶涡轮叶片的 TMF 试验寿命与计算寿命对比如图 8.47 所示。可以看出，寿命预测结果落在 3 倍分散带以内，但计算寿命明显大于试验寿命。除了本构模型和寿命模型本身的精度外，导致单晶涡轮叶片 TMF 计算寿命偏大的因素还可能来源于以下两个方面：

（1）假设载荷谱为理想同相状态，未能考虑温度循环与机械载荷循环的不同步对单晶涡轮叶片寿命的影响；

（2）假设材料主轴与叶片坐标轴完全一致，未能考虑晶体取向对单晶涡轮叶片寿命的影响。

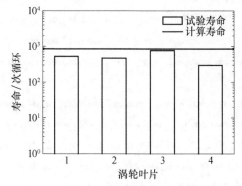

图 8.47 单晶涡轮叶片 TMF 试验寿命与计算寿命对比

8.5 小 结

本章首先对发动机可靠性试验进行了介绍，然后着重讲述了针对涡轮叶/盘结构的复合疲劳试验技术。利用这些技术可以实现实验室条件下对涡轮叶/盘结构服役过程中受力状态的模拟，为先进航空发动机的研制提供数据支撑。

参 考 文 献

[1] 孔瑞莲. 航空发动机可靠性工程. 北京: 航空工业出版社, 1996.

[2] 姚华兴, 闫沙林. 航空发动机涡轮盘榫齿裂纹故障研究. 航空动力学报, 1991, (1): 51-53.

[3] 宋兆泓. 航空发动机典型故障分析. 北京: 北京航空航天大学出版社, 1993.

[4] 黎阳航空发动机公司, 驻黎阳航空发动机公司军代表室. WP13 系列发动机叶片故障问题及解决办法. 航空发动机叶片故障及预防研讨会, 2005: 25-35.

[5] Commission of the European Communities. PREMECCY—Predictive Methods for Combined Cycle Fatigue in Gas

Turbine Blades. London: Rolls-Royce, 2006.

［6］ 魏佳明. 榫槽高低周复合载荷裂纹扩展特性研究. 北京: 北京航空航天大学硕士学位论文, 2015.

［7］ 刘华伟. 涡轮盘榫槽高低周复合疲劳裂纹扩展机理及寿命分析方法. 北京: 北京航空航天大学博士学位论文, 2016.

［8］ Rice J R. A path independent integral and the approximate analysis of strain concentrations by notches and cracks. Journal of Applied Mechanics, 1968, 35: 376-386.

［9］ Powell B E, Duggan T V, Jeal R. The influence of minor cycle on low cycle fatigue crack propagation. International Journal of Fatigue, 1982, 4: 4-14.

［10］ 胡殿印, 王荣桥, 侯贵仓, 等. 涡轮构件疲劳/蠕变寿命的试验方法. 推进技术, 2010, 31(3): 331-334.

［11］ 王亮. 涡轮构件有限元强度寿命分析和实验研究. 北京: 北京航空航天大学学士学位论文, 2005.

［12］ 王荣桥. 弹用涡扇发动机高压涡轮构件寿命试验. 北京: 北京航空航天大学研究报告, 2005

［13］ Bychkov N G, Lukash V P, Nozhnitsky Y A, et al. Investigations of thermomechanical fatigue for optimization of design and production process solutions for gas-turbine engine parts. International Journal of Fatigue, 2008, V30: 305-312.

［14］ Amaro R L, Antolovich S D, Neu R W, et al. Thermomechanical fatigue and bithermal-thermomechanical fatigue of a nickel-base single crystal superalloy. International Journal of Fatigue, 2012, V42: 165-171.

［15］ 王荣桥, 荆甫雷, 胡殿印. 单晶涡轮叶片热机械疲劳试验技术研究. 航空动力学报, 2013, V28(2): 252-258.

［16］ Wang R, Jiang K, Jing F, et al. Thermomechanical fatigue failure investigation on a single crystal nickel superalloy turbine blade. Engineering Failure Analysis, 2016, 66: 284-295.

［17］ 王荣桥, 荆甫雷, 胡殿印. 基于临界平面的镍基单晶高温合金疲劳寿命预测模型. 航空动力学报, 2013, V28(11): 2587-2592.

［18］ Jing F L, Wang R Q, Hu D Y. Thermo-mechanical fatigue experiments of single crystal hollow turbine blades. Proceedings of ASME Turbo Expo, 2012: 143-147.

第9章 发动机典型结构概率设计系统

发动机结构可靠性分析与设计涉及的学科多，需要耗费极大的人力和时间，同时还需要科研人员对发动机结构可靠性设计有着深入的理解，这些对发动机结构可靠性设计的工程应用造成了困难。因此，有必要基于发动机典型结构概率设计流程，集成前面各章建立的随机变量概率表征、发动机典型结构低循环疲劳、疲劳-蠕变等失效模式的可靠性分析方法以及现有的商业软件，开发具有自主知识产权、工程实用的发动机典型结构概率设计系统，为航空发动机结构设计提供软件、工具及数据库支持。

本章在涡轮盘确定性设计流程的基础上，建立概率设计准则与概率设计流程，开发包含参数化建模、可靠性分析、精准高效响应面近似模型、多模式失效分析等核心模块的发动机典型结构概率设计系统 AETS-PDS（aircraft engine typical structure probabilistic design system），该系统可支撑相关科研院所的结构设计人员完成涡轮盘可靠性分析和设计。

9.1 发动机典型结构概率设计流程

9.1.1 确定性设计流程

以航空发动机涡轮盘为例，确定性设计可分为三个阶段：方案设计、技术设计和工程设计阶段。

1. 方案设计阶段

该阶段首先根据叶片内流道的温度和发动机的转速预估轮盘的最大承受温度和应力水平，并据此确定涡轮盘的材料。在确定材料的基础上，综合考虑叶片流道、涡轮盘冷却和盘心轴承腔密封等因素，确定轮盘的基本结构形式，包括轮盘和叶片的连接形式、轮盘和轴的连接形式以及轮盘和封严篦齿的连接形式。在基本结构形式确定的基础上，确定涡轮盘子午面形状（图9.1）。

（1）涡轮盘与其他零件连接形式的确定。涡轮盘与叶片的连接形式一般采用榫接结构，综合考虑气动性能和涡轮盘疲劳强度性能确定叶片数和榫接结构的基本形式。

（2）涡轮盘外径 R_1 的确定。主要根据气动设计的转子叶片的内流道尺寸和盘

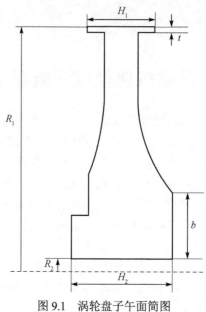

图 9.1　涡轮盘子午面简图

缘的冷却要求确定。

（3）涡轮盘中心孔直径 R_2 的设计。内径的尺寸主要根据盘的支承和密封结构的要求来确定，应充分考虑轴承和封严装置的设置。

（4）涡轮盘外缘宽度 H_1 的确定。涡轮盘外缘宽度主要根据转子叶片根部叶型轴向弦长确定。根据经验，轮盘外缘宽度 H_1 与轮缘厚度 t 的比值为一定值，该比值与涡轮盘外径 R_1 有关，根据三者之间的关系，可以相应确定 H_1 的值。

（5）按照涡轮叶片榫头结构要求确定涡轮盘外缘厚度。

（6）轮毂宽度 H_2 的确定。轮毂宽度受中心孔直径 R_2 的影响，需要同时考虑重量的要求和周向应力的限制，应首先预估周向应力值，两者折中选取，从而确定 H_2 的值。

（7）根据设计经验和技术储备确定涡轮盘辐板的厚度和倾斜角度。

然后以二维盘（有时也分析三维盘）为研究对象，进行静强度校核（主要以 EGD-3 为准则[1]）。其中包括屈服和极限强度计算、蠕变应力条件计算、涡轮盘径向变形量计算、低循环疲劳寿命计算、裂纹扩展寿命计算。计算之前根据经验初步估计温度场，应使盘缘到盘心的温差尽量小。一般只计算设计点的应力值。此外，对榫接部位进行强度校核，主要考核的应力有：①榫头平均拉伸应力；②齿面挤压应力；③榫齿剪切应力。如果经过强度校核不满足设计准则，需要修改设计方案，这个过程涉及气动、总体、冷却、结构、强度等多个部门之间的协调。

2. 技术设计阶段

这个阶段完成涡轮盘的详细三维设计及强度校核，包括尺寸的调整、叶盘耦合振动分析、局部优化、与相邻零件间的连接关系的分析、榫连接的优化设计。盘上的细节部位设计，包括与冷却叶片通道相关的盘腔的设计、盘轴连接方式的详细设计、榫槽的详细设计以及涡轮盘轴向固定叶片的结构设计等。该设计较复杂，一般需要进行反复的计算，修改结构以及强度校核，最终确定结构方案。主要的详细设计内容如下。

（1）榫槽的设计。应按照以下三个方面的准则进行设计。首先，与叶片榫头同时考虑；其次，选择成熟的榫头/榫槽结构形式，如二齿枞树形榫头/榫槽、三齿枞树形榫头/榫槽；最后，比较榫头与榫槽最小喉部处的宽度，榫槽喉部最小尺寸须小于榫头喉部最小尺寸。

（2）轮缘与前后挡板的连接形式设计。可以考虑以下两种形式的挡板设计：一是无螺栓挡板；二是带螺栓挡板，其采用螺栓连接，可采用三种定心方式，包括止口定心、销子定心和止口协助定心。

（3）盘轴连接形式设计。主要考虑两种连接形式设计：径向销钉连接（径向销钉主要起定心定位作用）和法兰盘连接。

（4）轮缘设计。轮缘与辐板转接处应尽可能设计较大的圆弧光滑转接。

（5）轮心设计。应保证以下两方面要求：轮心内径在保证装配的前提下尽可能小；在保证强度要求时，轮心宽度尽可能小。

（6）三维造型设计。包括以下两方面内容：按照详细尺寸进行实体造型；计算质量、质心和转动惯量。

（7）技术条件确定。包括以下几方面技术条件要求：毛坯标准；硬度要求；材料检验标准；表面缺陷检验；内部缺陷标准；表面强化；平衡方式及标准。

（8）特性分析。根据特性的定义，确定关键特性和重要特性，其中包括尺寸和技术条件。

3. 工程设计阶段

这个阶段主要完成涡轮盘的寿命评估、与公差相关部位（如榫连接、螺栓连接）的极端情况分析。

4. 涡轮盘的试验

针对涡轮盘，主要开展的试验包括：破裂转速试验要求选取最高温度和122%最大转速状态，保持30s；超转试验应在发动机最大允许气体温度和115%最大允许稳态转速下，至少稳定工作5min；采用实际轮盘或接近实际轮盘的子结构和模型盘，在模拟实际轮盘工作条件下进行低循环疲劳试验以验证低循环疲劳寿命预测的精确性（英国军用航空涡轮发动机通用规范规定涡轮盘寿命的单件安全系数取为4）；此外，还进行整机的加速模拟试验、超温试验、振动监测试验。试验载荷根据试验温度、工作温度进行折算确定。

9.1.2　概率设计准则

设计准则是描述发动机结构设计的条件（如转速、温度等）、执行的分析类型和判断成功设计的标准。例如，涡轮盘概率设计准则是涡轮盘可靠性设计的主要依据。针对我国发动机涡轮盘的典型故障模式，基于涡轮盘的确定性设计准则，参考国外涡轮盘概率设计体系（如 GE 公司和 P&W 公司的概率设计系统）的研究经验，建立适用于我国航空发动机涡轮盘结构的概率设计准则。

1.　确定性设计准则

针对涡轮盘失效模式建立的确定性设计准则是研究涡轮盘概率设计准则的基础。目前，涡轮盘的典型故障模式有疲劳裂纹的萌生和扩展、外径伸长变形、超转破裂、辐板屈曲变形等。基于此，涡轮盘结构的确定性设计准则从以下几个方面考虑[2]：足够的应力储备、防止轮盘破裂、防止有害变形、足够的寿命储备、有初始裂纹及内部缺陷后应有足够的裂纹扩展寿命、防止轮盘屈曲。

2.　概率设计准则

根据涡轮盘的确定性设计准则，并结合 GE 公司和 P&W 公司的概率设计研究经验[3,4]，主要从破裂、变形和寿命三个方面建立涡轮盘的概率设计准则。

将涡轮盘破裂作为概率设计准则，在计算得到周向应力和平均径向应力的概率响应基础上，进行涡轮盘的圆柱截面破裂转速和直径剖面破裂转速的概率响应分析，保证破裂转速达到相应的可靠度要求。

针对涡轮盘的辐板屈曲变形和外径伸长变形故障，将涡轮盘变形作为一项概率设计准则，进行相应的变形量的概率响应分析，限制变形量的风险水平。

此外，将涡轮盘的寿命作为最主要的概率设计准则，其中重点考虑低循环疲劳寿命、裂纹扩展寿命、蠕变寿命及疲劳-蠕变耦合失效模式下的涡轮盘寿命作为设计准则，进行相应的概率响应分析，保证各项设计寿命达到相应的可靠度要求。

9.1.3　概率设计流程

目前涡轮盘设计主要以确定性设计为主，并结合部分试验验证。为了更加合理地进行设计分析，将可靠性分析方法与确定性设计相结合，形成涡轮盘概率设计流程。在广泛调研已有涡轮盘确定性设计流程的基础上，考虑载荷、几何尺寸和材料三类分散性，参考 GE 公司的概率设计系统[5,6]，结合涡轮盘概率设计准则，提出并建立了涡轮盘结构概率设计流程[7]，见图 9.2。

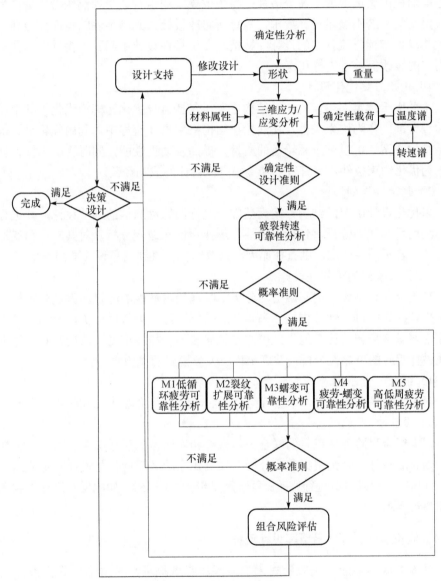

图 9.2　涡轮盘结构概率设计流程

概括起来，涡轮盘结构概率设计流程主要包括：初始方案优化设计、确定性设计、失效模式的概率设计、组合风险评估和设计决策五个部分。其中确定性设计体现方案设计，而失效模式的概率设计过程中包含了技术设计和工程设计两个阶段。概率设计包括可能引起涡轮盘破坏的多种失效模式（如疲劳、蠕变、疲劳-蠕变耦合失效等）的可靠性设计，其中考虑载荷（包括温度、转速）、材料和几何尺寸等随机因素造成的寿命分散性；将失效模式的组合风险和涡轮盘质量作为设计决策函数，若不满足设计要求，需重新修改设计直到满足涡轮盘高性能和高可靠性的双重指标。流程中的设计支持模块在可靠性设计中起到"拐杖"的作用，为用户的修改提供了支持和建议。

1）初始方案优化设计

主要用于确定涡轮盘的初始结构方案，包括盘身优化和榫槽优化，其中以确定性设计准则作为约束条件。在涡轮盘结构概率设计流程中，利用优化设计确定初始结构方案，可以减少涡轮盘的质量，提高发动机性能，同时将确定性设计准则作为优化约束条件，可有效地借鉴确定性设计的成功经验。

2）确定性详细设计

以优化设计确定的结构方案为基础，进行涡轮盘结构的细节设计，并进行详细的温度场和应力分析，包括热弹性、热弹塑性和蠕变分析，对其应力和变形进行验证。若不满足要求，则查找原因，修改结构，直到满足设计准则为止。

3）失效模式的可靠性设计

在确定性详细设计的基础上，分析影响涡轮盘性能的随机因素及分布特征，完成失效模式的可靠性分析。首先要开展破裂转速的可靠性分析，因为涡轮盘的设计中要求破裂转速比其他失效模式有足够多的可靠性裕度；然后针对其他失效模式进行相应的可靠性分析，并确定相应失效模式的风险水平。

4）组合风险评估

对各失效模式的风险水平进行组合评估，确定涡轮盘结构的联合失效概率。

5）设计决策

根据组合风险评估确定的联合失效概率和涡轮盘的质量综合判断，若满足要求，则完成设计；否则根据具体分析结果查找原因，返回优化设计确定的结构方案，对几何尺寸或材料进行修改。再次重复步骤2）～5），如此反复进行直到满足设计决策要求。

9.1.4　涡轮盘低循环疲劳概率设计流程

以 M1 低循环疲劳失效模式为例，涡轮盘低循环疲劳寿命可靠性设计流程主要包括：初始方案优化设计、确定性详细设计、低循环疲劳寿命可靠性设计、组合风险评估和设计决策分析五部分。涡轮盘低循环疲劳概率设计流程如图 9.3 所示。

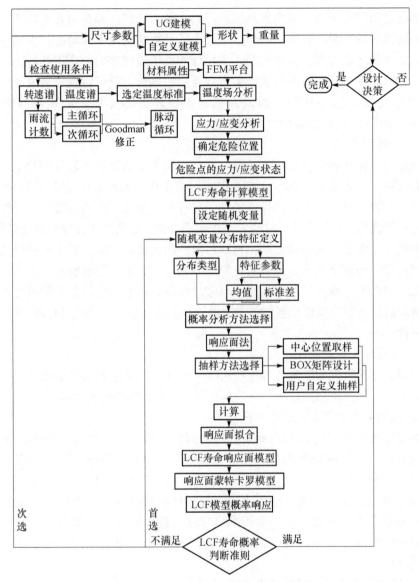

图 9.3　涡轮盘低循环疲劳概率设计流程

1）低循环疲劳载荷的确定

在进行涡轮盘的低循环疲劳寿命可靠性设计时，首先要确定涡轮盘的低循环疲劳载荷。涡轮盘低循环疲劳载荷一般是指发动机使用工作循环在涡轮盘上产生的大应力疲劳载荷，主要包括转速循环载荷和温度循环载荷。作用在涡轮盘上的低循环疲劳载荷取决于实际使用任务和使用条件，主要依据实际飞行使用任务和使用条件按统计规律获得[8]。首先根据发动机使用载荷的调查统计和实例，确定涡轮盘的转速谱和温度谱，根据发动机的气动、热力计算，确定涡轮盘在不同工况下的稳态温度场和瞬态温度场；然后通过雨流计数法确定考虑瞬态温度场影响的涡轮盘的主循环载荷和次循环载荷，主循环即峰值点转速为最高工作转速，温度为该转速时轮缘与轮心温差最大的瞬态涡轮盘温度场，循环谷值点转速回到零，温度则取轮缘与轮心反向温差最大的瞬态涡轮盘温度场。次循环载荷通过Goodman 法等效转化为脉动循环载荷。

2）随机因素

涡轮盘低循环疲劳寿命可靠性分析时，主要考虑的随机因素包括载荷、几何尺寸和材料（详见第 3 章描述）。载荷随机因素主要考虑转速和温度的随机性。几何尺寸随机性主要是由于在涡轮盘的加工过程中，受加工公差的影响，即使对于同批生产的涡轮盘，其几何尺寸也不是恒定不变的，在其加工公差允许的范围内，涡轮盘的尺寸参数存在随机波动；材料参数的随机性，主要是对于同种材料，不同生产厂家、不同批次等，都会对材料的力学性能产生一定的影响，使其基本材料属性，如密度、弹性模量、泊松比、强度极限、屈服极限等存在随机性，同时还应考虑涡轮盘不同取样位置的抗力分散性。另外，还可以考虑 Miner 累积损伤的随机性[9]。

3）低循环疲劳寿命计算模型

分别计算涡轮盘的主循环寿命和次循环寿命，并经过 Miner 累积损伤得到涡轮盘的总寿命，将其作为低循环疲劳寿命可靠性分析的寿命预测模型。

4）低循环疲劳寿命可靠性分析

将低循环疲劳载荷作为边界条件施加到结构模型上，进行全面的弹塑性应力应变分析，对涡轮盘中心孔、偏心孔、销孔、螺孔、榫槽、榫齿等应力集中部位进行详细分析，确定控制涡轮盘低循环疲劳寿命的关键部位。提取关键部位的应变幅作为设计变量，加入涡轮盘低循环疲劳寿命计算模型中。设定随机因素的分布类型和分布特征，采用响应面法进行循环计算，得到涡轮盘低循环疲劳寿命的响应面模型，对该模型进行蒙特卡罗抽样分析，确定其低循环疲劳寿命的概率响应。

5）低循环疲劳寿命可靠性设计

对低循环疲劳寿命可靠性分析的结果进行决策判断，若低循环疲劳寿命过于分散，可以对随机因素进行适当控制，以提高寿命可靠性，若不能通过随机因素的控制达到设计准则的要求，可以修改关键部位的尺寸，进行重新设计，直到满足设计要求为止。

9.1.5　涡轮盘疲劳-蠕变概率设计流程

以 M4 疲劳-蠕变失效模式为例，基于涡轮盘确定性设计流程，建立的涡轮

盘疲劳-蠕变概率设计流程（其中包括裂纹萌生寿命和裂纹扩展寿命）[10]如图 9.4
所示。

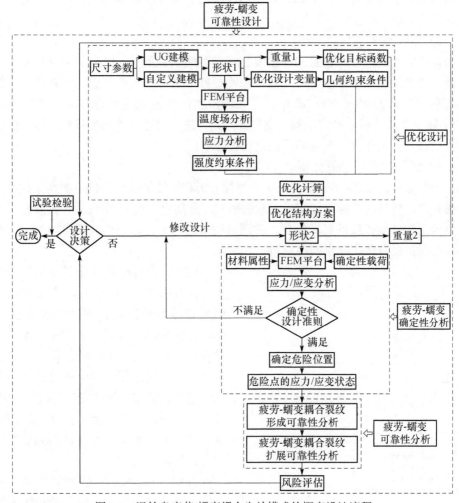

图 9.4 涡轮盘疲劳-蠕变耦合失效模式的概率设计流程

　　整个流程分为优化设计、疲劳-蠕变确定性分析、疲劳-蠕变可靠性分析、
疲劳-蠕变可靠性设计四个部分。其中的优化设计反映了涡轮盘传统设计中的方
案设计；疲劳-蠕变确定性分析借鉴了技术设计的思路；疲劳-蠕变可靠性分析
和可靠性设计中包含了技术设计和工程设计两个阶段，并体现了可靠性设计的
独特之处。

　　1）优化设计

　　优化设计是涡轮盘疲劳-蠕变可靠性设计的首要阶段，包括盘身二维形状优化

和榫接优化，优化结果作为可靠性分析的初始结构方案。优化设计的约束条件包括几何约束（目的是保证几何模型的拓扑关系）、强度约束，其中的强度约束条件采用涡轮盘的确定性设计准则，以使本流程的优化阶段基本满足并取代盘的方案设计阶段要求。

2）疲劳-蠕变确定性分析

该部分主要进行涡轮盘三维结构的疲劳-蠕变有限元分析。以初始结构方案为基础，考虑涡轮盘的细节部位（包括与冷却叶片通道相关的盘腔、盘轴连接、轮缘与前后挡板的连接等），施加工作载荷，利用有限元软件进行涡轮盘结构的疲劳-蠕变失效分析，确定结构的危险部位，并进行涡轮盘的强度校核。这个过程中需要进行反复迭代，直至满足确定性设计准则。

3）疲劳-蠕变可靠性分析

该部分包括疲劳-蠕变裂纹萌生可靠性分析和裂纹扩展可靠性分析两个模块。考虑载荷、材料、几何尺寸随机因素的影响，分别建立疲劳-蠕变耦合失效模式下裂纹萌生和裂纹扩展的概率模型，并通过试验进行验证，完成涡轮盘裂纹萌生寿命和裂纹扩展寿命的概率响应分析。

图 9.5 为涡轮盘疲劳-蠕变裂纹萌生可靠性分析流程：①根据疲劳-蠕变特性函数预测涡轮盘疲劳-蠕变裂纹萌生寿命，其中疲劳-蠕变特性函数中的参数通过设计试验确定；②根据疲劳-蠕变特性函数，同时考虑影响寿命的分散性的随机因素及其分布特征建立材料疲劳-蠕变裂纹萌生阶段的概率模型；③选取高精度、高效率的概率计算方法得到裂纹萌生寿命的概率响应。

在涡轮盘的疲劳-蠕变裂纹萌生阶段的可靠性分析中，考虑的随机因素主要包括疲劳载荷、蠕变载荷及载荷顺序的随机性、材料参数、几何尺寸。其中，载荷的随机性主要考虑转速、温度及保载时间的随机性。此外，载荷作用顺序包括三类：①连续循环蠕变载荷；②预蠕变不同时间后施加疲劳载荷；③预疲劳不同周次后施加蠕变载荷。材料参数的随机性，主要是指对于同种材料，不

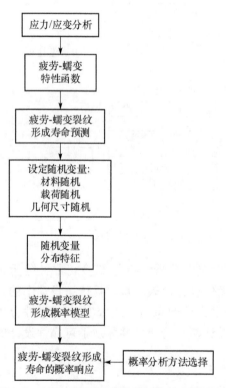

图 9.5　疲劳-蠕变裂纹萌生的可靠性分析流程

同生产厂家、不同批次等，都会对材料的力学性能产生一定的影响，使其材料属性，如密度、弹性模量、泊松比、强度极限、屈服极限等存在随机性。几何尺寸随机性，主要是指由于在涡轮盘的加工过程中，受加工公差的影响，即使对于同批生产的涡轮盘，其几何尺寸也不是恒定不变的，在其加工公差允许的范围内，涡轮盘的尺寸参数存在随机波动。

图 9.6 为涡轮盘疲劳-蠕变裂纹扩展可靠性分析流程。疲劳-蠕变裂纹扩展的概率模型是在确定性断裂力学的基础上，将裂纹扩展模型中的参数随机化而建立起来的。这里的随机化以 $X_T^{\Delta t}$ 表示，并假设其服从以时间为参量的中值为 1 的非负平稳随机过程。疲劳-蠕变裂纹扩展概率模型中的随机过程 $X_T^{\Delta t}$ 的分布特征通过试验进行验证，并确定其特征参数。进而，利用可靠性理论推导出裂纹长度、裂纹扩展寿命的分布函数及裂纹超越概率。此外，将理论值与多子样疲劳-蠕变裂纹扩展的试验结果进行对比，若差异较大，通过反复修改疲劳-蠕变裂纹扩展模型，直到理论值与试验值相吻合。这样把经过验证的概率模型应用于涡轮盘结构，得到涡轮盘扩展寿命的分布函数，从而完成涡轮盘疲劳-蠕变裂纹扩展阶段的可靠性分析。

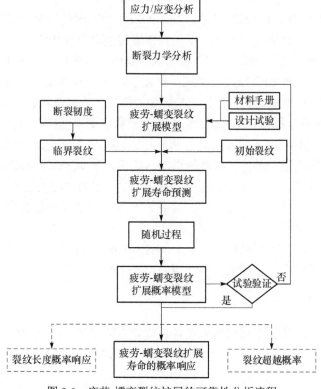

图 9.6 疲劳-蠕变裂纹扩展的可靠性分析流程

4）疲劳-蠕变可靠性设计

根据对可靠性分析结果和涡轮盘质量进行决策判断。若满足决策要求，则完成结构的可靠性设计；否则修改设计，重复上述过程直至满足要求。

风险评估确定涡轮盘结构的失效概率，即裂纹萌生和裂纹扩展的联合失效概率。若裂纹萌生和裂纹扩展两类失效模式相互独立，则此时的联合失效概率为

$$F = 1 - \prod_{i=1}^{2}(1 - F_i) \tag{9.1}$$

其中，F_1 为裂纹萌生失效概率，F_2 为裂纹扩展失效概率。

实际情况下，由于涡轮盘疲劳-蠕变裂纹萌生和裂纹扩展失效模式承受同样的载荷 p，所以两者应力相关，此时的联合失效概率为

$$F = 1 - \int [1 - F_1(p)][1 - F_2(p)] f(p)\mathrm{d}p \tag{9.2}$$

式中，$f(p)$ 为载荷 p 的概率密度函数。

9.2　发动机典型结构概率设计系统介绍

我国在航空发动机可靠性评估工具的开发工作方面的研究起步较晚，在 973 计划项目支持下，北京航空航天大学结构强度与多学科优化课题组经历 5 年的时间，发展出了国内第一个针对 WP7 发动机的涡轮盘概率设计系统 T-PDS。该系统考虑了涡轮盘单失效和耦合失效模式，建立了涡轮盘概率设计流程[11-13]，开发了包含载荷谱、随机变量定义、几何建模、失效模式分析以及设计决策等主要功能，并集成了如概率分析方法、载荷谱处理、参数假设检验等自行开发程序以及 ANSYS、UG、MATLAB 等设计、分析软件。T-PDS 为航空发动机其他构件的概率设计系统探索出了一条行之有效的道路。随后，在 APXX、AXX、技术基础等多项计划的支持下，在 T-PDS 的基础上从多结构、多类型随机因素、多数据积累、高计算效率及工程适用等角度进一步完善，开发了航空发动机典型结构件概率设计系统 AETS- PDS[14-17]。

针对航空发动机典型结构的特点，AETS-PDS 集成了发动机结构可靠性分析和设计的功能子程序，形成了工程适用的可靠性设计工具。

9.2.1　系统架构

基于航空发动机典型结构概率设计流程建立的 AETS-PDS 功能架构如图 9.7 所示。各个功能模块通过集成商用软件（二次开发）及自行开发相结合的方式集成到系统中。

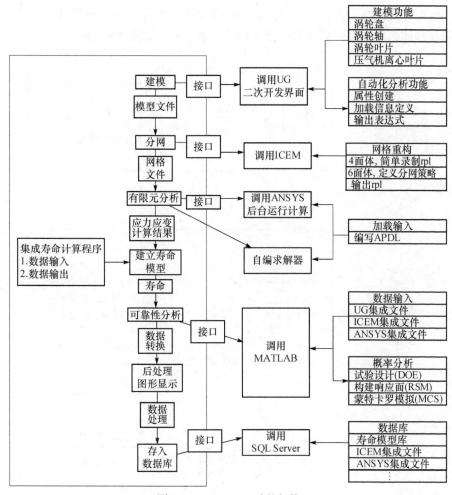

图 9.7　AETS-PDS 功能架构

9.2.2　系统设计

1. 物理结构设计

系统基于 C/S 两层架构方式搭建物理结构，如图 9.8 所示。利用两端硬件环境的优势，将任务合理分配到客户端和服务器来实现，降低了单一系统的任务负担。

2. 工程任务设计

系统将典型零部件的设计过程与可靠性分析过程统一为系统的任务执行过

程。将型号设计转化为设计工程，如 WP7 发动机一级高压涡轮盘设计工程等。系统以树状图的模式展开具体的设计工程及下属任务，如图 9.9 所示。

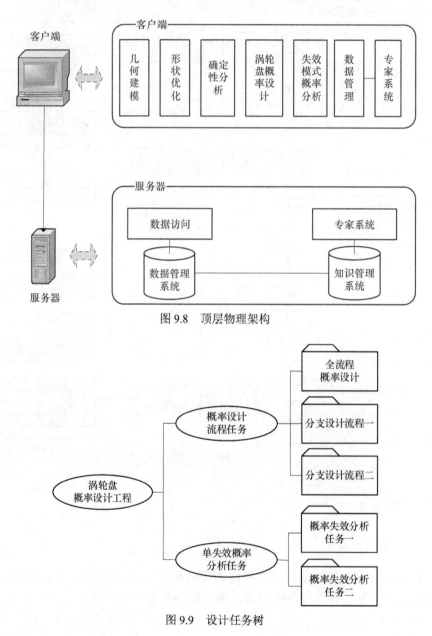

图 9.8　顶层物理架构

图 9.9　设计任务树

系统的最顶层组件是建立工程。其后，可选择建立该工程的两大类设计任务：概率设计流程任务和单失效概率分析任务。概率设计流程任务由各失效模式的可靠性分析模块构成（即基本的可靠性分析单元构成的组合体），实现结构概率设计流程。该任务模式可为涡轮盘结构概率设计流程不熟悉的设计人员提供引导，帮助其快速完成设计。同时系统还提供了若干分支流程，旨在将系统设计成为支持流程扩展的 CAD 软件。系统拆解了主流程的几个重要功能，组成相对简单的分支流程便于设计人员多选择操作，其原理与全流程完全相同。

　　单失效概率分析任务作为涡轮盘结构概率设计系统的基本单元，是概率设计最核心的单元。它的功能在于满足系统进行流程设计任务外的可靠性分析要求。图 9.10 展示了低循环疲劳寿命可靠性分析任务建立时呈现在用户面前的树状结构图，其中分析模型为初始涡轮盘的设计模型。根据任务的不同，选择的模型分为二维或者三维模型，因此系统在设计时必须予以区分。工作流程标识了该低循环疲劳寿命可靠性分析的任务状态。如果该任务隶属于某个流程任务，则结束后自动进入下一种失效模式的可靠性分析；如果该任务是独立的可靠性分析任务，则结束后直接退出。分析结果则可随时从顶层监控该可靠性分析过程是否已完整执行并可查看计算结果。

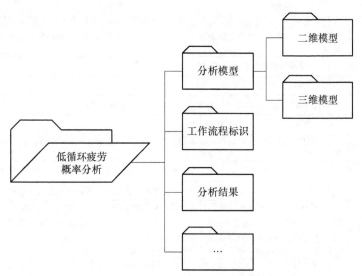

图 9.10　低循环疲劳寿命可靠性分析

3. 用例设计

　　以涡轮盘低循环疲劳失效模式为例，图 9.11 为 AETS-PDS 中低循环疲劳概率设计用例图。为了满足对原有涡轮盘设计方式的继承，在用例设计中也尽可能体现了对传统设计的延续。用例详细设计说明见表 9.1。

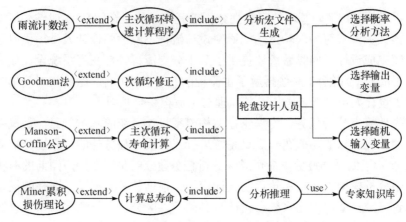

图 9.11　低循环疲劳寿命可靠性分析用例图

表 9.1　低循环疲劳寿命可靠性分析用例详细说明

用例名称		低循环疲劳寿命可靠性分析	
角色	轮盘设计人员	用例级别	1
用例描述	设计人员在进行过涡轮盘三维模型的确定性分析后进行失效模式的可靠性分析，首先由于低循环疲劳是造成涡轮盘失效的最主要模式，所以系统将首先提供低循环疲劳失效的可靠性分析选项		
前置条件	1. 满足基本前置条件（系统开启、用户登录等）		
	2. 已导入三维涡轮盘模型		
后置条件	系统完成低循环疲劳寿命的概率准则判断，完成分析任务退出		
主干过程	涡轮盘低循环疲劳寿命可靠性分析 　1. 用户打开涡轮盘失效模式概率设计功能模块，选择对导入模型进行低循环疲劳寿命可靠性分析 　2. 用户输入主次循环数，或通过雨流计数法计算转速谱求得，进入分支过程 1 　3. 用户选择进行次循环修正，其中可选择对主次循环分别计算其脉动循环以便于计算寿命 　4. 系统使用 Goodman 法计算对应于该循环的脉动循环的最大转速，其中包括对给定转速计算对应应力值，而后通过弹性范围内的关系式 $n_1^2 / n_2^2 = S_1 / S_2$ 求解一次脉动循环中的最大转速，经由程序计算其 85%的转速，再提交有限元计算程序再次计算其应力值，并与 Goodman 法计算出来的脉动循环最大应力值比较以校验转速的估计是否合理 　5. 用户可选择是否对取 85%的比例进行修改以使在该转速下的最大应力贴近脉动循环最大应力，从而使转速更为合理 　6. 用户选择寿命计算公式并提交，系统提供 Manson-Coffin 公式 　7. 用户选择求解总寿命的理论公式并提交，系统提供 N 个次循环作用下的 Miner 累计损伤公式供选择 　8. 系统显示所有确定性低循环疲劳分析相关已选信息，用户确认无误后选择生成最后分析宏文件 　9. 用户选择进行宏文件初始化，系统提取参数作为候选随机输入变量 　10. 用户选择随机输入参数，并选择分布形式或通过外场数据拟合分布 　11. 用户选择随机输出变量和概率分析方法，其中概率分析方法可选自开发的分析方法 　12. 系统显示所有可靠性分析过程已选信息，用户确认后系统生成可靠性分析文件		

主干过程	13. 系统显示分析结果（涡轮盘低循环疲劳总寿命），用户选择不同方式查看结果
	14. 系统提示是否进行分析推理
	15. 用户选择分析推理功能后，系统传递输出的计算结果给服务器端，由专家知识库判断是否满足低循环疲劳寿命的概率设计准则，如不满足进入异常处理过程，满足则结束执行
分支过程 1	已知转速谱后使用雨流计数法程序进行主次循环计算
	1. 用户指定转速谱数据存放根目录
	2. 用户选择主次循环的定义范围和次循环的数量，如主循环为转速范围（0%～40%）—（95%～110%）—（0%～40%）
	3. 用户使用雨流计数法计算程序根据选定的主次循环定义范围计算主次循环数
	4. 系统存储主循环与各次循环的数量并反馈给用户
异常处理 a	计算结果不满足低循环疲劳寿命的概率设计准则（发生在主干过程步骤 15）
	1. 专家知识库判断此次分析结果不满足概率设计原则
	2. 系统返回判断结果并给出 1～N 种改进意见（由于已进行过三维模型的有限元分析并满足要求，此时系统不再推荐进行大范围的模型修改，将主要建议对随机输入变量的分布形式加以要求和限制，从而在可靠度上满足概率设计准则要求）
	3. 用户选择采纳知识库修改意见还是自行操作修改
	4. 系统返回建模或者随机输入变量定义部分
	5. 用户对待修改参数进行修改
	6. 用户提交修改并选择再次进行低循环疲劳寿命可靠性分析
	7. 系统保存修改结果并回到主干过程步骤 2
使用频率	高
业务规则	无

4. 静态模型设计

以低循环疲劳概率设计为例，AETS-PDS 中低循环疲劳静态模型设计如图 9.12 所示。图中最右边一列展示了在低循环疲劳确定性分析中起到关键作用的五个类，在结构上它们是层层依赖的。根据实际设计需要与对系统的数据流动分析，可知模型是整个分析的入口，即任何分析都以模型文件的导入为开始标志，任何设计程序都以生成结果模型文件为结束标志。因此，对于低循环疲劳寿命可靠性分析过程，无论是确定性校核还是可靠性分析，模型的导入都将是整个分析过程最基础的部分，也是所有"上层建筑"的地基。在模型之上，根据有限元计算的顺序依次设计了前处理类和低循环疲劳计算类。当然，针对不同的分析设计过程，这两个类的属性是可变的，方法也不相同，但是对外部公开的接口是一致的，因此要分别抽象出来以满足之后具体实现的修改需要。这样的设计使程序可真正实现模块化管理，节省代码开发工作、提高系统的易维护性。

图 9.12　低循环疲劳寿命可靠性分析模块静态模型

设计过程中由于考虑到该模块设计过程对其他设计过程的帮助与方法之间的共用，因此左边的 3 个类和中间的 4 个类都设计成虚类，函数的具体定义由子类来完成，基本上可实现涡轮盘所有失效模式概率设计过程的功能。

5. 数据库设计

数据库设计受设计范式的要求限制，通过建立数据的实体-关系（E-R）模型确定数据表中的主键和作为各表联系存在的外键。一个典型的 AETS-PDS 任务管理 E-R 模型如图 9.13 所示。

图 9.13　任务数据管理 E-R 模型

该部分数据库的设计主要集中在如何保证设计任务过程中的数据能够有效保存。首先，作为一个涡轮盘设计系统，特定的设计人员只能对特定的工程任务进行操作，所以必要的用户管理是必需的。因此，最上方的实体是用户，用户分别属于不同的角色，决定了其能够参与哪些工程的设计任务。用户登录系统后，首先可以创建的就是工程，没有工程将不能进行设计任务。因此，工程必须作为一个实体存在，而工程编号、工程名称、涡轮盘标识等都作为它的属性存在。其中最为重要的是工程的 ID 属性将作为外键与任务相连，以标识任务属于哪个工程，同时工程 ID 还被载荷引用，通过 SQL 查询语句查询载荷的记录时，如果发现某工程 ID 存在而无任何任务 ID 作为外键时，系统可将该载荷记录作为工程通用载荷加载到隶属于该工程的所有任务下以简化设计人员操作。

根据设计流程，进入单个设计任务后，数据库便关联到任务实体上。以任务

ID 作为外键，其他实体都与任务实体建立联系，在设计任务进行中保存任务执行不同阶段涉及的各类数据。首先为了保证任务的可恢复性，即设计人员在设计中途关闭了系统，再次打开该任务后可以继续之前操作，数据库中建立了任务过程实体，该实体记录不同种类分析任务的进展情况，以便恢复设计过程。其他实体，包括模型实体、材料实体、载荷实体、变量实体等都是为了记录和保存可靠性分析过程中的所有设计参数，所有实体记录都用自动增长的 ID 作为主键进行唯一标识。

9.2.3　主要模块

建立项目后 AETS-PDS 的主界面如图 1.5 所示，左侧为项目模块功能树。

1. 典型结构参数化建模模块

在进行概率设计时，要求模型能够根据抽样的样本值自动更新，这就需要引入参数化建模技术，建立典型结构的全约束参数化模型，确保尺寸参数改变时其拓扑结构保持稳定。同时，概率设计要求整个设计流程能够自动进行，这也就对建立模型的软件、模型的格式等提出了相应的要求。在 AETS-PDS 中，参数化建模模块使用 VC++的 MFC 工具设计用户界面，并基于 UG NX 提供的二次开发工具 UG/Open 进行建模。

UG/Open 是 UniGraphics NX 提供的二次开发编程语言工具集，支持 C、C++、C#、VB.NET 和 Java 等主流高级语言。UG/Open 含有大量函数，通过调用这些函数可以完成与在 GUI 中相同的建模、绘制草图、创建表达式等操作。

以 UG/Open 二次开发工具为基础，AETS-PDS 中参数化建模模块的实现过程如下（以涡轮盘的建模程序为例）：

（1）对涡轮盘进行拓扑结构分析，将其分为涡轮盘盘体、榫槽等相关特征。

（2）对涡轮盘特征进行结构简化及拓扑分析，分析其尺寸约束及几何约束，提取相应的几何尺寸参数。

（3）利用 UG/Open 提供的二次开发工具编写相应程序，完成相应特征的参数化建模功能，实现的功能包括：生成确定拓扑的特征草图，并通过草图生成相应特征的模型；修改草图上相关尺寸表达式的值更新模型；按照几何参数的名称生成相应的表达式及表达式文件，通过修改该表达式可以更新模型。

（4）执行相应的特征参数化建模程序，最终生成用于可靠性分析的参数化模型。

（5）将以上二次开发程序集成到系统之中，形成参数化建模模块。AETS-PDS 中支持的建模对象主要包括涡轮叶片、涡轮盘、涡轮轴、圆弧端齿、花键、篦齿封严、枞树形榫头、榫槽等，如图 9.14 所示。图 9.15 为涡轮盘的建模界面及三维模型效果图。

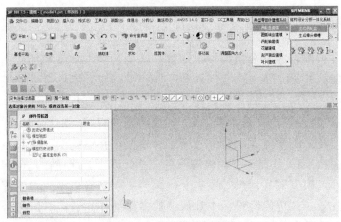

图 9.14 参数化建模模块

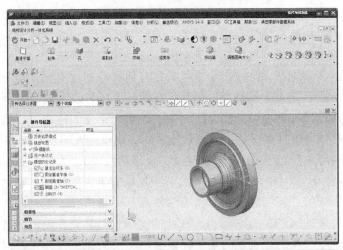

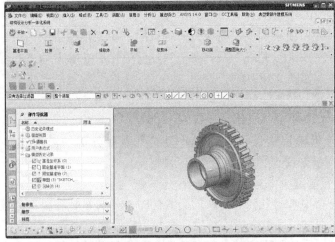

图 9.15 涡轮盘参数化建模界面及模型效果

2. 结构设计分析一体化前处理模块

有限元分析需要建立分析模型，即建立结构的网格模型和加载文件。如将几何参数作为随机变量，每一次几何参数的变化都会引起网格模型的变化，概率设计系统要实现自动迭代计算，就需要网格模型在计算过程中能够依据模型变化自动重构，加载文件能够自动进行重加载。目前商用的有限元前处理软件如 ANSYS，对于网格模型数据的存储有一套编号模式（模型拓扑结构面、边、点通过编号来识别），如果将加载关联在某个具体编号的拓扑元素上，即使在几何模型拓扑结构不变的情况下，模型的几何尺寸发生变化也会引起网格模型编号的变化，进而导致加载文件失效。在可靠性设计中几何参数多且抽样次数巨大，编号变化会使成抽样迭代计算难以自动运行。

要实现网格的自动重构需要满足两个条件：第一，模型的几何数据发生更改后描述模型的拓扑结构依然有效；第二，网格与模型几何数据的关联关系依然有效。满足这两个条件后，只需要驱动网格划分程序重复地执行分网策略即可实现网格重分。由于涡轮在设计过程中往往只是几何尺寸发生变化，拓扑结构不发生很大的变化，所以第一个条件得以满足；在第一个条件满足的情况下，参数化建模过程中，通过属性为模型的面、线、点创建唯一不变的标识，在拓扑结构不变的情况下，第二个条件关联关系的有效性依然满足，由此实现了网格重构。

加载的内容主要包括载荷类型（应力、位移约束等）、数值（应力大小、温度、转速等）、对象（面、体、节点等）等。对于加载对象，加载程序都是依靠命名的方式以区别不同的几何信息。现有商用软件都有一套自己的随机命名规则（多数采用编号），开发的 AETS-PDS 中自动加载的实现也是建立在随机命名的规则基础上的。将载荷施加在上述创建的唯一标识上，从而避免了在计算过程中出现由于随机命名而造成的错误。

一体化前处理模块实现了模型几何对象的自动识别与自动标识，并由用户在模块中对加载文件进行关联。系统在模型几何变化后能够自动进行网格重划分和重加载，其界面如图 9.16 所示。

3. 可靠性分析模块

可靠性分析模块提供了不同失效模式可靠性分析的流程式操作界面，如图 9.17 所示，根据流程引导可进行相应设置。

1）随机变量定义

可靠性分析中考虑几何和材料的分散性时，几何参数和材料参数作为随机变量，需要用户根据灵敏度分析的结果，选择相应的参数变量。如图 9.18 所示，用户可以通过调用系统界面中的几何参数选择和材料参数选择接口，进行随机变量的选取。系统提供了参数的自动识别功能，其中几何参数的自动识别通过读取 UG 中参数化模型的尺寸表达式文件，将驱动尺寸作为备选变量，加入到几何参数设置列表中。材料参数通过读取有限元分析软件中的脚本文件来获得。

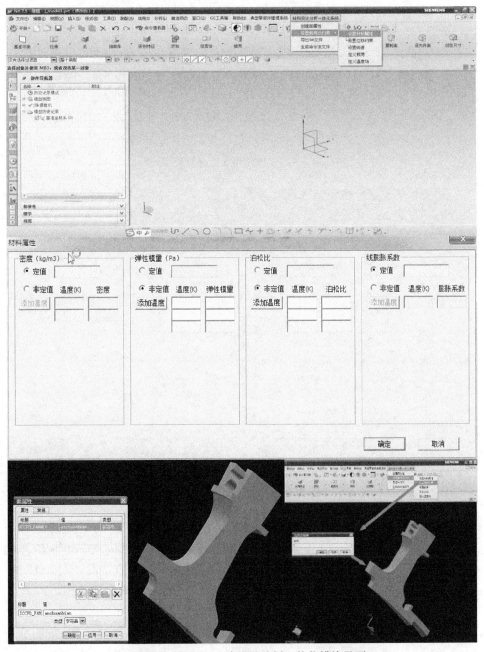

图 9.16　AETS-PDS 中设计分析一体化模块界面

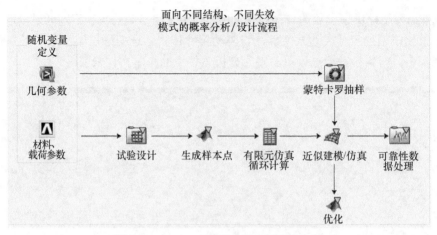

图 9.17　AETS-PDS 可靠性分析流程向导

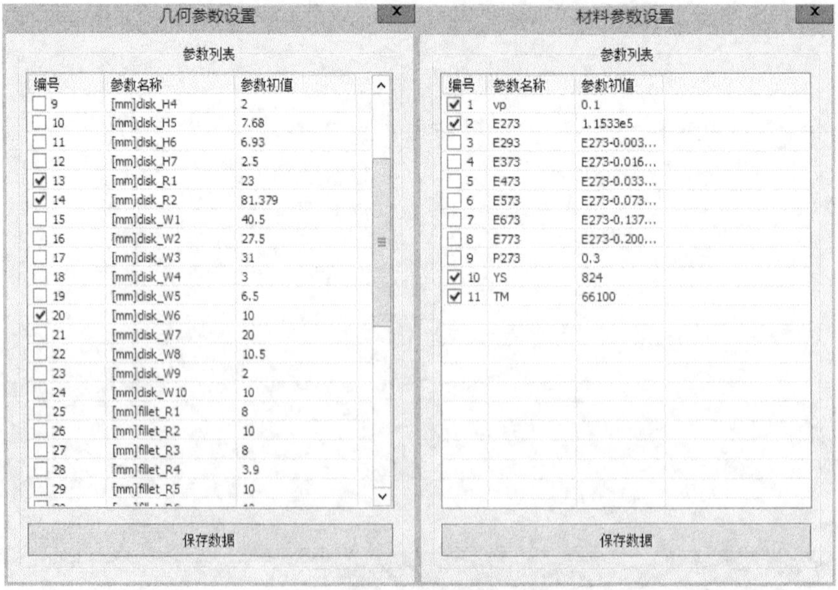

图 9.18　几何参数和材料参数

2）试验设计

对选择的随机变量可根据需要修改抽样范围及均值以供后续生成相应的样本点，如图 9.19 所示。系统提供了单独设置和批量设置功能以方便设计人员使用，其中抽样范围的上下限可以是具体的数值，也可以是某一个百分比范围。

3）生成样本点

在 AETS-PDS 中提供了均匀抽样、拉丁超立方抽样等多种抽样方法，如图 9.20 所示。抽样时还需要设置误差分析点的数量以对后续代理模型的精度进行交叉验证。

图 9.19　AETS-PDS 试验设计参数修改界面

4）有限元仿真循环计算

　　有限元仿真计算，需要确定输出变量类型，包括寿命响应、质量响应和应力响应。有限元仿真的各个计算点即上一步生成的样本点和误差分析点。由于计算点数量较多及仿真循环任务一般耗时较长，且仿真计算点之间各自独立并无先序要求，所以 AETS-PDS 通过任务调度，采用多处理器多线程并行执行的方式提高执行效率，支持后台执行从而减少对设计人员的干扰，计算完成后系统自动对结果数据进行合并，如图 9.21 所示。

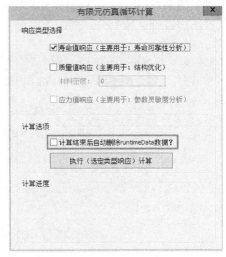

图 9.20　AETS-PDS 样本点生成界面　　　图 9.21　AETS-PDS 有限元仿真计算选项

5）蒙特卡罗抽样

进行蒙特卡罗抽样时需设定变量的分布类型及分布参数。分布类型包括均匀分布、正态分布、指数分布、泊松分布，分布参数包括均值、标准差等。如图9.22所示，通过设置这些参数，完成蒙特卡罗抽样，供后续近似建模使用。

图 9.22　AETS-PDS 蒙特卡罗抽样数据编辑界面

6）近似建模/仿真

基于有限元仿真循环计算得到的数据构建响应面，根据分析目标选择响应面类型，如图9.23所示。可以对结构危险点开展可靠性分析，生成单个响应面；也可以对结构进行区域划分，同时生成多个响应面。

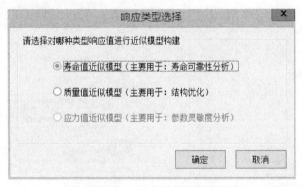

图 9.23　AETS-PDS 响应类型选择

此子模块集成多种近似建模方法，如局部径向基点插值、二阶响应面等，并给出近似模型精度分析结果，如图9.24所示。

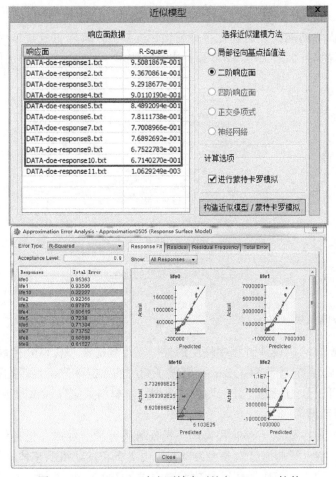

图 9.24　AETS-PDS 响应面精度对比与 iSIGHT 软件

7）可靠性数据处理

对抽样结果进行处理得到寿命分布曲线，可计算指定可靠度对应的寿命结果，以及指定寿命循环对应的可靠度，如图 9.25 所示。

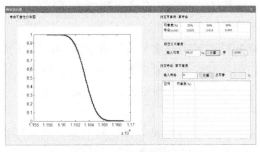

图 9.25　寿命可靠度分布曲线

8）优化

可靠性优化功能在设定优化目标与优化变量后，程序可反复调用上述可靠性分析子功能寻找目标最优点，帮助设计人员完成基于可靠性的结构优化，如图9.26所示。

图 9.26　基于可靠性的优化设置

4. 数据库模块

为了积累发动机设计过程中使用的外场飞行载荷谱、材料分析数据、试验数据等数据资源，系统基于 SQL Server 开发了相应的数据库来满足数据存储的需求，这些数据库可以分为三类，分别为载荷数据库、材料数据库和试验数据库。

1）载荷数据库

载荷数据库主要用于存储和管理飞机外场飞行载荷数据，包括整机载荷谱和零件载荷谱。整机载荷谱针对整台发动机，由飞机和发动机的整体性能参数构成，一般以惯性过载谱、工作循环谱与功率谱构成（图9.27）；零件载荷谱针对特定零件，由该零件寿命、可靠性和强度分析试验考核相关的载荷参数构成。这些数据为概率设计中载荷分散性的确定提供了宝贵的依据，因此有必要通过统一的文件存储接口来进行管理。除管理原始文件外，AETS-PDS 同时开发并集成了多种载荷数据处理方法，如任务混频、环境混频、聚类分析、雨流计数等，通过处理形成载荷谱存储到载荷数据库中方便设计人员查看和调用。

2）材料数据库

航空发动机涉及的材料种类众多，在设计过程中，设计人员经常需要查询材料参数来用于分析，因此有必要开发针对航空发动机典型结构的材料数据库，将材料和模型参数统一管理起来，方便设计人员检索使用，如图9.28所示。

3）试验数据库

AETS-PDS 开发并集成了裂纹扩展试验数据库、低循环疲劳试验数据库、疲劳-蠕变试验数据库和热机械疲劳试验数据库，如图9.29所示。数据库存储了详细的原始试验数据，并对数据进行了简单的整理分析，方便设计人员查看和分析。

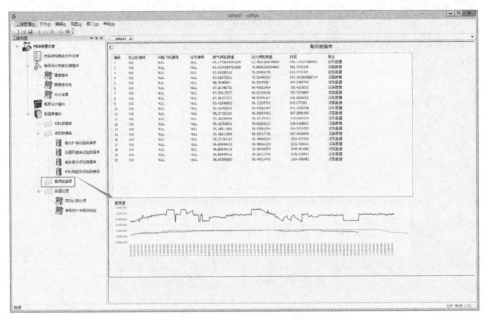

图 9.27　AETS-PDS 载荷数据库

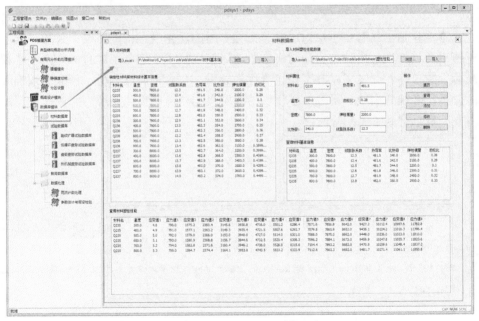

图 9.28　AETS-PDS 材料数据库

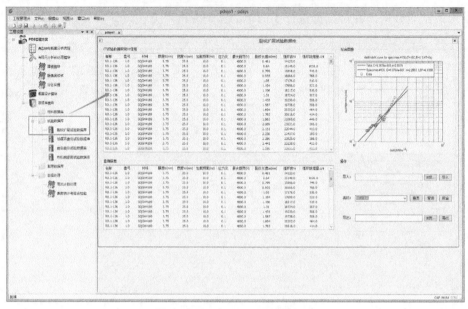

图 9.29　AETS-PDS 试验数据库

9.3　小　　结

　　本章介绍了具有自主知识产权、工程实用的涡轮盘结构概率设计系统。发展了随机变量处理、自动加载和网格自适应等集成技术，建立了材料、几何尺寸和载荷等数据库。开发了以概率设计流程为导引，包含可靠性分析、精准高效响应面分析、多模式失效分析等核心模块的涡轮盘结构概率设计系统，并在先进军民用发动机上得到了先期验证。

参 考 文 献

[1]　国际航空编辑部. 斯贝 MK202 发动机应力标准: EGD-3. 北京: 国际航空编辑部, 1979.

[2]　吕文林. 航空涡喷、涡扇发动机结构设计准则（第二册）. 北京: 中国航空工业总公司发动机系统工程局研究报告, 1997.

[3]　Roth P G. Probabilistic Rotor Design System—Final Report. AFRL-PR-WP-TR-1999-2122. Cincinnati: Air Force Research Laboratory, 1998.

[4]　Fox E P. The Pratt & Whitney probabilistic design system. Proceedings of the 35th AIAA/ASME/ASCE/AHS/ASC Structures, Structural Dynamics, and Materials Conference, 1994: 1442.

[5]　Fox E P. Methods of integrating probabilistic design within an organization's design system using Box-Behnken

matrices. Proceedings of the 34th AIAA/ASME/ASCE/AHS/ASC Structures, Structural Dynamics, and Materials Conference, 1993: 1380.

[6]　Eric P F. Issues in utilizing response surface methodologies for accurate probabilistic design. Proceedings of 37th AIAA/ASME/ASCE/AHS/ASC Structures, Structural Dynamics, and Materials Conference, 1996: 1615-1622.

[7]　胡殿印. 涡轮盘蠕变-疲劳可靠性设计方法研究. 北京: 北京航空航天大学博士学位论文, 2009.

[8]　苏清友, 孔瑞莲, 等. 航空涡喷、涡扇发动机主要零部件定寿指南. 北京: 航空工业出版社, 2004.

[9]　王立彬, 勒慧, 徐步青. 概率局部应力应变法. 工程力学, 2003, 4(20): 188-191.

[10]　胡殿印, 裴月, 王荣桥, 等. 涡轮盘结构概率设计体系的研究. 航空学报, 2008, (5): 1144-1149.

[11]　王荣桥, 胡殿印, 刘华伟, 等. 一种涡轮叶盘结构振动可靠性设计方法: 中国, 201510955044.4. 2015.

[12]　胡殿印, 王荣桥, 李达, 等. 一种涡轮叶盘结构寿命可靠性设计方法: 中国, 201510954579.X. 2015.

[13]　胡殿印, 王荣桥, 邓珊, 等. 一种涡轮叶盘结构强度可靠性设计方法: 中国, 2015109544705.1. 2015.

[14]　樊江. 概率设计系统数据库软件 V1.0: 中国, 2016SR088119. 2015.

[15]　樊江. 高精准高效率可靠性分析软件: 中国, 2016SR088113. 2015.

[16]　樊江. 涡轮叶/盘结构概率设计软件: 中国, 2016SR088116. 2015.

[17]　樊江. 涡轮叶/盘结构多学科优化分析软件: 中国, 2016SR088092. 2015.

第10章 发动机结构可靠性分析的不确定性量化方法

发动机结构可靠性分析中往往存在多种不确定性因素，包括载荷、几何尺寸、材料参数等随机不确定以及模型、模型参数等认知不确定性因素。为评估不确定性带来的失效风险，需要进行不确定性量化（UQ）分析。可靠性分析中不确定性量化方法分为概率和非概率方法。概率可靠性分析方法将不确定性参数视为随机变量，通过 UQ 分析获得随机变量的准确概率密度函数。非概率可靠性分析方法应用集合模型或模糊数学来描述不确定性因素，常处理认知不确定性问题。目前，不确定性量化理论的学术前沿包括概率理论范畴的贝叶斯方法，以及区间分析、证据理论、模糊理论等非概率方法。

本章首先介绍不确定性量化的基础理论；然后分析发动机结构可靠性分析的不确定性量化问题；最后以概率方法为例，介绍涡轮盘低循环疲劳寿命可靠性分析中不确定性量化方法。

10.1 不确定性量化理论

10.1.1 不确定性来源

不确定性是表征由于信息匮乏或系统的随机本质导致决策偏差的属性。一般而言，不确定性分为两类：随机不确定性（aleatory uncertainty）和认知不确定性（epistemic uncertainty）。随机不确定性又称不可约不确定性（irreducible uncertainty），来源于系统固有的随机和波动性，是不可避免的，一般用概率分布表示。认知不确定性又称可约不确定性（reducible uncertainty），是由于信息不足导致系统建模出现偏差而产生的，此类不确定性可以通过信息的充实和实践的深入不断减小[1]。

按照不确定性因素的产生原因，可认为不确定性具有三种性质：随机性、模糊性以及未知性。随机性是指事件发生结果不可预测但满足概率规律；模糊性是指概念没有明确的外延和清晰的边界，从而无法确定评判标准；未知性是信息的不充分、不全面导致人们认知的不确定性。可以认为，随机不确定性来源于随机性，认知不确定性来源于模糊性和未知性。

发动机结构可靠性分析中，存在的载荷（包括转速、温度）、材料、几何尺寸等不确定性因素，属于随机不确定性；需要考虑的数学物理模型包括失效模型、有限元分析模型、代理模型等，由模型偏差产生的不确定性属于模型不确定性。

10.1.2　不确定性传播和量化

不确定性来源于多个方面，这些不确定性本身是决策偏差的源头；另外，在利用不确定变量进行建模的过程中，后一阶段模型输出承接了上一阶段的不确定性，从而造成不确定性的累积和传播[2]。目前不确定性量化方法有传统的概率方法，以及非概率的区间分析、证据理论等方法。

1. 概率方法

总体不确定性可以看成确定性参数的函数。对于多过程建模，不确定性的传播则是函数的嵌套过程。不确定性传播过程一般表示为 $Z = M(u)(D_1, D_2, \cdots, D_n)$，$Z$ 为模型输出，$M(u)$ 为操作过程或函数关系，D_i 为数据或参数。

在 $M(u)$ 为显性方程的情况下，根据误差传播定律可以得到输出不确定性。例如，$M(u)$ 为线性函数，$Z = \sum K_i D_i$，K_i 为常系数，根据方差运算公式可以得到

$$\sigma_Z^2 = D(K_i D_i) = K_i^2 D(D_i) = K_i^2 \sum \sigma_i^2 + 2 \sum_{i=2}^{n} \sum_{j=1}^{i-1} K_i K_j \sigma_{ij} \tag{10.1}$$

式中，σ_i 为数据 D_i 的标准差，σ_{ij} 为数据 D_i、D_j 的协方差。

多数情况下，Z 不是连续、可导的，甚至没有明确的解析式，因此无法用上述方法求解。这时，常采用蒙特卡罗法进行抽样分析，称为基于采样的不确定性传播（sampling-based propagation）。具体实施步骤是：①确定参数不确定类型，一般采用概率分布函数；②根据数据集不确定类型进行抽样；③获得结果的统计特征。

蒙特卡罗法抽样的基础是概率理论，往往依赖于变量的概率分布函数。因此，对于多步骤多阶段的不确定性传播过程，如产品加工过程中多道工序、多不确定性因素的质量控制等问题不适用，这时常采用贝叶斯网络法。贝叶斯网络通过结合先验信息和试验数据，融合多类型多源头的不确定因素，可以进行系统严谨的决策分析。同时利用贝叶斯网络前向传播的全局灵敏度分析结果，可以确定影响目标量的主要因素。贝叶斯网络分析流程如图 10.1 所示。

2. 非概率方法

对于存在认知不确定性或者是在数据量极小的情况下，随机变量的概率分布

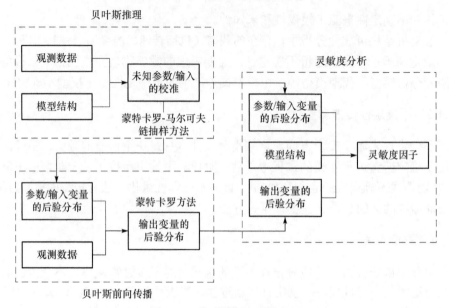

图 10.1　贝叶斯网络分析流程

不准确甚至难以获得，概率方法无法准确描述实际问题，因此发展了区间分析、证据理论、模糊理论等非概率方法。下面主要介绍应用比较广泛的区间分析和证据理论[3]。

1）区间分析

区间分析的基本观点是对于不确定分析中的变量仅仅知道其可能取值范围，不能确定域内的不确定性结构。通常情况下，所研究问题中的变量取值集合可以表示为

$$X_i = \{x_i : a_i \leqslant x_i \leqslant b_i\} \tag{10.2}$$

式中，$[a_i, b_i]$ 是变量 x_i 可能值的区间。

对于分别属于集合 $X_1, X_2, \cdots, X_n$ 的变量组成的区间向量 $x = [x_1, x_2, \cdots, x_n]$，则其取值集合可以表示为

$$X = X_1 \times X_2 \times \cdots \times X_n \tag{10.3}$$

因为集合 $X_1, X_2, \cdots, X_n$ 并没有不确定性结构，所以 X 也没有不确定性结构。X 的元素是变量 x_i 取值的自由组合。

变量不确定性传播通过方程 F 描述，函数值集合表示如下：

$$\gamma = \{y : x \in X, y = F(x)\} \tag{10.4}$$

通常情况下，结果集 γ 可以通过代数方法得到，但也可以将其视为一个优化

问题，以寻找到函数 F 的最值。对于复杂问题，可以采用蒙特卡罗方法对变量集 X 进行抽样，从而得到不确定传播过程的近似表达。

2）证据理论

证据理论又称 Dempster-Shafer 理论，是由 Dempster[4]提出，并由 Shafer[5]发展的不确定量化方法。

证据理论首先定义了一个辨识框架，由互斥可穷举的元素组成的集合 X，包含可能的取值集合，定义 E 表示 X 某些子集的集合，是所有可能的事件集合[6]。证据理论对于事件的基本度量是基本概率赋值函数（basic probability assignment function，BPAF），定义为 $m: X \rightarrow [0,1]$，满足：① $m(\upsilon) = 0, \upsilon \notin E$；② $0 \leqslant m(\upsilon) \leqslant 1, \forall \upsilon \in E$；③ $\sum_{\upsilon \in X} m(\upsilon) = 1$。

若 $\upsilon \in X$ 且 $m(\upsilon) > 0$，则称 υ 为焦点元素。因此，称函数 m 为基本概率赋值，用于度量关于事件的信息充足程度及信任程度。

对于 X 的子集 υ，证据理论有两个度量指标：信任因子（belief）和似然因子（plausibility），其定义分别为

$$\mathrm{Bel}(\upsilon) = \sum_{v \subset \upsilon} m(v) \qquad (10.5)$$

$$\mathrm{Pl}(\upsilon) = \sum_{\upsilon \cap v \neq \varnothing} m(v) \qquad (10.6)$$

可以看出，$\mathrm{Bel}(\upsilon)$ 度量的是与事件 υ 确定相关的信息量，$\mathrm{Pl}(\upsilon)$ 度量的是与事件 υ 可能相关的信息量。类似概率理论中的概率密度函数和累积概率密度，证据理论中关于信任因子和似然因子对应有累积信任函数（CBF）和补充累积信任函数（CCBF）、累积似然函数（CPF）和补充累积似然函数（CCPF），其在证据空间 (X, E, m) 中定义如下：

$$\mathrm{CBF} = \{[x, \mathrm{Bel}(\upsilon_x)] : x \in X\}, \quad \mathrm{CCBF} = \{[x, \mathrm{Bel}(\upsilon_x^c)] : x \in X\} \qquad (10.7)$$

$$\mathrm{CPF} = \{[x, \mathrm{Pl}(\upsilon_x)] : x \in X\}, \quad \mathrm{CCPF} = \{[x, \mathrm{Pl}(\upsilon_x^c)] : x \in X\} \qquad (10.8)$$

式中，υ_x 定义为 $\upsilon_x = \{\tilde{x} : \tilde{x} \in X, \tilde{x} \leqslant x\}$。

假设有多个变量，对应有多个相互联系的证据空间 (X_1, E_1, m_1)，(X_2, E_2, m_2)，$\cdots$，(X_n, E_n, m_n)，那么变量组成的向量 $x = [x_1, x_2, \cdots, x_n]$ 具有的证据空间 (X, E, m_x)，满足：① X 与区间分析中定义相同；② E 中元素满足 $\upsilon = \upsilon_1 \times \upsilon_2 \times \cdots \times \upsilon_n$，且 $\upsilon_i \in E_i$；③ $m_x(\upsilon) = \prod_{i=1}^n m_i(\upsilon_i), \upsilon_i \in E$。信任因子和似然因子计算式与式（10.5）和式（10.6）相同。

至此已经定义了多变量的证据空间。不确定传播由函数 F 决定。函数值集合 γ

对应证据空间 (γ, ψ, m_Y)，其中① $Y = \{F(\upsilon_1), F(\upsilon_2), \cdots, F(\upsilon_n)\}, \upsilon_i \in E$；② $m_Y(\upsilon) = \sum_{k \in I(\upsilon)} m(\upsilon_k), \upsilon = F(\upsilon_k)$。整体的不确定性可由 CBF、CCBF、CPF、CCPF 表示：

$$\text{CBF} = \{[y, \text{Bel}_Y(\upsilon_y)] : y \in \psi\} = \{[y, \text{Bel}_X(F^{-1}(\upsilon_y))] : y \in \psi\} \quad (10.9)$$

$$\text{CCBF} = \{[y, \text{Bel}_Y(\upsilon_y^c)] : y \in \psi\} = \{[y, \text{Bel}_X(F^{-1}(\upsilon_y^c))] : y \in \psi\} \quad (10.10)$$

$$\text{CPF} = \{[y, \text{Pl}_Y(\upsilon_y)] : y \in \psi\} = \{[y, \text{Pl}_X(F^{-1}(\upsilon_y))] : y \in \psi\} \quad (10.11)$$

$$\text{CCPF} = \{[y, \text{Pl}_Y(\upsilon_y^c)] : y \in \psi\} = \{[y, \text{Pl}_X(F^{-1}(\upsilon_y^c))] : y \in \psi\} \quad (10.12)$$

10.2　结构可靠性分析不确定性量化的概率方法

发动机结构可靠性分析中需要建立反映失效模式的寿命模型，在此基础上建立表达寿命分散性的概率模型。由于模型与真实物理模型之间不可避免地存在偏差，需要进行模型的不确定性量化分析。另外，发动机结构可靠性分析涉及大量的有限元计算，直接采用数值方法进行可靠度求解将导致计算时间过长，因此基于代理模型的结构概率响应分析是结构可靠性分析的有效方法。然而，代理模型输出结果的可信度常被忽略，因此代理模型的不确定性量化是发动机结构可靠性分析的又一重要研究内容[7]。

针对上述问题，本节主要讨论发动机结构可靠性分析中失效模型及代理模型的不确定性量化分析方法。

10.2.1　模型不确定性量化

为量化模型中的不确定性因素，采用经典的模型校准形式，并利用贝叶斯理论可以建立模型参数的后验分布。通常情况下，参数的后验分布是非线性的高维分布，为获得模型参数后验分布的抽样样本，蒙特卡罗-马尔可夫链（MCMC）抽样算法是有效的方法。

1. 模型校准形式

在实际模型中，模型参数有两类，一是可控输入 X，描述过程的状态；二是模型参数 θ，可视为不变量。模型评估的一个简单形式：

$$Y^e = F(X, \theta) + \varepsilon \quad (10.13)$$

式中，X 和 θ 为多维向量；Y^e 为状态为 X 时的测量值；F 为模型函数；ε 为观测误差，一般认为是 $\varepsilon \sim N(0, \Sigma)$。

通常情况下，建模过程会引起模型输出与真实输出存在偏差 δ。在式（10.13）中，δ 可以包含在 ε 项中；但是当模型参数 θ 的校准无法消除 δ 影响时，就需要引入偏差修正。在评估计算模型和真实系统时可采用如下形式 [8]：

$$Y^e = \rho F(X,\theta) + \delta(X) + \varepsilon \tag{10.14}$$

式中，ρ 是未知的调整因子。

在应用式（10.14）进行模型校准时，模型函数 $F(X,\theta)$ 和偏差函数 $\delta(X)$ 通常被设置为服从高斯过程，同时将 θ 作为随机变量。但是由于高度参数化，计算成本很高，因此式（10.14）有多种简化形式，如常忽略参数 ρ。

2. 贝叶斯推理

贝叶斯理论是 18 世纪由英国牧师 Thomas Bayes 提出的，用于解决"逆概率"问题。例如，一个箱子里有红球和绿球，并且红球、绿球的数量已知，那么从箱子中取出一个球，可以确定取出红球的概率；相反地，如果红球、绿球的数量未知，从中有放回地取球，那么箱子中红球和绿球的比例如何确定。传统的统计学派理论从事件本身出发，认为参数是固定的，着眼于样本空间，认为独立重复试验发生频率的极限即该事件的频率。而贝叶斯理论将主观置信度作为概率的一种解释，认为参数是服从某一概率分布的，即参数具有随机性质。事件的观察者对于事件的初始认知被量化为概率的补充部分，通过不断的信息补充，实现对认知状态的补充。

贝叶斯理论的基础是贝叶斯公式：

$$P(A \mid B) = \frac{P(B \mid A)P(A)}{P(B)} \tag{10.15}$$

式中，$P(A)$、$P(B)$ 表示事件 A、B 的发生概率，$P(A \mid B)$、$P(B \mid A)$ 为条件概率。

当事件 B 的概率 $P(B)$ 用全概率表示，式（10.15）可改写为

$$P(A_i \mid B) = \frac{P(B \mid A_i)P(A_i)}{\sum\limits_{i=1}^{n} P(B \mid A_i)P(A_i)} \tag{10.16}$$

全概率 $\sum\limits_{i=1}^{n} P(B \mid A_i)P(A_i)$ 为常数，因此有下式成立：

$$P(A_i \mid B) \sim P(B \mid A_i)P(A_i) \tag{10.17}$$

$P(A_i \mid B)$ 称为后验概率，$P(A_i)$ 称为先验概率，$P(B \mid A_i)$ 称为似然概率。先验概率依赖于对事件的初始认知，似然概率表示数据与模型的相符程度，后验概率是综合先验信息和似然概率的条件概率。

以上公式适用于离散变量的情况。连续变量下的贝叶斯公式，需要用概率密度来描述参数的概率信息，在数据集 D 下变量 θ 的后验概率密度为

$$f(\theta\,|\,D) = \frac{P(D\,|\,\theta)\pi(\theta)}{\int_{\theta} P(D\,|\,\theta)f(\theta)} \tag{10.18}$$

连续贝叶斯表达式采用先验概率、似然概率、后验概率分别代替离散贝叶斯公式中的先验分布、似然函数、后验分布，其本质是相同的。似然函数起到连接先验分布和后验分布的作用。随着数据样本量的增加，先验分布的影响逐渐减小，而似然函数影响越来越大。这种情况下不考虑先验信息，对似然函数求最大值获得的参数估计称为最大似然估计（MLE）。然而在小样本情况下，先验信息特别是准确度较高的先验信息将可大大提高参数估计的效率和置信度。

当采用式（10.13）的模型评估形式时，若误差项 ε 已知且满足 $\varepsilon \sim N(0, \Sigma_Y)$，模型参数 θ 具有先验分布 $\pi(\theta)$，那么参数估计的后验分布为

$$f(\theta\,|\,D) \sim P(D\,|\,\theta)\pi(\theta) = \exp(-\left\| Y^e - F(\theta) \right\|_{\Sigma_Y}^2)\pi(\theta) \tag{10.19}$$

若模型参数的先验分布服从高斯分布，即 $\theta \sim N(\theta_0, \Sigma_\theta)$，那么后验分布的表达式为

$$f(\theta\,|\,D) \sim P(D\,|\,\theta)\pi(\theta) = \exp(-\left\| Y^e - F(\theta) \right\|_{\Sigma_Y}^2 + \left\| \theta - \theta_0 \right\|_{\Sigma_\theta}^2) \tag{10.20}$$

通常情况下，参数的后验分布形式并不是闭合的，即后验分布和先验分布形式不同，后验分布往往是非线性的多元分布。在这种情况下，需要对后验分布进行抽样，从而获得样本参数的分布规律。

3. 蒙特卡罗-马尔可夫链算法

针对贝叶斯推理得到的后验分布的抽样算法有很多种。其中最为代表性的是基于马尔可夫链的蒙特卡罗（MCMC）算法。20 世纪 50 年代，Metropolis 在研究粒子平稳性质时，为了解决玻尔兹曼分布的采样问题，首次提出了基于马尔可夫链的蒙特卡罗算法，即 Metropolis 算法。Metropolis 算法被认为是首个普适的采样算法，并且被遴选为 20 世纪最重要的十个算法之一。自从 MCMC 算法提出，贝叶斯后验分布的抽样问题便可以采用计算机编程实现，贝叶斯理论由此得到了快速发展并被广泛应用。

MCMC 算法包含两个部分：蒙特卡罗方法和马尔可夫链的平稳分布。MCMC 算法利用蒙特卡罗的随机模拟方式在马尔可夫链平稳分布过程中抽样得到目标分布样本，包括经典的 Metropolis 算法以及基于条件分布的迭代抽样的 Gibbs 算法等，后者已成为统计计算的标准工具[9]。

马尔可夫链又称马尔可夫随机过程，随机序列的下一个状态仅取决于当前状态，与之前状态无关。马尔可夫链定义如下：

$\{X_t : t \geq 0\}$ 为一随机序列，所有可能取值集合记为 S，称为状态空间。若 $\forall t \geq 0$ 及任意状态 $s_{i0}, s_{i1}, \cdots, s_{it-1}, s_i, s_j$，有

$$P(X_{t+1} = s_j \mid X_t = s_i, X_{t-1} = s_{it-1}, \cdots, X_0 = s_{i0}) = P(X_{t+1} = s_j \mid X_t = s_i) \quad (10.21)$$

可见，马尔可夫链完全由状态空间和转移概率（转移核）确定。转移概率 $P(i,j)$ 表示由状态 s_i 到状态 s_j 的转移概率：

$$P(i,j) = P(X_{t+1} = s_j \mid X_t = s_i) \quad (10.22)$$

定义　$\pi_i(t+1)$ 表示马尔可夫链 $t+1$ 时刻状态为 s_i 的概率，向量 $\pi(t+1)$ 的元素为 $\pi_i(t+1)$，矩阵 P 的元素为 $P(i,j)$，那么马尔可夫链的状态转移表示为

$$\pi(t+1) = \pi(t)P \quad (10.23)$$

式（10.23）是一个时间迭代式，存在马尔可夫链的转移概率矩阵 P。当 t 趋于充分大时，$\pi(t)$ 收敛，记为

$$\pi^* = \pi^* P \quad (10.24)$$

π^* 称为马尔可夫链的平稳分布。马尔可夫链存在平稳分布的条件是其满足不可约非周期，那么

$$\pi(i)P_{ij} = \pi(j)P_{ji} \quad (10.25)$$

式（10.25）又被称为细致平稳条件。

对于给定的概率分布 $P(X)$，假如存在一个马尔可夫链，使得其平稳分布是 $P(X)$，那么从马尔可夫链的任意一个初始状态出发，可以得到一个转移序列。当马尔可夫链收敛到平稳分布时，此后的状态转移序列就是概率分布 $P(X)$ 的抽样样本。

通常情况下，一般转移矩阵 Q 的马尔可夫链并不满足分布 $P(X)$ 细致平稳条件，即

$$p(i)q(i,j) \neq p(j)q(j,i) \quad (10.26)$$

此时引入接受率 $\alpha(i,j) = p(j)q(j,i)$，得到转移概率为 $q(i,j)\alpha(i,j)$ 的马尔可夫链，就可以满足细致平稳条件：

$$p(i)q(i,j)\alpha(i,j) = p(j)q(j,i)\alpha(j,i) \quad (10.27)$$

$\alpha(i,j)$ 的物理意义为：马尔可夫链在进行状态转移时，以概率 $\alpha(i,j)$ 接受这个转移，那么新的马尔可夫链的转移概率为 $p(j)q(j,i)$。针对接受率不高的情况，Hastings[10]对接受率重新进行了定义，取

$$\alpha(i,j) = \min\left(1, \frac{p(j)q(j,i)}{p(i)q(i,j)}\right) \qquad (10.28)$$

离散马尔可夫链可以很容易地推广到连续马尔可夫链的情况。

据此，可以根据马尔可夫链平稳分布的定义和性质提出对任意概率分布 $P(X)$ 的采样算法。预设的马尔可夫链的转移概率称为预选分布。以 MCMC 算法中最常用的 Metropolis-Hastings（M-H）抽样算法为例，具体步骤为：

（1）初始化马尔可夫链，选定初始点 x_0，确定预选分布 $q(X|Y)$；

（2）假设当前为时刻 t，进行条件抽样，得到新的点 y，满足 $y \sim q(Y|X_t)$；

（3）从均匀分布采样 $u \sim \text{Uniform}(0,1)$，若 $u < \alpha(x,y) = \min\left(1, \frac{p(y)q(x_t|y)}{p(x_t)q(y|x_t)}\right)$，

接受转移，即 $x_{t+1} = y$，否则不接受转移 $x_{t+1} = x_t$；

（4）转到步骤（2），继续抽样。

M-H 算法是 MCMC 算法中的经典算法，同时 MCMC 算法的改进算法很多，包括 Gibbs 算法、混合 MC 算法等。关于预选分布，客观上仅仅需要满足不可约马尔可夫链条件，但是实际操作时若与目标分布相差太大，会导致算法效率下降。为解决预选分布的选择问题，提出了一些预选分布选择策略，如独立链、随机游动链等。Gibbs 算法可以解决高维抽样预选分布选择困难的问题，仅仅需要解决各分量完全条件分布的采样，就可以得到高维分布采样。Gibbs 采样实质是 M-H 抽样时接受率为 1 的特例，是 MCMC 算法中最为著名的算法，在此不再赘述。

10.2.2　有限元分析中的离散化误差

在结构可靠性分析中，代理模型的训练样本来源于结构的有限元分析结果，因此在建立代理模型之前首先需要对有限元分析中的离散化误差进行量化修正。

有限元方法是一种数值方法，将连续结构离散化从而求解偏微分方程（组）的边值问题。因此，有限元方法得到的是偏微分方程的近似解，误差来源于连续体的离散化以及偏微分方程的离散求解。

现在的有限元软件一般以位移为未知量，采用最小位能原理建立有限元方程，由位移元得到的位移解具有下限性质[11]。在满足单元的协调性和完备性要求的条件下，理论上，离散尺寸越小，即网格密度越大，离散化误差越小，有限元计算越精确。但实际应用中受计算资源的限制，并不能采用无限小的网格尺寸。因此，离散化误差的存在是不可避免的。常采取的方法是，选取特定的网格密度，得到离散化误差修正项，从而得到接近精确值的结果。Richards[12]提出了一种量化离散化误差的方法，采用不同的网格密度对比计算，实现对有限元中离散化误差的修正。

设由小到大的网格密度依次为 h_1, h_2, h_3，且满足 $r = h_3 / h_2 = h_2 / h_1$。相应网格密度下的有限元求解结果记为 f_1, f_2, f_3，那么对应 f_1 的离散化误差为

$$\varepsilon_{\mathrm{h}} = \frac{f_1 - f_2}{r^p - 1} \tag{10.29}$$

式中

$$p = \ln\left(\frac{f_3 - f_2}{f_2 - f_1}\right) \bigg/ \ln r \tag{10.30}$$

误差修正后的计算结果为

$$f = f_1 + \varepsilon_{\mathrm{h}} \tag{10.31}$$

需要指出的是，这种方法要求求解区域的网格均匀分布。在大型复杂结构的有限元分析中，截断误差单调收敛的假设并不能满足，即计算值不随网格密度的增大而单调变化。在这种情况下，常采用平均的方法求取真实值的期望。

10.2.3　代理模型不确定性量化方法

代理模型本质是一种拟合训练样本进而预测样本输出的数学工具[13]。本书第2 章介绍了代理模型的构造原理,各种代理模型对于样本数据的拟合和泛化能力展现出性能水平的高低。作为一种拟合工具，代理模型的预测是存在误差的，即存在拟合误差以及预测误差，这种不确定性称为代理模型的不确定性。

本节介绍一种较新的代理模型——高斯过程回归模型，并且通过工程实例展示它在代理模型不确定性量化方面的优势。

1. 高斯过程回归方法

高斯过程回归（Gaussian process regression）具有精度高、输出结果为正态概率分布等优点，可以量化代理模型的不确定性。高斯过程回归的另一个特点是，预测点与样本点越接近，预测值的方差越小；与样本点空间距离越远，预测方差越大，即预测不确定性范围越大。因此，建立代理模型过程中，选择的样本点需要均匀分布在整个设计空间。

高斯过程回归从函数空间出发，直接在函数空间进行贝叶斯推理[14]，通过训练回归样本选取超参数进行函数权重赋值。高斯过程回归属于非参数回归，没有特定的函数形式，但是可以精确地建立回归模型。

高斯过程将多元正态分布拓展到整个函数空间，具有无限维数联合分布，均值与协方差函数决定了高斯过程的随机特征。然而，在实际应用中，高斯过程产生的随机序列是离散化的，也是有限的，全部的随机变量满足联合正态分布，同

时其中任意两个随机变量都满足联合正态分布。根据这个性质，可以将样本数据和预测输入看成联合正态分布的一组随机序列，根据贝叶斯理论得到预测输出关于试验数据的后验分布。

高斯过程在函数空间定义：$f(x) \sim \mathrm{GP}(m(x), k(x, x'))$，其中 $m(x)$ 为均值函数，$k(x, x')$ 为协方差函数，又称核函数，两者的数学定义为

$$m(x) = E[f(x)] \tag{10.32}$$

$$k(x, x') = E[(f(x) - m(x))(f(x') - m(x'))] \tag{10.33}$$

高斯过程回归模型的数学定义：设训练集 $D = \{(x_i, y_i) \mid i = 1, 2, \cdots, n\} = (X, Y)$，是训练集输入变量，$y_i$ 是训练集输出变量，X 为输入矩阵，$X \in \mathbf{R}^{d \times n}$，$X = \{x_1, x_2, \cdots, x_n\}$，$Y$ 为输出矢量，$Y \in \mathbf{R}^{1 \times n}, Y = \{y_1, y_2, \cdots, y_n\}$。回归模型的目标是通过训练集采用特定的数学形式构造输入和输出之间的映射 $f(\cdot): \mathbf{R}^d \to \mathbf{R}$，从而获得预测样本点对应的预测值。

高斯过程回归是一种贝叶斯方法，其先验信息不依赖于训练集。高斯过程由均值函数和协方差函数完全决定。均值函数的选取类似于贝叶斯先验，是对回归映射的初步估计；协方差函数量化不同位置的训练点之间关系，训练点空间位置越接近，它们的协方差越大，但通常是有上极限的，反之则接近于 0。

另外，训练集通常存在观测噪声，一般将噪声定义为零均值的高斯随机变量。这样，观测值为高斯过程和噪声的叠加，即

$$y = f(x) + N(0, \sigma_n^2) \tag{10.34}$$

那么，训练样本之间的协方差，根据正态随机变量叠加的计算公式，有

$$k_r(x, x') = k(x, x') + \sigma_n^2 \delta(x, x') \tag{10.35}$$

式中，$\delta(x, x')$ 是克罗内克函数。

现在，针对训练集可以得到输入样本之间的协方差矩阵

$$K = \begin{bmatrix} k_r(x_1, x_1) & k_r(x_1, x_2) & \dots & k_r(x_1, x_n) \\ k_r(x_2, x_1) & k_r(x_2, x_2) & \dots & k_r(x_2, x_n) \\ \vdots & \vdots & & \vdots \\ k_r(x_n, x_1) & k_r(x_n, x_2) & \dots & k_r(x_n, x_n) \end{bmatrix} \tag{10.36}$$

设预测输入点为 x_*，预测输出值为 y_*，则预测点与样本点协方差为

$$K_* = [k_r(x_1, x_*) \, k_r(x_2, x_*) \cdots k_r(x_n, x_*)] \tag{10.37}$$

$$K_{**} = k_r(x_*, x_*) \tag{10.38}$$

在高斯过程回归中，训练输出和预测输出服从联合正态分布

$$\begin{bmatrix} y \\ y_* \end{bmatrix} \sim N\left(\begin{bmatrix} \mu \\ \mu_* \end{bmatrix}, \begin{bmatrix} K & K_*^{\mathrm{T}} \\ K_* & K_{**} \end{bmatrix} \right) \tag{10.39}$$

式中，$\mu = m(X)$。

根据多元联合正态分布的边缘分布计算公式，得到期望的预测值概率分布

$$y_* \mid y \sim N(\mu_* + K_* K^{-1}(y - \mu), K_{**} - K_* K^{-1} K_*^{\mathrm{T}}) \tag{10.40}$$

事实上，输入变量 x_* 可以取单点也可以取向量，分别得到单个输出变量的概率分布和多点输入变量的联合正态分布。

2. 高斯过程回归的训练

高斯过程回归选取的均值函数和协方差函数是含参的，此类参数称为超参数，高斯过程回归的训练过程就是选取超参数的优化过程。

均值函数可以选择为常数 c 或多项式函数 $\beta^{\mathrm{T}} x$，以及其他函数形式。一般认为无法估计输出量的函数形式时，均值函数取 0 是合适的，随着样本点的增多，均值函数作为先验信息的影响逐渐减弱。

协方差函数量化不同样本点之间的相互关系，表明数据之间的相似程度。高斯过程回归的协方差矩阵必须是半正定的，为满足这个条件，采用的方法就是使用核函数作为协方差函数。核函数可以实现低维到高维的特征映射，高斯过程回归采用平方指数核函数可以将原始特征映射到无穷维，具有一般的多项式回归达不到的精度。

常见的核函数形式如下。

（1）平方指数核函数：

$$k(x, x') = \sigma_n^2 \mathrm{e}^{\frac{-(x-x')^2}{2l^2}} \tag{10.41}$$

（2）Matern 核函数：

$$k(x, x') = \frac{2^{1-\upsilon}}{\Gamma(\upsilon)} \left[\frac{\sqrt{2\upsilon}}{l}(x - x') \right]^{\upsilon} K_{\upsilon} \left[\frac{\sqrt{2\upsilon}}{l}(x - x') \right] \tag{10.42}$$

式中，K_{υ} 是一个修正贝塞尔函数。

（3）理性平方核函数：

$$k(x, x') = \left[1 + \frac{(x - x')^2}{2\alpha l^2} \right]^{-\alpha} \tag{10.43}$$

以上核函数针对的是一维空间，多维空间下的核函数可采用范数代替平方和。某些情况下，单一的核函数并不能满足复杂的回归问题，此时可以采用核函数的组合形式。

核函数中的超参数可通过最大似然估计来确定。依据训练集数据，可以得到输出变量关于输入变量和超参数的似然概率，其负对数似然函数为

$$L(\theta) = \frac{1}{2} y^{\mathrm{T}} K^{-1} y + \frac{1}{2} \lg|K| + \frac{n}{2} \ln 2\pi \tag{10.44}$$

$$\frac{\partial L(\theta)}{\partial \theta_i} = \frac{1}{2} \mathrm{tr}\left(K^{-1}\frac{\partial K}{\partial \theta_k}\right) + \frac{1}{2}(y-\mu)\frac{\partial K}{\partial \theta_k} \Sigma^{-1}\frac{\partial K}{\partial \theta_k}(y-\mu) \tag{10.45}$$

可以利用数值优化方法求解上述方程[15]，如共轭梯度法、Nelder-Mead 单纯形法等求得最优值，但是要避免局部最优解；也可以采用全局优化算法，如遗传算法、模拟退火算法，直接针对负对数似然概率进而求全局最优解，但消耗的时间较数值算法时间要长。

10.3 工 程 实 例

选取的涡轮盘模型见本书第 3 章，量化低循环疲劳寿命模型、有限元模型及代理模型等不确定性对涡轮盘低循环疲劳寿命可靠性的影响。

10.3.1 考虑不确定性量化的可靠性分析框架

涡轮盘疲劳寿命可靠性分析流程及不确定性传播网络如图 10.2 所示。首先，应用试验设计方法从设计空间中均匀地选取样本点；然后，调用有限元方法计算涡轮盘的应力分布，根据寿命模型计算出疲劳寿命，在此基础上建立疲劳寿命的代理模型；最后，采用蒙特卡罗抽样算法进行涡轮盘疲劳寿命可靠性分析，并量化模型不确定性和代理模型不确定性。

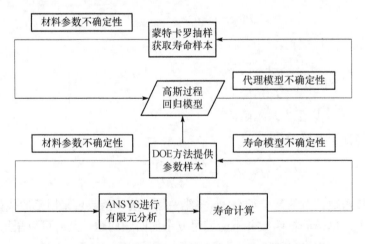

图 10.2 涡轮盘疲劳寿命可靠性分析及不确定性传播网络

基于贝叶斯理论的模型不确定性量化方法引入的随机误差项 ε、模型参数 θ 视为随机变量，并且构成试验设计空间的一部分。采用高斯过程回归作为代理模型，模型输出为疲劳寿命，且为服从正态分布的随机变量，由式（10.40）可知其分布的均值及方差。在第 i 次蒙特卡罗抽样中，疲劳寿命的 2.5%-97.5%分位数区间为 $[N_{li}, N_{ui}]$，考虑所有的抽样样本，$N_1 = \{N_{11}, N_{12}, \cdots, N_{1\max}\}$，$N_u = \{N_{u1}, N_{u2}, \cdots, N_{u\max}\}$，分别对样本 N_1、N_u 进行可靠性分析可得 95%置信度下的疲劳寿命概率分布，以及某一可靠度下的疲劳寿命 95%置信区间。

10.3.2　疲劳寿命模型不确定性量化

涡轮盘材料为 GH720Li 高温合金，其材料数据见文献[16]，低循环疲劳寿命模型采用 Manson-Coffin 公式（4.47）～（4.49）。

Manson-Coffin 公式中参数的先验分布如表 10.1 所示，其中模型参数集合 $\theta_1 = \{b, \sigma_f' / E, c, \varepsilon_f'\}$，并且处理为随机变量。

表 10.1　Manson-Coffin 公式中参数的先验分布

参数	分布形式	均值	标准差
b	高斯	−0.08	0.01
σ_f'/MPa	高斯	1318	21.97
E/GPa	高斯	199.2	3.32
c	高斯	−0.55	0.05
ε_f'	高斯	0.05	0.01

根据参数先验分布和试验数据建立其后验分布，利用 M-H 算法进行抽样，得到参数后验分布的样本数据。其中，Manson-Coffin 公式弹性部分的参数抽样结果如图 10.3 所示。

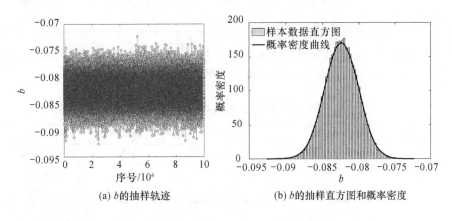

(a) b的抽样轨迹　　　　　　　(b) b的抽样直方图和概率密度

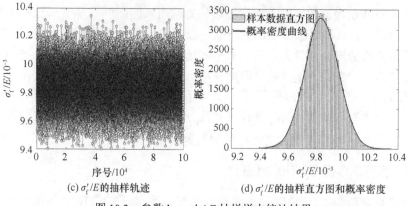

(c) σ'_f/E的抽样轨迹　　　　　　　　(d) σ'_f/E的抽样直方图和概率密度

图 10.3　参数 b、σ'_f/E 抽样样本统计结果

对于 Manson-Coffin 公式的塑性部分，对疲劳延性系数 ε'_f 和疲劳延性指数 c 进行后验抽样时发现，两者对先验信息非常敏感，先验信息起决定作用，而试验数据对参数的后验分布的影响不大，进一步可以推断低循环疲劳寿命对这些参数的灵敏性较低。文献[17]也指出，ε'_f、c 对涡轮盘疲劳寿命的灵敏度小；当 $c > -0.6$ 时才会影响疲劳寿命。如果在没有可靠的先验信息的情况下，少量的试验数据并不能起到修正的作用。因此，采用无信息先验方法，舍弃表 10.1 中参数 ε'_f、c 的先验信息，完全依靠试验数据建立 ε'_f、c 的后验分布。对 ε'_f、c 后验分布的抽样结果如图 10.4 所示，其统计信息见表 10.2。

表 10.2　Manson-Coffin 模型参数的校准结果

参数	均值	标准差	2.5%	97.5%
b	−0.0824	0.0023	−0.0869	−0.0780
σ'_f/E	0.0098	0.0001	0.0096	0.0101
c	−0.4010	0.0605	−0.5269	−0.2909
ε'_f	0.0241	0.0107	0.0104	0.0503

类似地，得到 Ramberg-Osgood 应力-应变关系式（3.11）中参数集合 $\theta_2 = \{E, K', n'\}$ 的后验分布及样本数据，统计信息见表 10.3。

表 10.3　Ramberg-Osgood 模型参数校准结果

参数	均值	标准差	2.5%	97.5%
E	184944	223.89	184505	185384
K'	3160.423	45.74	3070.5	3250.8
n'	0.1993	0.00402	0.2072	0.1915

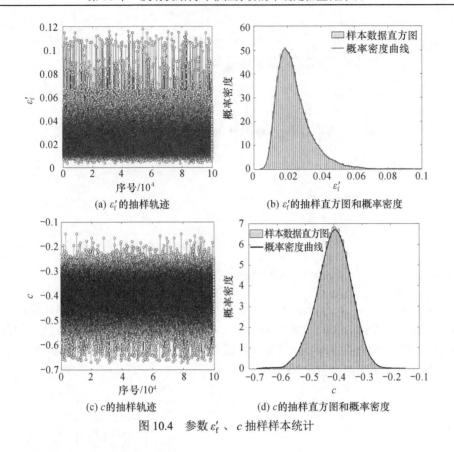

(a) ε_f' 的抽样轨迹

(b) ε_f' 的抽样直方图和概率密度

(c) c 的抽样轨迹

(d) c 的抽样直方图和概率密度

图 10.4　参数 ε_f'、c 抽样样本统计

10.3.3　代理模型不确定性量化

设计变量包括 Manson-Coffin 公式参数 θ_1、Ramberg-Osgood 公式参数 θ_2，以及材料泊松比 prxy，此时的设计空间为 $\theta = (b, \sigma_f'/E, c, \varepsilon_f', E, K', n', \text{prxy})$。采用最优拉丁超立方方法获取参数样本。

高斯过程回归选取的核函数为平方指数核函数（10.41）。由于设计空间为八维，需要引入方差尺度 $l \in \mathbf{R}^{1\times 8}$，$\Lambda = \text{diag}(l^2)$，那么核函数为

$$k(x, x') = \sigma_f^2 e^{\frac{1}{2}(x-x')\Lambda^{-1}(x-x')^{\mathrm{T}}} \qquad (10.46)$$

式中，l 为方差尺度，σ_f 为信号标准差。

根据高斯过程回归的训练方法，采用自适应模拟退火算法以及 MATLAB GPML 工具箱，可以得到超参数的最优解。其中，噪声水平为 771.51，高斯过程回归针对训练样本拟合的可决系数 $R^2 = 1 - 1.335 \times 10^{-5}$，接近于 1，说明高斯过程回归具有很高的拟合精度。全部训练样本数据在预测输出的 95%置信区间之内，拟合置信区间和拟合误差如图 10.5 所示。

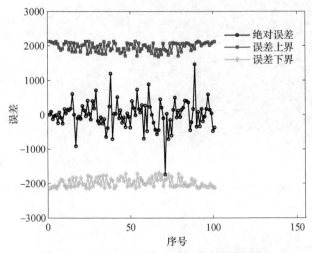

图 10.5　高斯过程回归拟合误差与置信区间

为验证高斯过程回归模型的泛化能力，采用 51 个测试点。对于测试数据其预测值预测误差和置信区间如图 10.6 所示，可决系数为 $1 - 5.629 \times 10^{-4}$，预测能力仍然良好，而且可以看到大部分预测值在置信区间内。经检验，51 个测试点中有 50 个在 95%置信区间内，占比 98%。

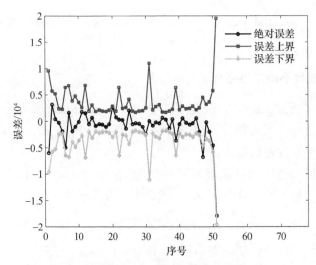

图 10.6　高斯过程回归预测误差与置信区间

10.3.4　疲劳寿命可靠性分析

在模型不确定性量化工作中得到了参数的样本数据，进而按照试验设计方法建立高斯过程回归代理模型后，采用蒙特卡罗抽样方法调用参数样本，并得到输出样本,即疲劳寿命样本。分别对 N_l、N_u 样本数据进行可靠性分析。最终得到疲劳寿命均值的概率密度分布、累积概率分布以及考虑 95%置信水平的疲劳寿命概率密度分布,如图 10.7 和图 10.8 所示。

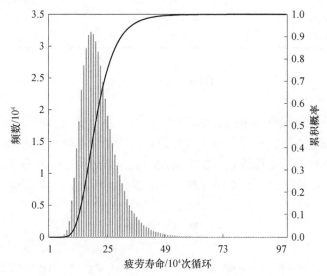

图 10.7　疲劳寿命概率密度分布与累积分布

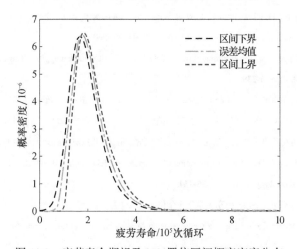

图 10.8　疲劳寿命期望及 95%置信区间概率密度分布

　　根据 95%置信水平的疲劳寿命概率分布,得到对应不同可靠度的疲劳寿命期望及 95%置信区间,如表 10.4 所示,可以看出,可靠度要求越高,寿命置信区间范围越大,即不确定性越大。

表 10.4　基于不确定性量化的涡轮盘疲劳寿命可靠性分析结果

可靠度	疲劳寿命均值	疲劳寿命 95%置信区间
0.5	197474	[183818, 211012]
0.99	91725	[62698, 116518]
0.9987	70536	[19135.7, 105561]

10.4　小　　结

本章从不确定性量化基础理论出发，介绍了发动机结构可靠性分析中的不确定性量化的概率方法。介绍了基于贝叶斯理论的模型不确定性方法以及新的代理模型，针对多种不确定性因素，实现了发动机典型结构疲劳寿命可靠性分析的不确定性量化，并最终给出了不同可靠度下的寿命区间。

参 考 文 献

［1］ 汤咏. 基于不确定性的航空发动机涡轮盘概率疲劳寿命预测模型. 成都: 电子科技大学硕士学位论文, 2013.

［2］ 左仁广, 夏庆霖. 矿产预测评价中不确定性传播模型. 地球物理学进展, 2008, 23(4): 1282-1285.

［3］ Helton J C, Johnson J D, Oberkampf W L, et al. Representation of analysis results involving aleatory and epistemic uncertainty. International Journal of General Systems, 2010, 39(6): 605-646.

［4］ Dempster A P. Upper and lower probabilities induced by a multivalued mapping. The Annals of Mathematical Statistics, 1967, 38(2): 325-339.

［5］ Shafer G. A Mathematical Theory of Evidence. Princeton: Princeton University Press, 1976.

［6］ 孙全, 叶秀清, 顾伟康. 一种新的基于证据理论的合成公式. 电子学报, 2000, 28(8): 116-119.

［7］ 刘飞. 涡轮盘疲劳可靠性分析的不确定性量化方法研究. 北京: 北京航空航天大学学士学位论文, 2016.

［8］ Kennedy M C, Hagan A O. Bayesian calibration of computer models. Journal of the Royal Statistical Society Series B—Statistical Methodology, 2001, 63: 425-464.

［9］ 赵琪. MCMC 方法研究. 济南: 山东大学硕士学位论文, 2007.

［10］ Hastings W K. Monte Carlo sampling methods using Markov chains and their applications. Biometrika, 1970, 57: 97-109.

［11］ 王勖成. 有限单元法. 北京: 清华大学出版社, 2003.

［12］ Richards S A. Completed Richardson extrapolation in space and time. Communications is Numerical Methods in Engineering, 1997, 13(7): 573-582.

［13］ 胡丹. 基于分区的涡轮盘概率寿命评估. 北京: 北京航空航天大学硕士学位论文, 2016.

［14］ 何志昆, 刘光斌, 赵曦晶, 等. 高斯过程回归方法综述. 控制与决策, 2013, 28(8): 1121-1129, 1137.

〔15〕　Rasmussen C E, Williams C K I. Gaussian Process for Machine Learning. Cambridge: MIT Press, 2006.

〔16〕　中国金属学会高温材料分会. 中国高温合金手册. 北京: 中国质检出版社, 2012.

〔17〕　钱文学, 尹晓伟, 何雪浤, 等. 压气机轮盘疲劳寿命影响参量的灵敏度分析. 东北大学学报(自然科学版), 2006, 27(6): 677-680.